高等学校土木工程专业系列教材

土木工程导论

余志武　周朝阳　主　编

彭立敏　主　审

中南大学出版社
www.csupress.com.cn

·长沙·

高等学校土木工程专业系列教材
编审委员会

出版说明 •••••••

为了适应培养21世纪复合型、应用型创新人才的需要，结合我国高等学校教学的现状，立足培养学生能跟上国际经济的发展水平，按照教育部最新制定的教学大纲，遵循"学科属性及好教好学"原则，中南大学出版社组织专家、教授编写了这套"高等学校土木工程专业系列教材"。

土木工程专业作为我国高等学校的专业设置仅十年之久，它是我国高等教育专业设置调整后的一个新兴专业，土木工程专业与建筑工程、交通土建和岩土工程等传统专业相比，在培养目标、教学内容和教学方法上都有较大的区别，以"厚基础、宽口径、强能力"作为学生培养目标，理论阐述以"必需、够用"为原则，侧重定性分析和实际工程应用。

鉴于我国行业技术标准和规范不统一的现状，大部分高校将土木工程专业分为几个专业方向或课程群组织教学，本套教材是在调查十几所高校多年教学实践的基础上进行编写，编委会成员均为长期从事专业教学的资深教师，具有丰富的教学经验和科研水平。本套教材具有以下特点：

1. 以理论"必需、够用"为原则，以工程实际应用为重点

改变了过于注重知训传授和科学体系严密性的传统教学思想，注重应用型人才培养的特点，结合现行的人才培养计划，做到理论阐述以"必需、够用"为原则，侧重定性分析及其在工程中的应用，充分利用多媒体教学的特点，扩充工程信息量，培养学生的工程概念。

2. 注重培养对象终身发展的需要

土木工程领域范围广，行业标准多，本教材注重专业基础理论与规范的关系，重点阐述规范编制的基本理论、方法和原则，适当介绍土木工程领域的新知识、新技术及其发展趋势，以适应学生今后职业生涯发展的需要。

3. 文字教材和多媒体教学相结合

随着多媒体教学的发展和应用，综合多媒体教学在教学中的优势，提高教学效率，在编写文字教材的同时，配套编写多媒体教案和相关计算软件，使学生适应现代计算技术的发展，提高学生自我训练的能力。

4. 编写严谨规范，语言通俗易懂

根据我国土木工程最新设计与施工规范、规程和技术标准编写，体现了当前我国土木工程施工技术与管理水平，内容精练、叙述严谨。采取逻辑关系严谨、循序渐进的编写思路，深入浅出，图文并茂，文字表达通俗易懂。

希望本系列教材的出版，能促进土木工程专业的教材建设，为培养符合市场需要的高水平人才起到积极的推动作用。

前　言 ......

　　土木工程一直是我国国民经济的一个重要支柱产业。进入 21 世纪以来，随着我国经济高速、持续地发展，城市建设和交通基础建设的规模和水平不断提高，使得中国目前已成为土木工程建设的大国和强国。

　　本书编写的主要目的在于，使得主修土建类专业的大学一年级学生在入学之初就能较全面地了解土木工程所涉及的主要内容和发展情况，熟悉我国未来的几十年内重点开发的土木工程领域，初步构建专业知识构架；并引导他们热爱专业遵循学习规律，掌握学习土木工程的方法，树立事业心和责任感，为今后主动地学好相关专业课程，培养自主学习的能力打下良好基础。

　　本书力求以较小的篇幅来反映宽广的土木工程领域，秉承中南大学土木工程学科的传统特色，系统扼要地介绍土木工程的重要分支学科所涉及的内容和近些年国内外的新方法、新技术、新进展和新成就，包括土木工程材料、岩土工程、建筑工程、道路工程、铁道工程、桥梁工程、隧道工程、防灾减灾工程以及工程管理等方面。

　　本书第 1 章由余志武、周朝阳编写；第 2 章由邓德华编写；第 3 章由冷伍明编写；第 4 章由周朝阳编写；第 5 章由周建普编写；第 6 章由娄平、魏庆朝、蒲浩编写；第 7 章由何旭辉编写；第 8 章由彭立敏编写；第 9 章由陈长坤编写；第 10 章由张飞涟编写。全书由余志武、周朝阳、彭立敏负责审定。

　　本书主要是作为普通高等学校土建类专业的教材和教学参考书，同时亦可作为建设管理、设计、施工、投资等单位及工程技术人员的参考用书，也可作为其他工程类和人文类专业的选修课教材。

　　由于编者业务水平有限，书中不足之处，敬请读者批评指正。

编　者
2013 年 6 月

目 录

第1章 绪 论

1.1 土木工程的概念

土木工程是建造各类工程设施的科学技术的总称，它既指工程建设的对象，即建在地上、地下、水中的各种工程设施，也指所应用的材料、设备和所进行的勘测设计、施工、保养、维修等技术。这是中国国务院学位委员会在学科简介中对土木工程的定义。土木工程设施时常也叫基础设施，其范围非常广泛，包括房屋建筑、桥梁、隧道、铁路、公路、城市道路、地铁、轻轨、车站、机场、港口、码头、给水排水管网乃至输电塔架等。国际上，水渠、运河、水库、大坝等水利工程也包含在土木工程之中。

我国古代将大搞基础设施建设说成"大兴土木"，这是由于中国古代哲学（五行学说）认为，世界万物是由"金、木、水、火、土"五大类物质组成的，而在很长一段历史时期内，土木工程所用的材料主要是五行中的"土"（包括泥土、岩石、沙子、石灰以及由土烧制成的砖、瓦和陶器、瓷器等）和"木"（包括木材、竹子、藤条、茅草等植物材料）。因此，英语"Civil Engineering"也被译成"土木工程"，其实该词直译是"民用工程"，它的原意是与军事工程"Military Engineering"相对应的，即除了服务于战争的工程设施以外，生活和生产所需的民用设施均属于土木工程。后来这个界限也不明确了，军用的浮桥、战壕、掩体、碉堡、防空洞等战备或防护工程现在已被纳入土木工程的范畴。

土木工程与广大人民群众的日常活动密切相关，因而在国民经济中起着非常重要的作用。人民生活离不开衣、食、住、行，其中"住"的房屋、"行"之所需道路等交通基础设施是土木工程的直接"产品"，而其建设所用材料和设备、人们所需"衣"服和"食"物、以及其他物品的研发、生产、储存和销售得有办公楼、工厂、仓库和商店等场所，也离不开土木工程的间接支持。此外，行政、卫生、文化、教育、运动、娱乐也需要土木工程提供活动空间。正因为土木工程内容如此广泛，作用如此重要，所以国家将房屋建筑、桥梁、隧道、矿井、铁道、公路、给水排水、发电送电、煤气输送等工程建设称为基本建设，大型项目由国家统一规划建设，中小型项目也归口各级政府有关部门管理。

土木工程专业所要学习的核心内容就是以上各种类型的土木工程设施的规划、勘测、设计、施工、管理和维修。作为入门，本书将在后面各章对主要几个大类的土木工程进行简要的介绍。

1.2 土木工程的发展

人类土木工程的发展历时数千年，迄今可分为古代、近代和现代三个历史阶段。

1.2.1　古代的土木工程

古代土木工程的历史跨度很长，大致可从新石器时代（约公元前 5000 年起）算到 17 世纪中叶。

西安半坡村落遗址（图 1-1）是中国黄河中游新石器时代仰韶文化的遗址，距今已 5000—6000 年。半坡居民居住的房屋大多是半地穴式的，他们先从地表向下挖出一个方形或圆形的穴坑，在穴坑中埋设立柱，然后沿坑壁用树枝捆绑成围墙，内外抹上草泥，最后架设屋顶。

这一时期的土木工程说不上有什么设计理论指导，修建各种设施主要依靠经验。所用材料主要取之于自然，如石块、草筋、土坯等，在公元前 1000 年左右开始采用烧制的砖。这一时期，所用的工具也很简单，只有斧、锤、刀、铲和石夯等手工工具。尽管如此，古代还是留下了许多有历史价值的建筑，有些工程即使从现代角度来看也是非常伟大的，有些甚至难以想象。

西方留下来的宏伟建筑（或者建筑遗址）大多是砖石结构的。如古埃及的金字塔，建于公元前 2700—前 2600 年间，其中最大的一座是胡夫金字塔，用了 230 余万

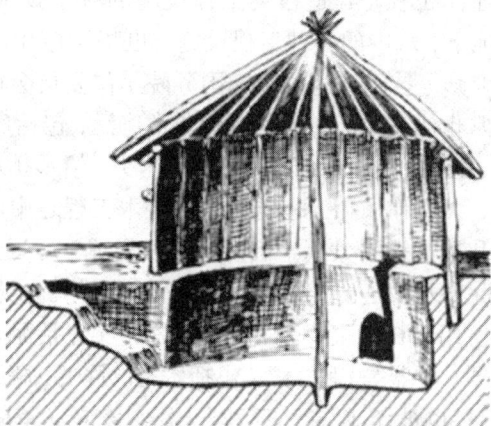

图 1-1　西安半坡村房屋遗址复原图

块巨石垒砌而成，该塔基底呈正方形，每边长 230.5m，高达 146.6 m。又如古希腊的帕特农神庙（图 1-2）、古罗马斗兽场（图 1-3）等都是令人神往的古代石结构遗址。532—527 年间，在土耳其伊斯坦布尔修建的索菲亚大教堂为砖砌穹顶，直径达 30 余米，穹顶高 50 多米，整体支承在用巨石砌成的大柱（截面约 7 m × 10 m）上，非常宏伟。

图 1-2　古希腊帕特农神庙

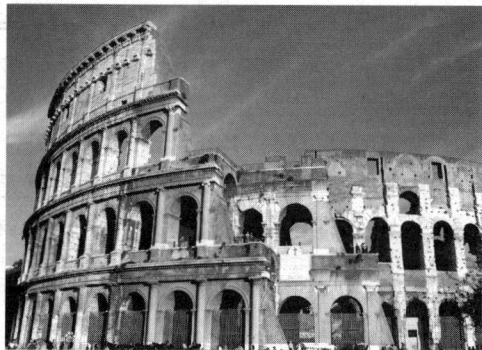

图 1-3　古罗马斗兽场

中国古代建筑大多为木构架加砖墙建成。山西应县木塔（佛宫寺释迦塔）塔高 67.31 m，建成以来经历了多次大地震，历时近千年仍完整耸立，足以证明我国古代木结构的高超技

术。其他木结构如北京故宫、天坛(图 1 - 4)、天津蓟县的独特寺观音阁等均是具有漫长历史的优秀建筑。

图 1 - 4　北京天坛

中国古代的砖石结构也有伟大成就。最著名的当数万里长城,它东起山海关,西至嘉峪关,全长 5 000 余 km。又如公元 590—608 年在河北赵县建成的赵州桥为单孔圆弧弓形石拱桥,全长 50.82 m,桥面宽 10 m,单孔跨度 37.02 m,矢高 7.23 m,共 28 条并列的石条拱砌成,拱肩上有 4 个小拱,既可减轻桥的自重,又便于排泄洪水,且显得美观,经千余年后尚能正常使用,确为世界石拱桥的杰作。

我国一直有兴修水利的优秀传统。传说中的大禹因治水有功而成为我国受人敬仰的伟大人物。四川灌县的都江堰水利工程(图 1 - 5),为秦昭王(前 306—前 251)时由蜀太守李冰父子主持修建,建成后使成都平原成为"沃野千里"的天府之乡。这一水利工程至今仍造福于四川人民。在今天看来,这一水利设施的设计也是非常合理、十分巧妙的,许多国际水利工程专家参观后均十分叹服。隋朝时开凿修建的京杭(北京—杭州)大运河,全长 2 500 km,是世界历史上最长的运河。至今该运河的江苏、浙江段仍是重要的水运通道。

在交通土建工程方面,古代也有伟大成就。秦朝统一全国后,以咸阳为中心修建了通往全国郡县的驰道,主要干道宽 50 步(古代长度单位,1 步等于 5 尺),形成了全国的交通网。在欧洲,罗马帝国也修建了以罗马为中心的道路网,包括 29 条主干道和 322 条联系支线,总长度达 78 000 km。

这一时期还出现了一些总结施工经验和描述外形设计的土木工程著作。其中比较有代表性的为公元前 5 世纪的《考工记》北宋李诫著的《营造法式》意大利文艺复兴时代贝蒂著的《论建筑》。

1.2.2　近代的土木工程

近代土木工程的时间跨度可从 17 世纪中叶算到 20 世纪中叶,大约历时 300 年。在这一时期,土木工程逐步成为一门独立学科,并有了力学和结构理论的指导。1683 年,意大利学者伽利略完成其代表作《关于两门新科学的对话》,首次用公式表达了梁的设计理论。1687 年,英国科学家牛顿总结出力学三大定律,为土木工程奠定了力学分析的基础。随后,在材料力学、弹性力学和材料强度理论的基础上,法国人纳维于 1825 年建立了土木工程结构设计

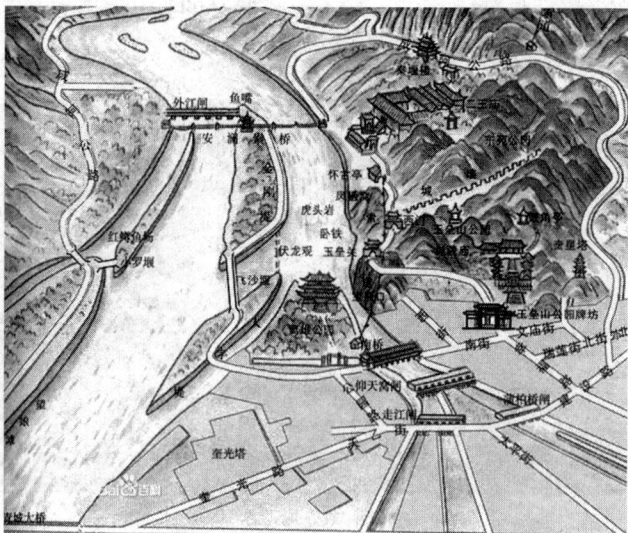

图1-5 都江堰

的容许应力法。

从材料方面来讲，1824年波特兰水泥的发明及1867年钢筋混凝土开始应用是土木工程史上的重大事件。1859年转炉炼钢法的成功使得钢材得以大量生产并应用于房屋、桥梁的建筑中。由于混凝土及钢材的推广应用，使得土木工程师可以运用这些材料建造更为复杂的工程设施。在近代及现代建筑中，凡是高耸、大跨、巨型、复杂的工程结构，绝大多数应用了钢结构或钢筋混凝土结构。

这一时期内，产业革命促进了工业、交通运输业的发展，对土木工程设施提出了更广泛的需求，同时也为土木工程的建造提供了新的施工机械和施工方法。打桩机、压路机、挖土机、掘进机、起重机、吊装机等纷纷出现，这为快速高效地建造土木工程提供了有力手段。

这一时期具有历史意义的土木工程有很多，下面列举的一些例子只是其中的一小部分。

1875年，法国莫尼埃主持修建了一座长达16m的钢筋混凝土桥。

1883年，美国芝加哥在世界上第一个采用了钢铁框架作为承重结构，建造了一幢11层的保险公司大楼，这被誉为现代高层建筑的开端。

1889年，法国建成了高达300 m的埃菲尔铁塔(图1-6)，该塔由18 000余个构件组成，将这些构件联结起来用了250万个铆钉，铁塔总重约8 500 t。该塔早已成为巴黎乃至法国的标志性建筑，来自世界各地的观光者络绎不绝。

1886年，美国首先采用了钢筋混凝土楼板，1928年发明了预应力混凝土，随后预应力空心板在世界各国被广泛使用。

1825年，英国修建了世界上第一条铁路，长21 km；1869年，美国建成了横贯东西的北美大陆铁路。

1863年，英国伦敦建成了世界上第一条地下铁道，随后美、法、德、俄、中国等国均在大城市中相继建设地下铁道交通网。

在水利建设方面宏伟的成就是两条大运河的建成通航，一条是1869年开凿成功的苏伊士运河，将地中海和印度洋联系起来，这样从欧洲到亚洲的航行不必再绕行南非；另一条是

1914 年建成的巴拿马运河，它将太平洋和大西洋直接联系了起来，在全球运输中发挥了巨大作用。

在第一次世界大战后，许多大跨、高耸和宏大的土木工程相继建成。其中的典型工程有美国 1936 年建成的金门大桥和 1931 年建成的帝国大厦。金门大桥为跨越旧金山海湾的悬索桥，桥跨 1 280 m，是世界上第一座单跨超过千米的大桥，桥头塔架高 277 m。主缆直径 1.125 m，由 27 512 根钢丝组成，其中每 452 根钢丝组成 1 股，由 61 股再组成主缆索，索重 11 000 t 左右。锚固缆索的两岸锚锭为混凝土巨大块体，北岸混凝土锚锭重量为 130 000 t，南岸的小一些，也达 50 000 t。纽约帝国大厦共 102 层，高 378 m，钢骨架总重超过 50 000 t，内装 67 部电梯。这一建筑高度保持世界纪录达 40 年之久。

这一时期的中国，由于清朝采取闭关锁国政策，土木工程技术进展缓慢。直到清末开始洋务运动，

图 1-6 埃菲尔铁塔

才引进了一些西方先进技术，并建造了一些对中国近代经济发展有影响的工程。例如，1909 年詹天佑主持修建了全长 200 km 的京张铁路，当时，外国人认为中国人依靠自己的力量根本不可能建成，詹天佑的成功大长了中国人的志气，他的业绩至今令人缅怀。1934 年，上海建成了 24 层的国际饭店，其作为中国最高建筑的纪录直到 40 多年后才被广州白云宾馆所打破。1937 年，茅以升主持建造了钱塘江大桥，这是公路、铁路两用的双层钢结构桥梁，也是我国近代土木工程的优秀成果。

1.2.3 现代的土木工程

第二次世界大战以后，许多国家经济加速前行，现代科学技术突飞猛进，从而为土木工程的进一步发展提供了强大的物质基础和技术手段，开始了以现代科学技术为后盾的土木工程新时代。这一阶段的土木工程表现出建筑更高、桥隧更长、规模更大等特点。

1. 建筑更高

随着经济发展和人口增长，城市人口密度迅速加大，造成城市用地紧张、交通拥挤、地价昂贵，这就迫使房屋建筑向高层发展，使得高层建筑的兴建几乎成了城市现代化的标志。美国的高层建筑最多，其中高度在 200 m 以上的就有 100 余幢，例如 1972 年建成的纽约世界贸易中心大楼（2001 年在美国"9·11"事件中倒塌）（图 1-7）高 417 m、110 层；1974 年建成的芝加哥西尔斯大厦高 443 m、110 层，曾经雄踞世界第一高楼的"王位"20 余年。许多发展中国家在经济起飞过程中也争相建造高层建筑。20 世纪 90 年代以来，中国、东南亚及海湾国家的高层建筑得到了迅猛发展。我国目前最高建筑是上海环球金融中心大厦，高 492 m、101 层，于 2008 年建成。马来西亚的石油双塔大厦高 452 m，中国台湾的台北 101 大厦高 508 m，在世纪之交前后曾经先后位列全球最高建筑榜首，但 101 大厦的高度如今已经退居第三。2010 年年初，阿拉伯联合酋长国位于迪拜的哈里法塔更是以 828 m、163 层的高度"傲视群雄"，以"一览众山小"的绝对优势登上冠军宝座。

电视塔均为高耸结构，其最新高度排位前三名分别是日本东京天空树、中国广州塔和加拿大多伦多电视塔。多伦多电视塔横截面为 Y 形，高 553 m，建成于 1976 年，此后 20 多年一直是全球最高电视塔，2010 年，这一桂冠移交给 600 m 高的广州塔，2012 年，高达 634 m 的东京天空树成为世界第一。

2. 桥隧更长

市场经济的繁荣对客货运输系统提出了快速、高效的要求，而交通土建技术的进步也为满足这种要求提供了条件。

过去有些地方"山路十八弯"，载客运货都得靠它。如今就是登山旅游也不必再绕行盘山公路了，因为缆车、索道和电梯提供了方便、快捷、安全、省力的观光途径。即使面对崇山峻岭和江河湖海，"逢山开路、遇水架桥"也已经成为现实，"天堑变通途"不再是梦想。

图 1-7 纽约世界贸易中心

目前世界上跨度最大的桥梁主跨已达 1 991 m，它是连接了日本的本洲与四国岛的明石海峡大桥，采用悬索桥方案，于 1998 年建成。斜拉桥是二战以后出现的新桥型，俄罗斯跨东博斯鲁斯海峡的俄罗斯岛大桥（图 1-8）、中国苏通大桥和法国诺曼底桥位列跨度前三名，其中俄罗斯岛大桥主跨 1 104 m，于 2012 年建成通车，而 2008 年竣工的苏通大桥主跨 1 088 m，法国诺曼底桥跨度为 856 m。拱桥虽是古老桥型，但材料和施工技术的发展使其跨度发生了巨大飞跃。混凝土拱桥方面，我国 1997 年在四川万州建成一座跨越长江的公路大桥，拱跨 420 m，超过南斯拉夫克尔克二号拱桥（跨度 390 m），跃居全球第一。大跨钢拱桥前两位是美国的奇尔文科

图 1-8 俄罗斯岛大桥

桥和澳大利亚的悉尼港湾桥，跨度分别达到 503.6 m 和 503 m。

桥梁采取跨越的方式直通对面，隧道则通过穿越山岭、江河或海峡开辟捷径。目前世界上最长的山区隧道是瑞士的勒奇山隧道，长度为 33.8 km，建成于 1980 年。海峡隧道往往比山岭隧道更长。连接英、法两国的英吉利海峡隧道全长 50.3 km，于 1993 年竣工通车。1985 年，迄今世界最长隧道在日本建成，这座连接北海道的青函海底隧道长达 53.8 km。

3. 规模更大

为了适用人口增长和社会发展的需求，土木工程的规模也在不断扩大。这不仅因为楼房高了、桥隧长了，还体现在公路加密、拓宽，铁路延长、提速，机场增多、扩容，城市交通线路在空中、地上和地下多个层面交织成网并相互联系，公共建筑和城市综合体数量越来越多、体量越来越大等方方面面。

公路交通在中短途运输中具有明显优势。高速公路出现于第二次世界大战前，但到战后才在各国大规模兴建。据不完全统计，全世界 50 多个国家和地区拥有高速公路，总长超过 17 万 km，其中美国公路网络最为发达，总长超过 8 万 km。在"十五"期间，我国以"五纵、七横"为骨干建设全国公路网，其中五条干线纵穿南北，七条干线横贯东西。

面对公路、航空运输的竞争，铁路运输也开始向快速化和高速化发展。速度在 150~200 km/h 以上的高速铁路先后在日本、法国和德国建成。我国 2003 年在上海建成了世界上第一条用于商业运营的磁悬浮高速铁路。近年又建成了京广深、京沪、哈大等轻轨高铁线路，其运行速度已可达 350 km/h 以上，总里程接近 6 万 km。

飞机是长途运输最快捷的交通工具，但成本高、运量小。二战以后飞机的容量愈来愈大，功能愈来愈多，对此许多国家和地区相继建设了先进的大型航空港。美国芝加哥国际机场，年吞吐量 8 000 万人次，高峰时每小时起降飞机 200 架次，居世界第一。我国在北京、上海、香港新建或扩建的机场均已跨入世界大型航空港之列。

航空港、体育场、展览馆和大型储罐等基础设施占地面积大、通常跨度也大，是除高楼、高塔以外的大体量建筑物或构筑物。美国西雅图的金群体育馆顶棚为钢结构穹壳，直径达 202 m。法国巴黎工业展览馆的屋盖跨度为 218 m×218 m，由装配式薄壳组成。北京工人体育馆采用悬索屋盖，直径 90 m。日本于 1993 年建成的预应力混凝土液化气储罐，容量达 $14×10^4$ m^3。瑞典、挪威、法国等欧洲国家在地下岩石中修建不衬砌的油库和气库，其容量高达几十万甚至上百万立方米。

应该指出，尽管城际运输在不断加快，但伴随着城市规模的扩大、人口密度的增加和汽车工业的发展，城市交通拥挤的问题逐步凸显并愈发突出，使得市内交通越来越慢。为了解决这一国际性难题，国内外许多大中城市纷纷修建快速环线、高架道路、立交桥和地铁、轻轨等轨道交通系统。与鳞次栉比的高楼大厦、大跨建筑和遍地开发的地下工程同步发展，这让城市建设呈现出大规模立体化的壮观景象。

1.2.4 未来的土木工程

未来的土木工程在高度、跨度以及规模等数量方面无疑还将取得新的突破，但更严峻的挑战主要来自质的提升，这也反映了人类对土木工程的本质要求。

1. 功能更强

近代的土木工程已经超越本来意义上的挖土盖房、架梁为桥的范围。住宅建筑不只要求土木工程提供"徒有四壁"、"风雨不侵"的房屋骨架，而且要求周边环境、结构布置与水、电和煤气供应相结合，室内温度和湿度调控等与现代化设备相结合。大型体育场馆和观演建筑不仅要能容纳大量观众，有时还需要可开合的屋顶、可调控的声光设备等。交通枢纽等公共建筑要求具有方便快捷、完善配套的服务设施。由于电子技术、精密机械、生物基因工程、航空航天等高技术工业的发展，许多工业建筑提出了恒湿、恒温、防微震、防腐蚀、防辐射、防磁、无微尘等要求，并向跨度大、分隔灵活、工厂花园化的方向发展。

2. 环境更好

由于许多国家在工业化和城镇化的进程中，过度追求经济利益而不注重生态保护和污染治理，人类的生存环境正在日益恶化。工业烟尘、废水毒液、汽车尾气、密集的高楼、拥挤的交通，使得空气质量越来越差、雾霾天气越来越多。面临人口增长和环境恶化的态势，一些学者呼吁"我们只有一个地球",并提出"冻结繁荣,停止发展"的口号。这一口号不仅受到发达国家人士的批评,更是受到发展中国家的一致反对。如果"停止发展",则发展中国家永远停留在落后状态,这是不能接受的。20世纪80年代提出了"可持续发展"的原则,已被广大国家和人民所认同。"可持续发展"是指"既满足当代人的需要,又不对后代人满足其需要的发展构成危害"。例如,一代人过度消耗能源(如石油)以致枯竭,后代人则无法继续发展,甚至保持原有水平也不可能。这一原则具有远见卓识,我国政府已将"可持续发展"与"计划生育"并列为两大国策,大力加以宣传,我们土木工程工作者对贯彻这一原则具有重大责任。

建设与使用土木工程的过程与能源消耗、资源利用、环境保护、生态平衡有密切关系,对贯彻"可持续发展"原则影响很大。

从资源方面看,建房、修路大多要占地,而我国土地资源十分紧张,以至于美国学者提出质疑:21世纪谁来养活16亿中国人?因而在土木工程中不占或少占土地,尽量不占可耕地是必须坚持的。另外建材中的黏土砖毁地严重,应予禁止或限制。建材生产、工程施工还少不了消耗能源和水资源,这方面应尽可能采用可再生资源和循环利用已有资源,例如利用太阳能、利用处理好的废水等。

采用落后的生产工艺(如小造纸厂,小化肥厂等)建立工厂,会对环境造成严重污染,切不可因一时一地之利而容许建设,污染环境。我国对实行新建工厂一定要实行环境评价,对环境不利的项目不准上马,这一政策应坚决贯彻。重大工程如有一些对生态不利的地方应采取措施避免。如长江三峡大坝修建将会影响长江鲟鱼回游产卵,而这一鱼种已极为稀少,且只有中国长江才有。对此,建坝时专门考虑了"鱼道",来满足生态平衡的要求。

3. 触角更远

在不远的将来,土木工程的触角将向荒漠、海洋乃至遥远的太空延伸。

全世界陆地中约有1/3为沙漠或荒漠地区,千里荒沙、渺无人烟,目前还很少开发。沙漠难于利用主要是缺水,生态环境恶劣,日夜温差太大,空气干燥,太阳辐射太强,不适于人类生存。近代许多国家已开始沙漠改造工程。在我国西北部,利用兴修水利,种植固沙植物,改良土壤等方法,使一些沙漠变成了绿洲。但大规模改造沙漠,首先要解决水的问题。目前设想有以下几种可能:①在沙漠地下找水,如利比亚已发现撒哈拉大沙漠下有丰富的地下水,现已部分开始利用。②从南极将巨大的冰山拖入沙漠地区,如沙特阿拉伯曾进行可行性研究,运输不成问题,如何利用冰山才符合成本要求仍有待解决。③进行海水淡化,其方法有多种,但成本均居高不下,如果随着技术进步,成本降低,这是最有希望成为沙漠水源的。沙漠的改造利用不仅增加了有效土地利用面积,同时还改善了全球生态环境。

地球上的海洋面积占整个地球表面积的70%左右,现在陆地上土地太少,人类想向海洋发展。向海洋开拓近代已经开始。为了防止噪音对居民的影响,也为了节约用地,许多机场已开始填海造地。如中国澳门机场,日本关西国际机场均修筑了海上的人工岛,在岛上建跑道和候机楼。香港大屿山国际机场劈山填海,荷兰围海造城都是利用海面造福人类的宏大工程。现代海上采油平台体积巨大,在平台上建有生活区,工人在平台上一工作就是几个月,如果将平台扩大,建成海上城市是完全可能的。另外,从航空母舰和大型运输船的建造得到启发,人们已设想建立海上浮动城市。海洋土木工程的兴建,不仅可以扩充陆地面积,同时也将对海底油气资源及矿物的开发提供立足之地。

向太空发展是人类长期的梦想,在21世纪这一梦想可能变为现实。美籍华裔科学家林柱铜博士利用从月球带回来的岩石烧制成了水泥。可以设想，只要将氢、氧带上月球化合成水，则可在月球上就地制造混凝土。林博士预计在月球上建造一个圆形基地，需水泥 100 t、水 300 t 和钢筋 360 t，而除水以外，其他材料均可从月球上就地制造。因为月球上有丰富的矿藏，美国已经计划在月球上建造一个基地。日本人设想在月球上建立六角形的蜂房式基地，用钢铁制成，可以拼接扩大，内部造成人工气候，使之适合人类居住。随着太空站和月球基地的建立，人类可向火星进发。与地球相似的是火星，但火星上缺氧，如何使火星地球化，人们设想利用生物工程，将制氧微生物及低等植物移向火星，使之在较短时间内走完地球几亿年才走完的进程，使火星适于人类居住，那时人类便可向火星移民，而火星到地球可用宇宙飞船联系，人们的生活空间将大大扩展。

1.3 土木工程专业的学习

1.3.1 科学、技术与工程的关系

土木工程是一门工程学科，该专业的大学生在高中阶段都偏重于数学、物理、化学等理科课程的学习，这是因为自然科学知识是学习工科专业的重要基础。同时，人们对"科学技术"、"工程技术"等提法也时有见闻。那么，科学、技术与工程有何联系和区别？土木工程与哪些科学关系密切？本专业大学新生应该对此有所了解。

科学是关于事物的基本原理和事实的有组织、有系统的知识。科学的任务和目标是研究和发现世界万物发展变化的客观规律，这些有待发现的规律原本已经存在但人类尚不清楚。科学解决是什么或为什么的问题，如解释天空为什么会下雨。

技术则指根据科学原理或实践经验发展转化而成的各种生产工艺、作业方法、设备装置的总和。技术的任务和目标是开发或发明有应用价值的产品或方法，这些产品或方法原本没有，或未在本领域应用，或不能达到所需使用要求。技术解决怎么干的问题，如怎样实现人工降雨。

可见，科学和技术是两个联系密切的不同概念。例如，放射性元素（如铀 235）的核裂变可以释放出巨大的能量，这一发现是制造原子弹的科学依据。但是从原理到产品还需解决一系列技术问题，如怎样从铀矿中提纯铀 235、控制反应速度、实现快速引爆等，都要找到合适的方法，研制实用的装备。其实每一个具有原子弹的国家在取得成功之前都付出了长期的努力，而有些国家虽然渴望制造原子弹，但因技术不过关还未能如愿。

工程的含义则更为广泛，它是指自然科学或各种专门技术应用到生产部门而形成的各种学科的总称，其目的在于利用科学技术为人类服务。通过工程可以生产或开发对社会有用的产品。所以，工程解决干什么的问题，并利用技术解决怎么干的问题，其中蕴涵为什么这么干的科学道理。

工程不仅与科学和技术有关，往往还要受到经济、政治、伦理、美学等多方面的影响。以基因工程为例，发达国家虽已掌握了克隆动物的技术，并且克隆羊、克隆牛、克隆鼠等均已问世，但就克隆人而言，至今没有一个国家被法律所允许，有的国家还明令禁止。又如，利用多孔纤维吸附受污染水中的杂质使之可以饮用，这一技术已经成熟，用此技术制成的净水器在一些国家已在野战部队中得到应用。但是要在城市供水中大规模地应用，则因其成本

太高而未能推广。可见,工程是科学技术的应用与社会、经济、法律、人文等因素结合的一个综合实践过程,工科大学生必须谨记。

1.3.2 土木工程的知识、能力和素质要求

我国普通高等学校土木工程专业的培养目标是:培养适应社会主义现代化建设需要,德智体全面发展、掌握土木工程学科的基本理论和基本知识,获得土木工程工程师基本训练,具有创新精神的高级工程科学技术人才,毕业后能从事土木工程设计、施工与管理工作,具有初步的工程规划与研究开发的能力。

下面仅就土木工程的知识、能力方面的要求作简要介绍。

基本理论包括基础理论和应用理论两个方面。基础理论主要包括高等数学、物理和化学。

应用理论内容较多,包括基本工程力学(理论力学、材料力学)、结构力学、流体力学(重点在水力学)、土力学与工程地质学等。

土木工程的专业知识与技术包括:建筑结构(如钢结构、木结构、混凝土结构、砌体结构等)的设计理论和方法,土木工程施工技术与组织管理,房屋建筑学,工程经济,建筑法规,土木工程材料,基础工程,结构试验,土木工程抗震设计等。

学习土木工程需要的相关知识有:给水排水,供暖通风,电工电子,工程机械等。

土木工程需要掌握的技能或工具有:工程制图,工程测量,材料与结构试验,外语和计算机在土木工程中的应用等。

在土木工程学科的系统学习中,不仅要注意知识的积累,更应注意能力的培养。从成功的土木工程师的实践经验中得出以下几点值得重视:

①自主学习能力。大学只有四年,每门课从十几个学时到上百个学时,所学的东西总是有限的,土木工程内容广泛,新的技术又不断出现,因而自主学习,扩大知识面,自我成长的能力非常重要。不仅要向老师学、向书本学,而且要注意在实践中学习,善于查阅文献,善于在网上学习。

②综合解决问题的能力。在大学期间大多数课程是单科教学,有一些综合训练及毕业设计可训练综合解决问题的能力。实际工程问题的解决总是要综合运用各种知识和技能,在学习过程中要注意培养这种综合能力,尤其是设计、施工等实践工作的能力。

③创新能力。社会在进步,经济在发展,对人才创新要求也日益提高。所以在学习过程中要注意创新能力的培养。大学学习的主要任务是打好理论基础,加强能力的培养。创新能力的培养可以从事事处处争强、争好做起,同样的图纸要力争画得最好,要培养"扫地我也扫得比你干净"的精神。从大处着眼,从小处着手培养力争上游、开拓创新的精神和能力。

④协调、管理能力。现代土木工程不是一个人能完成的,少则几个人,几百人,多则需成千上万人共同努力才能成功。为此培养自己的协调、管理能力非常重要。同学们毕业后,不论参加任何业务部分的工作,总会涉及管理工作。如管理一部分人(当设计组长、项目负责人、工长等)和受人管理(上面有总工、总经理;主管部门有规划局、环境保护局、技术监督局等)。同学们在工作中一定要处理好上下左右的关系,对上级要尊重,有不同意见应当面提出讨论,要努力负责地完成上级交给的任务,使上级对您的工作"放心";对同事要既竞争又友好;对下级要既严格要求又体贴关怀。总之,要有"厚德载物"的包容精神,做事要合

理、合法、合情，要有团队精神，这样，工作才能顺利开展，事业才能更上一层楼。

1.3.3 土木工程主要教学方法及学习建议

大学的教学和训练与中学相比要多样化一些，主要的教学形式有课堂教学、实验课、设计训练和施工实习。下面对这几个环节作简要介绍。

1. 课堂教学

课堂教学是学校学习最主要的形式，即通过老师的讲授、学生听课而学习。大学的课堂教学与中学相比有很大区别。一是进度快，内容多，中学时很薄的一册课本讲得很仔细，反复讲反复练，大学中很厚的一册书，很快就讲过去了，要注意适应；二是中学班级小，按班上课，几十个人一个班，老师认识每一个学生，大学许多课按专业甚至按系上课，大课堂有两三个班上课是常事，老师未必熟悉每一个同学，听课效果好坏，主要靠学生自主努力；三是中学的教学内容是成熟的经典理论，变化很小，而大学教学，必须随时代发展而增添新的内容。有时对书本上还未编入的内容教师只能根据资料讲解，这时要注意听讲并做必要的记录。

课堂学习时，学生要注意记住老师讲授的思路、重点、难点和主要结论。大学生一般在课堂上做一些笔记，记下老师讲课的内容，有的学生记得极详细，几乎一字不漏；有的只记要点难点和因果关系。笔者建议采用后者，甚至可在教材的空白处旁记，并用自己约定的符号在书上画出重点和各内容之间的联系。

与大班课堂讲授相配套的可能还有一些小班的讨论课、习题课，以对课程的重点或难点加深理解。参加这样的课时，同学们一定要积极思考，主动参加讨论，这不仅能巩固和加深所学习的知识，也是对表达能力的一种训练。

课堂教学后，要复习巩固，整理笔记，做到能用自己的语言表达所学内容。对于不懂的问题不要放过，可自己思索，也可与同学切磋，还不懂时，可记下来，适当的时候找老师答疑讨论。

2. 实验教学

通过实验手段掌握实验技术，弄懂科学原理。其中，物理、化学等均开设实验课，这与中学差别不大，不过内容更加现代化，方法更加先进。在土木工程专业中还开设材料试验、结构检验的实验课，这不仅是学习基本理论的需要，同时也是同学们熟悉国家有关试验、检测规程，熟悉实验方法及学习撰写试验报告的需要。不要有重理论轻实验的思想，应认真做好每一次试验，并鼓励学生自主设计、规划试验。

3. 设计训练

任何一个土木工程项目确定以后，首先要进行设计，然后才交付施工。设计是综合运用所学知识，提出自己的设想和技术方案，并以工程图及说明书来表达自己的设计意图，在根本上培养学生自主学习、自主解决问题的能力。

设计土木工程项目一定会受到多方面的约束，而不像单科习题那样只有一两个已知条件约束，这种约束不仅有科学技术方面的，还有人文经济等方面的。使土木工程项目"满足功能需要，结构安全可靠，成本经济合理，造型美观悦目"是设计的总体目的，要做到这一点必须综合运用各种知识，而其答案也不会是唯一的，这对培养学生的综合能力、创新能力有很大作用。

4.施工实习

贯彻理论联系实际的原则，让学生到施工现场或管理部门学习生产技术和管理知识。通常一个工地往往很难容纳一个班(几十人)的学生，因此，施工实习通常在统一要求下分散进行。这不仅是对学生能否在实际中学习知识技能的一种训练，也是对学生的敬业精神、劳动纪律和职业道德的综合检验。

主动认真地进行施工实习，虚心向工地工人、工程技术人员请教，可以学习到在课堂上学不到的许多知识和技能，但如马马虎虎，仅为完成实习报告而走过场，则会白白浪费自己宝贵的时间。能否成为土木工程方面的优秀人才，施工实习至关重要。

思考题

1. 什么叫土木工程? 它在国民经济中的地位和作用如何?

2. 最高的建筑和最长的桥梁等"最"字号土木工程"产品"确实很能吸引人们的眼球，但其科技价值、经济价值或社会价值应该如何认识?

3. 你考大学为什么选择工科? 为什么选择土木工程专业? 你的职业理想是什么? 为此你需要如何培养和锻炼自己? 试根据个人志趣和特点做出回答。

第2章 土木工程材料

2.1 概 述

2.1.1 土木工程与土木工程材料

（1）名词内涵

土木工程材料（Civil Engineering Materials）既是土木工程一级学科下的二级学科名称；也是建造各种工程结构和建筑物所用材料的总称，又称建筑材料（Construction Materials 或 Building Materials）；还是高校土木工程专业的一门专业基础课的名称。

土木工程材料学科是材料学与土木工程学交叉发展起来的分支学科，它从土木工程应用要求出发，运用材料科学知识，研究各种土木工程材料的组成、结构、性能及其相互关系，材料的环境行为与服役性能，材料性能的检验与评价方法，以及制备与施工工艺及其对材料和建材制品的组成、结构和性能的影响等基本原理与应用技术。

任何工程结构或建筑物均是用各种土木工程材料砌筑而成，土木工程和构筑物建造中所用工程材料的种类繁多，几乎所有天然和人造的材料均可用作土木工程材料，包括天然材料、无机和有机材料、金属和非金属材料、各种复合材料和功能（智能）材料等。

作为土木工程专业的专业基础课之一，土木工程材料课程主要讲授土木工程中常用材料的基本组成、技术性能、质量检验及应用方法，所涉及的材料有气硬性胶凝材料、水泥、混凝土、砂浆、砖、石材、钢材、木材、高分子材料、沥青材料等基本土木工程材料以及建筑陶瓷、玻璃、绝热材料、吸声材料、防水材料和建筑涂料等建筑功能材料及其制品。学习本课程后，应熟悉并掌握土木工程材料的组成与性能、技术标准及应用；材料主要技术性质的试验方法以及储运、验收等方面的知识。对于基本土木工程材料，还应了解其组成、结构、构造与性能间的关系；了解其主要性质之间的相互关系；了解原料、生产工艺过程和使用环境条件等对其性能的影响；了解节约材料、改善性能及防护处理的原则和途径。

（2）土木工程与土木工程材料的关系

土木工程材料在土木工程领域中的作用举足轻重，它与土木工程技术的发展历来就是相互促进、相辅相成的，土木工程中新问题的不断涌现，刺激了新材料、新技术与新方法的创造和发明，而新材料及其技术的发明又促使土木工程及其技术的进步与变革。土木工程的发展历程经历了古代、近代、现代三个历史时期，而这三个历史时期的变革均与土木工程材料的出现或发明有关。人类最早穴居巢处，几乎没有土木工程材料的概念；进入到石器、铁器时代，开始掘土凿石为洞，伐木搭竹为棚，利用最原始的天然材料建造最简陋的房屋；后来，用黏土烧砖制瓦，用岩石制石灰与石膏，开始从天然材料进入人工材料时期，为建造较大的工程设施创造了条件，出现了砖石结构的构筑物，如我国的万里长城、赵州桥、古埃及的金字塔等；18世纪以后，科学技术的发展促使土木工程材料进入了一个新的发展时期，钢铁，水泥，混凝土及其他材料的相继问世，为近、现代土木工程学奠定了基础，出现了钢筋混凝土结构、钢结构的大型构筑物；20 世纪后，土木工程材料性能和质量的不断改善与提高，品种的不断增加，以高分子材料为主的化学建材异军突起，为高层建筑、大跨度桥梁、高速公路与铁路等大型工程设施的建造提供了高性能土木工程材料及其施工技术；一些具有特殊功能或智能的材料制品，如绝热材料、吸声隔音材料、防火材料、防水材料、防爆与防辐射材料应运而生，为更加舒适、节能、低耗的各种构筑物提供了强有力的物质保障。

（3）土木工程材料课程的重要性

土木工程材料学知识在土木工程的设计、建造、维护的技术和方法上起着非常重要的作用。人们希望每一项工程是一个完美的工程，在使用条件下能有很好的行为。历史已证明工程质量的优良和一个能在使用条件下长期发挥其良好功能的工程设施，在很大程度上取决于设计师和建造者正确地选择和使用土木工程材料。在满足相同技术指标和质量要求的前提下，选择不同的材料和不同的施工方法，对工程的质量、服役性能与全寿命成本有直接的影响。因此，为了更好地利用土木工程材料以满足人们生产、生活和其他活动的需要与审美要求，做到各类土木工程既能安全可靠地承受各种外力和环境荷载，发挥其应有功能，又能经济而有效地完成建造任务，设计者、建造者和维护管理者必须充分了解和掌握土木工程材料的知识。可以说"建筑物和结构的建造依赖于对土木工程材料的充分认识和掌握，没有这些知识，就不可能建造安全、有效和耐久的构筑物、结构和住宅"，所以，不懂得土木工程材料的"来龙去脉"，就不可能成为一个合格的土木工程师！

2.1.2 土木工程材料的种类与发展

（1）分类

土木工程材料种类繁多，其作用和功能各异。从土木工程应用出发，可以分为胶凝材料、砌体结构材料、钢结构材料、混凝土结构材料、木结构材料、路面材料和建筑功能材料等。

① 胶凝材料，如硅酸盐水泥、铝酸盐水泥、硫铝酸盐水泥、石灰和石膏等。

② 砌体结构材料，如岩石、砖、砌块、砂浆等。

③ 钢结构材料，如低碳钢、低合金钢、优质碳素钢等和各种型钢。

④ 混凝土结构材料，如各种钢筋、普通混凝土、高强与高性能混凝土、轻混凝土等。

⑤ 木结构材料，各种材质的原木、方木、胶合型材和板材。

⑥ 道路路面材料，如道路混凝土、沥青混合料、塑胶地面材料和各种花格砖等。

⑦ 建筑功能材料，如防水材料、绝热材料、吸声材料、装饰材料和防腐材料等。

（2）发展趋势

随着科学与技术的不断进步和土木工程对工程材料日益增长的需求，促使土木工程材料在不断地发展，其发展趋势主要体现在以下几方面：

① 高性能或超高性能化。如结构材料的强度不断提高，使用寿命不断延长等。

② 复合化。为了弥补单一组成材料的不足，采用原子、分子、物相、构造等不同层次的复合技术，制备有机—无机、金属—非金属、晶体—非晶体等复合材料。

③ 多功能化。结构材料不但具有承载能力，还可兼有保温、防水、装饰等功能。

④ 生产自动化与施工机械化。如混凝土商品化、泵送施工等。

⑤ 绿色化。大量采用工业废料废渣，减少资源消耗，降低能耗，并要求工程材料的生产与使用过程中对环境与人们的健康无害等。

2.1.3　土木工程材料的检验与选择

（1）检验

土木工程材料研发、制造和工程施工前均需要进行检验与试验，检验是考查工程材料或制品是否满足土木工程的要求，包括测量尺寸、称重、用锤子敲击、用指甲或小刀划痕以及许多其他操作，其中有些称为试验。检验中发现的问题需要由试验来确定。

根据土木工程材料的检验和试验的目的，可以分为以下几类：

①接受检验。施工单位对供应商提供的材料或制品所进行的检验，以决定是否接受。

②质量控制。质检部门对生产企业进行定期抽样检验，以确定其产品质量是否稳定。

③研究与开发。新材料或制品的研发过程中所进行的大量试验。

土木工程材料或制品的检验和试验应严格按照相关标准进行，这些标准一般应包含适用范围、性能指标要求、试验方法、抽样和评判规则等内容。我国的标准体系包括国家标准、行业或协会标准和企业标准等。根据标准执行的力度，又分为强制性标准和推荐性标准；前者是强制性执行的，例如，国家标准《通用硅酸盐水泥》就是强制性标准。

（2）选择

在工程结构或建筑物的设计、建造和维修活动中，经常遇到土木工程材料的选择问题，而且总希望所选择的材料性能和成本对于工程应用是最满意的，任何最满意的选择需要土木工程材料的知识和合理的选择程序。

任一项工程实施的建造均涉及三方：业主、设计者和建造者。业主提出项目建设成本和使用功能要求，选择设计者来承担所有土木工程材料的选择，设计者通过综合考虑每种土木工程材料的功能、外观和全寿命成本（初始成本与预期使用寿命内的维护成本之和），反复比较后选择满足要求的土木工程材料和制品；也可制定描述土木工程材料的性能要求的说明文件，由建造者根据性能要求与说明来选择工程材料。因此，针对某一工程选择工程材料时，需考虑建筑物或结构的类型和功能、服役环境、初始投资和维护成本预算、施工所要求的技能及熟练工人、工程材料的质量与性能、运输成本和人文要求以及个人喜好等因素。

2.2　无机胶凝材料

土木工程中，大多数构筑物均是砌筑或浇筑形成的，需使用一类重要的土木工程材料——胶凝材料。凡能经过一系列物理与化学过程由浆体变成坚硬固体，并能将散粒状或块、片状材料胶结成整体的物质，统称为胶凝材料。因此，胶凝材料需具备如下重要特性：

- 流变性——在工程施工条件下是液态、流体或可塑浆体；
- 胶凝性——在一定条件下能凝结硬化成具有胶结能力和强度的固体；
- 稳定性——在工程使用条件下能长久保持其组成、体积和性能。

胶凝材料主要由胶凝物质构成，按其胶凝物质的化学组成，一般可分为无机胶凝材料、有机胶凝材料和复合胶凝材料。土木工程中常用的石膏、石灰和各种水泥等属无机胶凝材料；沥青与合成树脂等属有机胶凝材料；水泥—沥青复合浆体是一种复合胶凝材料。

2.2.1 建筑石膏

石膏(gypsum 或 plaster)在土木工程中的应用历史悠久,如古埃及的金字塔就是用石膏作为胶凝材料砌筑的。地球上存在一种以 $CaSO_4$ 或 $CaSO_4 \cdot 2H_2O$ 为主要物相的矿物,分别称为无水或二水石膏,统称为天然石膏,它们是纤维状晶体矿物,如图 2-1 所示。天然石膏不是胶凝矿物,但将天然石膏矿石在常压下加热到 125℃,$CaSO_4 \cdot 2H_2O$ 分解成 $\beta - CaSO_4 \cdot 0.5H_2O$,磨成粉末就成为具有胶凝性的建筑石膏。将该粉末与水拌合形成的浆体,通过 $\beta - CaSO_4 \cdot 0.5H_2O$ 与 H_2O 的水化反应,形成 $CaSO_4 \cdot 2H_2O$ 并沉淀、结晶,使浆体凝结硬化为固体,产生胶凝性和强度。剩余水分的蒸发可进一步提高强度,属气硬性胶凝材料。

建筑石膏是一种白色或淡黄色(含杂质)的固体粉末,如图 2-1 所示。密度为 2.50 ~ 2.70 g/cm³,堆积密度为 800 ~ 1 450 kg/m³。石膏浆体的凝结速度很快,一般在 6 ~ 30 min 内就可硬化为含水率很大、体积稍有膨胀的固体,强度较低;干燥后成为多孔固体,孔隙率高达 30% ~ 50%,抗压强度为 3 ~ 6 MPa;因硬化石膏含有大量孔隙,其导热性较小,吸声性良好;遇到火灾时,二水石膏分解出结晶水,吸收热量,并在表面形成蒸汽隔层,所以石膏制品的防火性能好,历史上曾作为法国法定的防火材料。

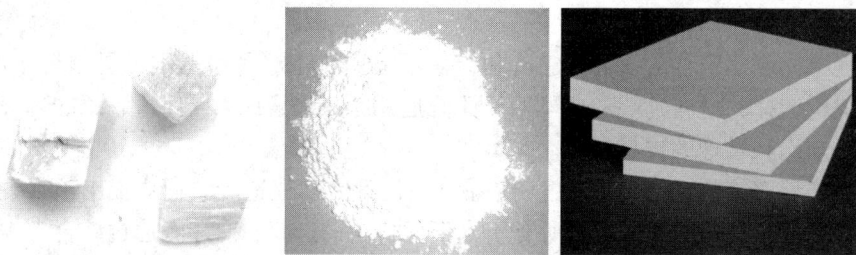

图 2-1 天然石膏、建筑石膏和石膏板

建筑石膏应用领域广泛,以建筑石膏为胶凝材料,再加入外加剂、细骨料等,可制成适用于建筑物墙面、顶棚的粉刷石膏。用建筑石膏可制成各种建材制品,如纸面石膏板、空心石膏条板、纤维石膏板、石膏砌块和装饰石膏制品等。它们具有隔热、保温、不燃、不蛀、隔声、可锯、可钉、污染小等优点。此外,建筑石膏及其制品的原料丰富(有天然石膏和大量以二水石膏为主要成分的工业副产物),生产能耗低,对人体和环境无害,并可循环利用等,但其强度较低、耐水性较差,使其应用受到一定限制。近年来,石膏及其制品作为一种绿色建材发展很快,通过各种改性或复合技术途径提高其强度,改善其耐水性,使其大量用于室内的空间分隔和装饰装修。

2.2.2 石 灰

石灰(lime)是古老的无机胶凝材料,世界著名的万里长城就是以石灰作为主要胶凝材料砌筑的。石灰的化学组成是 CaO 或 $Ca(OH)_2$,以 CaO 为主的称为生石灰,以 $Ca(OH)_2$ 为主的称为熟石灰。它们具有原料分布广、生产工艺简单、成本低廉等特点。

凡以 $CaCO_3$ 为主要物相的天然岩石,如石灰岩、白垩、白云质石灰岩等,均可用来制备石灰。将这些岩石破碎后在 800 ~ 1 000℃下煅烧，使 $CaCO_3$ 分解，释放 CO_2 气体，得到以 CaO 为主要物相的块状生石灰。将块状生石灰磨细得生石灰粉；将块状生石灰与水反应，进行消解或熟化，得到消石灰粉或熟石灰膏。生石灰和消石灰粉为白色或浅黄色粉末，其密度分别为 3.1 ~ 3.4 g/cm^3 和 2.21 g/cm^3，堆积密度分别为 600 ~ 1 100 kg/m^3 和 400 ~ 700 kg/m^3，20℃水中溶解度为 0.173 $g/100\ mL$，呈强碱性。石灰膏是含水膏状物质，如图 2-2 所示。

图 2-2　块状生石灰和石灰膏

将生石灰粉或熟石灰粉或石灰膏与水拌合形成石灰浆体，在空气中，因水分挥发、$Ca(OH)_2$ 沉淀结晶，及其与空气中的 CO_2 气体的碳化反应，石灰浆体缓慢凝结硬化，并产生胶凝性和强度，它也是气硬性胶凝材料。石灰浆在凝结硬化过程中，挥发大量游离水，体积显著收缩，容易开裂。所以石灰浆不宜单独使用，常掺入砂子、矿渣、炉灰、纤维或纸筋等拌制成石灰乳或石灰砂浆，用于砖、砌块等块体材料的砌筑和墙体抹面。石灰的另一重要用途是制备加气混凝土、硅钙板、灰砂砖等硅酸盐制品。此外，历史上曾将石灰、砂和黏土混合形成三合土——混凝土的前身，用作房屋基础、墙面和地坪等修筑。

2.2.3　水　泥

水泥(cement)常用作水硬性胶凝材料的简称，即指以水硬性矿物(能与水反应并形成耐水性水化物的胶凝物质)为主要成分的一类粉末材料。目前，按其所含主要水硬性矿物的种类，工业化批量生产并获得广泛应用的水泥有三大系列：以硅酸钙为主的硅酸盐系水泥、以铝酸钙为主的铝酸盐系水泥和以硫铝酸钙为主的硫铝酸盐系水泥。其中，硅酸盐系水泥(国外称为 Portland Cement，即波特兰水泥)是土木工程中用量最大、用途最广的水泥系列，一般认为硅酸盐系水泥是由英国建筑工人阿斯普丁(J. Aspdin)发明的，他于 1824 年首次申请了生产波特兰水泥的专利。我国从 1876 年开始生产硅酸盐水泥，1949 年每年仅为 66 万 t，1987 年每年达 1.8 亿 t，跃居世界第一，2008 年每年高达 13.88 亿 t。

(1)硅酸盐系水泥

硅酸盐系水泥(简称硅酸盐水泥)是以硅酸盐水泥熟料和适量的石膏，及规定的混合材料制成的水硬性胶凝材料，按混合材料的品种和掺量分为硅酸盐水泥、普通硅酸盐水泥、矿渣硅酸盐水泥、火山灰质硅酸盐水泥、粉煤灰硅酸盐水泥和复合硅酸盐水泥等。

硅酸盐水泥熟料是硅酸盐系水泥的主要胶凝物质，它含有 4 种水硬性矿物：硅酸三钙 $3CaO \cdot SiO_2$(C_3S)、硅酸二钙 $2CaO \cdot SiO_2$(C_2S)、铝酸三钙 $3CaO \cdot Al_2O_3$(C_3A)和铁铝酸四钙

$4CaO \cdot Al_2O_3 \cdot Fe_2O_3(C_4AF)$。石膏和混合材料主要用来调节水泥的物理力学性能，石膏一般是天然二水石膏，常用混合材料有矿渣、火山灰质材料、粉煤灰和石灰石粉等。

硅酸盐水泥以石灰石和富含 SiO_2、Al_2O_3 和少量 Fe_2O_3 的黏土为主要原料，采用"两磨一烧"工艺制成，其中，第一磨是将原料磨细为生料粉或泥浆，一烧是将生料在 1 450℃的旋转窑内烧制成熟料，第二磨是将熟料、石膏和混合材料一起磨成水泥。现在水泥制造厂均采用现代计算机控制的干法工艺生产。

根据硅酸盐水泥熟料中 4 种主要矿物的特性，通过设计生料的组成，经煅烧得到不同矿物组成的水泥熟料，可制得具有某种预定性能的硅酸盐水泥品种，如白色硅酸盐水泥、抗硫酸盐硅酸盐水泥、中和低热硅酸盐水泥、道路硅酸盐水泥等。还可在水泥磨成中加入不同的添加剂制成膨胀硅酸盐水泥、防水硅酸盐水泥等。

将水与水泥以一定的质量比(定义为水灰比)拌和后形成新拌水泥浆，新拌水泥浆是以水为连续相、水泥颗粒分散并悬浮在水中的悬浮浆体。通过水泥熟料中的 4 种胶凝矿物的水化反应引发的复杂物理化学过程，新拌水泥浆凝结硬化为坚硬固体——硬化水泥浆或水泥石。常温下，水泥浆约在 45 min 内初凝，失去流动性；在 2～3 h 内硬化，产生胶凝性和强度；随后几天内，其强度以较快的速度连续增长；在若干年内，其强度仍将缓慢地继续增长。

水泥石是由固体相、孔隙和孔隙中的少量水构成的多物相多孔固体，其中，固体相有水化硅酸钙、氢氧化钙、水化铝酸钙、钙矾石等水化物和未水化的残存水泥内核，孔隙主要有凝胶孔、毛细孔和空隙。

为了更好地将硅酸盐水泥应用于土木工程中，应了解和掌握硅酸盐水泥的基本技术性质及其影响因素。包括密度与堆积密度、细度、标准稠度用水量、凝结时间、体积安定性、强度、水化热、不溶物和烧失量、碱和氯离子含量等，这些性能指标必须满足国家强制性标准《通用硅酸盐水泥》(GB175—2007)的规定。根据其 3 d、7 d 和 28 d 的抗折和抗压强度，分为 62.5R，62.5，52.5R，52.5，42.5 R，42.5，32.5R 和 32.5 等 8 个强度等级。

一般将硅酸盐水泥与砂、石、水拌制成砂浆或混凝土，应用于各种土木工程中。硅酸盐水泥强度等级较高，主要用于重要结构的高强混凝土和预应力混凝土工程，但因水化热较大、耐化学侵蚀性较差，因而不宜用于大体积混凝土工程，也不适用于处于流动水或压力水、海水和盐湖水环境中的混凝土工程；这些工程宜采用掺混合材料硅酸盐水泥，其中普通硅酸盐水泥几乎适用于任何环境下的混凝土工程，因而其产量和用量最大；一些特性硅酸盐水泥主要用于有特殊要求或特殊环境中的混凝土工程，如道路硅酸盐水泥主要用于路面工程，抗硫酸盐水泥主要用于海洋或富含硫酸盐的地理环境中的混凝土工程等。

(2)硫铝酸盐系水泥

以适当成分的生料，经煅烧所得以无水硫铝酸钙 $4CaO \cdot 3Al_2O_3 \cdot SO_4(C_4A_3\hat{S})$ 和硅酸二钙 C_2S 为主要矿物成分的熟料，加入适量石膏和 0～30% 的石灰石，磨细制成的水硬性胶凝材料，称为硫铝酸盐水泥，代号 SAC。硫铝酸盐水泥及其旋窑生产技术是我国建筑材料研究院苏慕珍等人于 1973 年发明的，也主要产于我国。我国生产的硫铝酸盐系水泥的主要品种有快硬硫铝酸盐水泥、高强硫铝酸盐水泥、高铁硫铝酸盐水泥和低碱度硫铝酸盐水泥。

硫铝酸盐水泥的密度较小，一般为 2.78 g/cm³，比表面为 350 m²/kg，强度等级有 72.5，62.5，52.5 和 42.5 等 4 个。硫铝酸盐水泥的突出特点有凝结硬化快、早期强度高、收缩值小、碱度低、耐化学侵蚀性好，尤其是抗硫酸盐和海水侵蚀性优良，水化物在气候环境下稳定。因此，硫铝酸盐水泥适用于冬季施工和抢修工程、海洋和硫酸盐环境的混凝土工程等。

（3）铝酸盐水泥

铝酸盐水泥（矾土水泥或高铝水泥）是以富含 Al_2O_3 的铝矾土和石灰石为原料，按一定比例配合形成混合粉料，经煅烧、磨细而制得的一种以铝酸钙矿物为主的水硬性胶凝材料。其矿物成分有铝酸一钙 $CaO \cdot Al_2O_3$（CA），含量占铝酸盐水泥质量的 50% ~ 70%，此外还有少量硅酸二钙和其他铝酸盐矿物，如七铝酸十二钙 $12CaO \cdot 7Al_2O_3$（$C_{12}A_7$）、二铝酸一钙 $CaO \cdot 2Al_2O_3$（CA_2）和硅铝酸二钙 $2CaO \cdot Al_2O_3 \cdot SiO_2$（$C_2AS$）等。

铝酸盐水泥具有凝结硬化快、早期强度高、抗硫酸盐侵蚀能力强、耐高温性好等特点。虽然铝酸盐水泥的早期强度高，但后期强度可能会下降，因此，结构工程中不宜采用铝酸盐水泥。铝酸盐水泥的耐高温性能是所有水泥中最好的，所以，最适宜用于耐热或防火工程，如建筑物内的防火墙，窑炉的内衬砂浆等。

水泥是非常重要的土木工程材料之一，如果没有水泥的发明，不知现代土木工程及其技术是什么样！因此，水泥是"土木工程材料"课程学习的重点内容。

2.3　砌体结构材料

砌体结构是古老而重要的工程结构类型，是由砖、石块、砌块和砂浆等建筑材料砌筑而成，又称砖石结构，如图 2 - 3 所示。人类进入文明时期就开始采用岩石和砖作为砌体结构材料，建造房屋、桥梁、水坝、道路和军事防御设施等建筑物，如世界著名的万里长城、金字塔、圣索菲亚教堂、罗马斗兽场和赵州桥等。

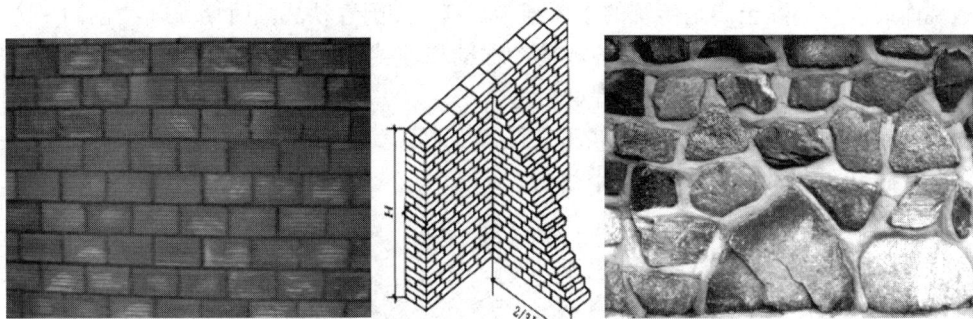

图 2 - 3　砖石砌体结构

2.3.1　砖

砖是砌体结构用的人造小型块材，外形多为直角六面体，长度≤365 mm，宽度≤240 mm，厚度≤115 mm。也有各种异形的砖。根据其材质，分为土坯砖、烧结砖和非烧结砖。

（1）土坯砖

采用泥土制作的砖称为土坯砖，根据制作方法不同分为压制土坯砖和泥质土坯砖。将黏性较高的黏土用水泡散，加入稻草或毛发等纤维材料，拌和均匀成含水量较高的泥浆，装入木制模具内并用脚踩实或用木板拍实并刮平，脱模后晾晒干透即为泥质土坯砖，其强度较低；将泥土、非膨胀土和砂石颗粒混合成含一定水分的泥土，放入模具中并用机械压实，脱模后晾晒干透后即为压制土坯砖。这种砖尺寸较大且规整，强度可达 2 MPa 以上，如图 2 - 4 所示。

图 2 - 4   压制土坯砖和非洲马里的傑内(Djenné)大清真寺

公元前 7000—前 3300 年，人们就开始用土坯砖建造房屋，国内外仍有许多有名的由土坯砖建造的建筑物，如位于非洲马里的傑内(Djenné)大清真寺就是世界上最大的土坯砖建筑，我国农村还存有一些由土坯砖建造的房屋。由土坯砖砌筑的墙体，最大优点是保温保湿性能优良，可使房屋内部冬暖夏凉、湿度适宜。有试验表明，当室外最高温度为 42℃ 时，压制土坯砖墙房屋的室内最高温度只有 33℃。但土坯砖抗水耐湿性和耐磨性较差，将土坯砖经高温焙烧后制成烧结黏土砖，不但抗水和耐磨，而且提高了强度。

（2）烧结砖

烧结砖以黏土(包括页岩、煤矸石和粉煤灰等粉料)为主要原料，经原料处理、成型、干燥和焙烧而成。烧结黏土砖是传统的砌体结构材料，我国春秋战国时期就陆续创制了方形和长形砖，秦汉时期制砖的技术和生产规模、质量和花式品种都有显著发展，世称"秦砖汉瓦"。如今，烧结砖仍是基本土木工程材料之一。

烧结砖种类很多，根据焙烧工艺不同，分为青砖和红砖。在氧化气氛中烧制使原料中的铁完全氧化成 Fe_2O_3，呈红色的烧结砖为红砖；如果在还原气氛中烧制使铁不完全氧化而生成 FeO，呈青灰色的烧结砖为青砖。青砖的抗氧化、风化、大气侵蚀等方面性能明显优于红砖，并给人优雅、沉稳、古朴、宁静的美感，可用于房屋墙体、仿古建筑、路面装饰。我国古代烧制的砖几乎均是青砖，万里长城就是用青砖建造的，如图 2 - 5 所

图 2 - 5   用青砖砌筑的我国万里长城

示。由于青砖烧制中需用水冷却，操作起来比较麻烦，所以现在生产得比较少。

现在最常用的是红砖，按照主要原料，烧结砖分为黏土砖、页岩砖、煤矸石砖和粉煤灰砖；按其孔隙率，分为普通砖(孔隙率为 0～15%)、多孔砖(孔隙率≥15%，且孔尺寸小而数量多)和空心砖(孔隙率≥15%，且孔尺寸大而数量少)。

图 2-6　各种烧结砖(依次为普通砖、多孔砖、空心砖和青砖)

普通砖(实心黏土砖)的标准规格为 240 mm×115 mm×53 mm(长×宽×厚);多孔砖根据各地区的情况有所不同,如 KP1 型多孔黏土砖,其外形尺寸为 240 mm×115 mm×90 mm。按其抗压强度(MPa)的大小,普通砖和多孔砖分为 MU30,MU25,MU20,MU15,MU10,MU7.5 等 6 个强度等级;空心砖的最大尺寸为 390 mm×190 mm×115 mm,强度等级有 MU10,MU7.5,MU5.0,MU3.5 和 MU2.5,并分为 800,900,1 000 三个密度级别。烧结砖的外观质量主要考察尺寸偏差、弯曲、缺棱、掉角、裂纹等缺陷,并对这些缺陷予以限制。

烧结砖可用于砌筑柱、拱、烟囱、地沟、地面及基础等,普通砖和多孔砖可用于承重部位,空心砖主要用于非承重部位。在砌体中配置钢筋或钢丝可代替钢筋混凝土柱、过梁等,并可砌筑清水墙和墙体装饰。烧结砖就地取材,价格便宜,经久耐用,还有防火、隔热、隔声、吸潮等优点,在土木建筑工程中使用广泛。为改进普通砖块小、自重大、耗土多的缺点,正向轻质、高强度、空心、大块的方向发展。

(3)非烧结砖

不需在高温下焙烧制成的砖统称为非烧结砖,根据其养护硬化工艺,有蒸养砖、蒸压砖、碳化砖和水泥砖等,如图 2-7 所示。经常压蒸汽养护硬化而成的砖称为蒸养砖,如蒸养粉煤灰砖、蒸养矿渣砖、蒸养煤渣砖等;经高压蒸汽养护硬化而成的砖称为蒸压砖,如蒸压粉煤灰砖、蒸压矿渣砖、蒸压灰砂砖等;以石灰为胶凝材料,加入骨料,成型后经碳化处理硬化而成的砖称为碳化砖,近年来这也成为减少空气中 CO_2 气体含量的一个途径;以水泥作为胶凝材料,加入骨料和废渣,成型后在常温常压下养护硬化的砖称为水泥砖。

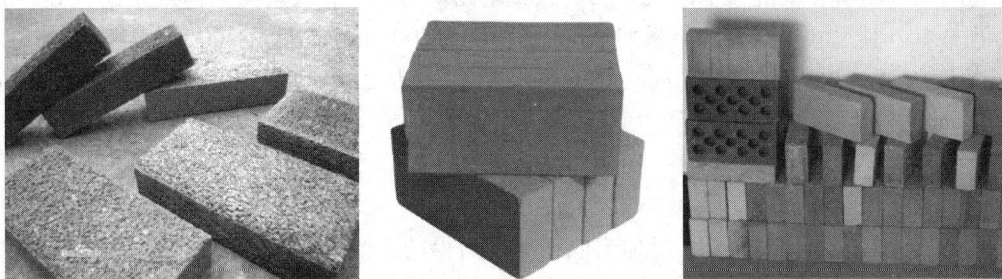

图 2-7　各种非烧结砖(依次为水泥砖、蒸压灰沙砖和蒸养砖)

非烧结砖的技术性能主要有外观与尺寸、强度和抗风化等,其应用与烧结砖一样,但因其充分利用工业废渣,节约燃料,因而成为我国大力推广的砖。

2.3.2 砌块

砌块是用于砌筑的人造块材,外形多为直角六面体,也有各种异形的。砌块系列中主规格的长度、宽度或高度有一项或一项以上分别大于 365 mm, 240 mm, 或 115 mm。但高度不大于长度或宽度的六倍,长度不超过高度的三倍。

可用多种材料制造成各种几何形状和结构构造的砌块,其品种和类型很多。

按照外部尺寸,分小、中和大型砌块,主规格高度为 115 ~ 380 mm 时,称为小型砌块。主规格高度为 380 ~ 980 mm 时,称为中型砌块;主规格高度大于 980 mm 时,称为大型砌块。一般以中小型砌块居多。

按照所用主要原料及生产工艺,有水泥混凝土砌块、粉煤灰混凝土砌块、混凝土空心砌块、石膏砌块、轻骨料混凝土砌块、加气混凝土砌块和泡沫混凝土砌块等。

按照空心率大小,分为实心砌块(空心率 <25% 或无孔洞)和空心砌块(空心率 ≥25%)两种,空心砌块又分为单排孔、双排孔、三排孔、四排孔等和多排孔砌块。

按照砌块的外形和表面特征分为劈离砌块、咬接砌块、槽形砌块、异形砌块、饰面砌块和吸声砌块等。

土木工程中常用的有普通混凝土小型空心砌块,如图 2-8 所示,按其抗压强度划分为 MU 20, 15, 10, 7.5, 5.0 和 3.5 六个强度等级;轻骨料混凝土小型空心砌块,所用的轻骨料包括黏土陶粒、页岩陶粒、粉煤灰陶粒、浮石、火山渣、煤渣、矸石和膨胀珍珠岩等,按其表观密度等级分为 500, 600, 700, 800, 900, 1 000, 1 200,

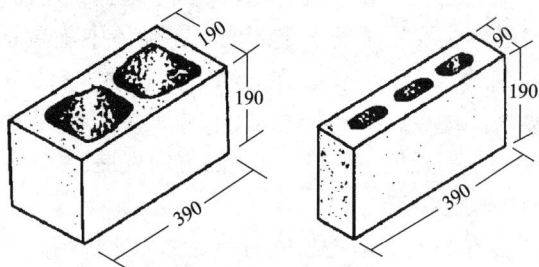

图 2-8 小型空心砌块的主规格构造

1 400 八个等级;按其强度有 1.5, 2.5, 3.5, 5.0, 7.5, 10.0 六个等级;石膏砌块,其形状为长方体,纵横四周有凹凸榫槽。根据行业标准 JC/T 698—1998,石膏砌块长度不应大于 700 mm;加气混凝土砌块,通常用"水泥、矿渣、砂"、"水泥、石灰、砂"和"石灰、粉煤灰、砂"等三种材料组合制备加气混凝土砌块。加气混凝土砌块内部含有大量均匀而细小的气孔,是轻质多孔材料。其尺寸规格有两个系列:其一,长度为 600 mm,高度为 200 mm、250 mm 和 300 mm,宽度从 75 ~ 300 mm(以 25 mm 或 50 mm 递增);其二,长度为 600 mm,高度为 240 mm 和 300 mm,宽度从 60 ~ 240 mm(以 60 mm 递增)。

2.3.3 天然石材

凡是从天然岩石中开采的,经加工或不加工而得的不同形状和尺寸的石料,统称为天然石材。天然石材具有强度高,耐久性与耐磨性好等优点,部分石材具有良好的装饰性,产源分布很广,便于就地取材。世界上有许多古建筑,如古埃及的金字塔、意大利的比萨斜塔、我国福建泉州的洛阳桥、河北赵州桥等,以及现代建筑,如北京天安门广场的人民英雄纪念碑等均由天然石材建造而成。在现代土木工程中,块状的毛石、片石、条石、块石等常用来砌筑基础、桥涵、墙体、勒脚、渠道、堤岸、护坡和隧道衬砌等;石板用于内外墙的贴面和地面材料；纪念性的建筑雕刻和花饰均可采用各种天然石材饰面。

天然石材采自岩石，岩石是由各种不同的地质作用所形成的天然矿物的集合体。根据其形成的地质条件不同，可分为岩浆岩（火成岩）、沉积岩、变质岩等三大类。

天然石材的技术性质主要取决于它们的矿物组成、结构与构造的特征，同时也受一些外界因素的影响，如自然风化或开采加工所形成的缺陷等。

2.3.4　砂浆

由胶凝材料、细骨料、掺合料和水等原料按适当比例配制而成的混合材料称为砂浆，其品种和功能很多。按其用途，可分为砌筑砂浆、抹面砂浆、防水砂浆、耐酸砂浆、保温砂浆、吸声砂浆和修补砂浆等。砌筑砂浆用来将砖、砌块和石料的胶结成砌体结构，主要起胶结作用；抹面砂浆抹在墙面、地板及梁柱结构的表面，起防护、垫层和装饰等作用；其他砂浆可用于砌体结构或混凝土结构表面和地面，起防水、防腐、保温、吸声和修补加固等作用。

按所用胶凝材料不同，砂浆又可分为水泥砂浆、石灰砂浆、石膏砂浆、混合砂浆、聚合物砂浆等。常用的混合砂浆有水泥石灰砂浆、水泥黏土砂浆和石灰黏土砂浆等。

按生产和施工方法，可将砂浆分为现场拌制砂浆、预拌砂浆和干粉砂浆等。预拌砂浆是工厂化拌和的流态新拌砂浆；干粉砂浆是将水泥、细骨料和各种添加材料工厂化拌和而成的固体混合物，施工时再将干粉砂浆与拌和成新拌砂浆。

砂浆的技术性质包括新拌砂浆的流动性与保水性，硬化砂浆的强度、黏结力、抗冻性、耐腐蚀性和装饰性等。

2.4　钢结构材料

钢结构是由型钢和钢板通过焊接、螺栓连接或铆接等工艺建造的工程结构，是现代建筑工程中较普通的结构形式之一。中国是最早用铁制承重结构的国家，远在秦始皇时代（前246—前219），就已经用铁做简单的承重结构，而西方国家在17世纪才开始使用金属承重结构。3—6世纪，聪明勤劳的中国人居就用铁链修建铁索悬桥，著名的四川泸定大渡河铁索桥、云南的元江桥和贵州的盘江桥等都是中国早期铁体承重结构的例子。

现代钢结构的主要工程材料是钢材，钢材属于黑色金属材料，是以Fe元素为主要成分并含有2%以下的C元素的铁碳合金，是土木工程中应用最多的金属材料。

图 2-9　各种型钢（依次为工字钢、槽钢和角钢）

2.4.1 钢材的种类

钢材的种类很多,土木工程中常用的钢材分为钢结构用钢、混凝土结构用钢及其他用途钢三大类。钢结构用钢主要有碳素结构钢、优质碳素钢和高强度低合金结构钢。从外形上看,主要是型钢和钢板。型钢是具有确定断面形状且长度和截面周长之比相当大的直条钢材,按照钢的冶炼质量不同,型钢分为普通型钢和优质型钢;其品种有大型型钢、中型型钢、小型型钢。按其断面形状,普通型钢又可分为工字钢、槽钢、角钢、扁钢、方钢和圆钢等,如图2-9所示。按照结构钢的屈服点强度,又分为若干牌号,例如,桥梁结构钢主要有Q235q,Q345q,Q370q,Q420q,Q460q,Q500q,Q550q,Q620q和Q690q等。

2.4.2 钢材的技术性能

力学和工艺性质是钢材的两个主要技术性质。工程应用涉及的力学性质主要包括抗拉性能、冲击韧性、硬度与疲劳强度等。工艺性质是指钢材在各种加工过程中的行为,包括冷弯性能、焊接性能和冷加工性能等。其中,抗拉性能是钢材最重要的技术性质,图2-10是低碳钢典型的拉伸应力—应变曲线,它表征了钢材的拉伸力学行为,并可得出钢材的屈服强度σ_s、极限强度σ_b、弹性模量σ_b/ε_A和塑性变形等重要的力学性能指标。

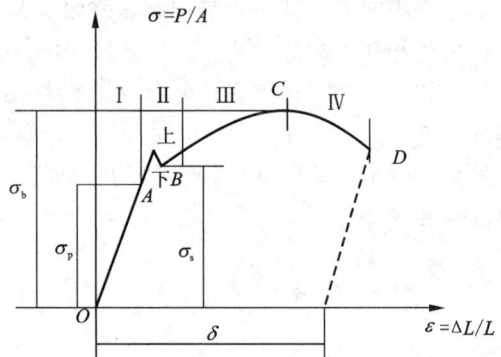

图 2-10 低碳钢受拉时的应力—应变曲线

钢材是强韧性材料,品质均匀、结构致密,质量稳定,可靠性高。力学计算理论可以很好地反映钢材的实际性能。其力学和工艺性质特点有:

①抗拉强度很高,例如,Q690号钢(低合金高强度结构钢)的极限抗拉强度高达940MPa,一般钢材的屈服强度也达到200MPa左右。

②具有良好的塑性和韧性,断裂伸长率达14%以上,承受冲击、振动等动荷载作用的能力很强。

③具有良好的可加工性能,可以锻压、切割、焊接和铆接,便于装配,并可进行热加工和一定程度的冷加工。

2.4.3 钢材的应用

钢结构适用于大跨度、多层及高层结构、重型工业厂房结构、高耸塔结构和受动荷载的桥梁结构等。我国钱塘江大桥、南京长江大桥、郑州中原福塔、北京鸟巢工程等就是钢结构建筑物。2008年奥运中心鸟巢工程主要采用屈服强度为420MPa的Q420号型钢建造。

钢材和钢结构的主要缺点有耐腐蚀性差,在使用环境,尤其是潮湿空气中,钢材容易锈蚀;抗火性差,温度达到300℃以上时,钢材的强度明显下降;热的良导体,传热快,建筑物局部火灾,可影响整个钢结构,耐火时间较短;自重较大,价格较贵。

因此,钢结构建筑物需要采取相应的防腐和防火措施,常用的防腐措施有表面涂层和电

图 2 – 11　钢结构的钱塘江桥、中原福塔和北京鸟巢

化学方法，防火措施主要是表面覆盖防火涂层等。此外，将钢筋埋入混凝土材料中形成钢筋混凝土结构，可使钢筋既不生锈，又可提高结构的耐火极限。

2.5　混凝土结构材料

　　混凝土结构一般是指由配有钢筋增强的混凝土浇筑而成的结构，又称钢筋混凝土结构。其中钢筋承受拉力，混凝土承受压力，并保护钢筋免受各种腐蚀作用。现代土木工程中绝大多数的主要承重构件是用钢筋混凝土建造的，钢筋混凝土结构具有坚固、耐久、防火性能好、比钢结构节省钢材和成本低等优点。

2.5.1　钢　筋

　　钢筋是钢筋混凝土结构的主要工程材料之一，可分为热轧钢筋、冷轧带肋钢筋、预应力混凝土用钢棒、预应力混凝土用钢丝和钢绞线等多个品种。

　　热轧钢筋是由低碳钢和普通合金钢在高温下热轧成型并自然冷却的成品钢筋，是土木工程中使用量最大的钢材品种之一。根据其表面特征，热轧钢筋分为光圆钢筋和带肋钢筋，带肋钢筋又有月牙肋钢筋和等高肋钢筋等，如图 2 – 12 所示。

图 2 – 12　月牙肋钢筋、钢棒和光圆钢筋

冷轧带肋钢筋是由普通低碳钢、优质碳素钢或低合金钢热轧圆盘条为母材，经冷轧减径

后在其表面冷轧成具有三面或二面月牙形横肋的钢筋。

预应力混凝土用钢棒是由低合金钢热轧盘条经冷加工或不经冷加工后再经淬火和回火等调质处理制成。按其表面形状,分为光圆钢棒、螺旋槽钢棒、螺旋肋钢棒和带肋钢棒等四种。光圆钢棒只用于后张法预应力工程,其他钢棒用于先张法预应力工程。

预应力混凝土用钢丝是优质碳素结构钢盘条,经酸洗,拔丝模或轧辊冷加工或再经消除应力等工艺制成的高强度钢丝。按外形分为光圆钢丝、螺旋肋钢丝和刻痕钢丝等三种。

钢筋应具备一定的屈服强度和抗拉强度,它是结构设计的主要依据。此外,还应具有良好的塑性、韧性、可焊性和钢筋与混凝土间的黏结性能。

2.5.2 混凝土

广义上,混凝土泛指由胶凝材料胶结粗、细骨料颗粒所形成的人工石材,根据胶凝材料的种类,主要有水泥混凝土、沥青混凝土和树脂混凝土等。狭义上,土木工程技术界一般将水泥混凝土简称为混凝土,而其他混凝土材料须冠以胶凝材料名称,如树脂混凝土。

100 多年来,为发展混凝土理论和改善混凝土性能,使之更适用于土木工程领域,人们作了不懈的努力,并多次取得突破性进展。1867 年 J. Monier 创立钢筋混凝土原理;1916 年 D. A. Abrams 提出混凝土强度的水灰比学说;1925 年 Lyse 发表灰水比学说和恒定用水量法则,奠定了现代混凝土理论的基础;1928 年 E. Freyssinet 提出混凝土收缩和徐变理论,将预应力技术应用于混凝土工程。20 世纪中叶后,减水剂、引气剂等外加剂相继出现,显著提高了混凝土强度和耐久性。20 世纪 90 年代,提出高性能混凝土概念,不但关注混凝土的强度,且更注重混凝土材料的耐久性,大量掺入矿渣、粉煤灰等工业废料或副产物,降低混凝土的资源消耗和能耗。现在,高强高性能混凝土的配制与应用技术在不断完善与进步。

(1)混凝土的组成与种类

水泥混凝土或混凝土是指由水泥、砂、石和水按适当比例配合,拌制成拌和物,经凝结硬化而成的人造石材,其宏观结构如图 2-13 所示,它由各种形状和尺寸的砂、石颗粒和水泥石构成。混凝土是用量最大、用途最广的土木工程材料,全世界的年产量约为 90 亿 t。

现代混凝土材料的基本组分材料也由 4 种扩展到 6 种,其中化学外加剂有许多品种,如减水剂、早强剂、引气剂、速凝剂、防冻剂、膨胀剂、防水剂、阻锈剂、泵送剂、泡沫剂等。以水泥为主要胶凝材料,通过改变粗细骨料

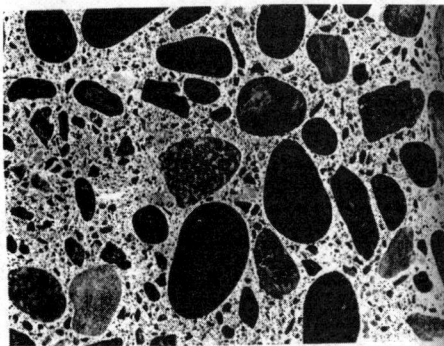

图 2-13 硬化混凝土材料的抛光面

品种、添加化学外加剂、用矿物掺和料取代部分水泥以及生产与施工工艺的改进等措施,可形成各种具有不同性能、不同用途和适合于不同施工方法的混凝土。因此,为便于工程应用,混凝土又可细分为不同品种或类型。

按其表观密度,分为重混凝土($\rho_0 > 2\,600\ kg/m^3$)、普通混凝土($\rho_0 = 1\,950 \sim 2\,500 kg/m^3$)和轻混凝土($\rho_0 < 1\,950\ kg/m^3$)。

按其特殊功能和用途,分为普通混凝土、道路混凝土、防水混凝土、耐热混凝土、耐酸混

凝土、防辐射混凝土、膨胀混凝土、装饰混凝土、大体积混凝土等。

按其生产与施工方法，分为商品混凝土、泵送混凝土、喷射混凝土、压力灌浆混凝土、预应力混凝土、离心混凝土、真空吸水混凝土、碾压混凝土等。

混凝土中水泥、粗骨料、细骨料、外加剂、矿物掺和料和水等6种组分的用量之比称为配合比，需根据混凝土技术性能和工程使用环境，由严格的配合比设计得出。

（2）混凝土的技术性能

从土木工程应用出发，混凝土应具有三方面的性能：满足工程施工要求的新拌混凝土和易性，满足工程设计要求的硬化混凝土力学性能和与工程使用寿命相适应的耐久性。

① 新拌混凝土的和易性。将水泥、砂、石、水（和外加剂与掺和料）等组分材料经搅拌混合而成的拌和物称为新拌混凝土，其和易性是指在一定的施工条件下，便于进行各种施工操作，并能获得均匀、密实混凝土构筑物的一种综合性能，包含流动性、黏聚性和保水性等三方面的含义。在工程应用中，以测量流动性为主，观察黏聚性和保水性为辅。流动性以坍落度或坍落扩展度来表征和评价，其测量如图2-14所示。根据坍落度的大小，分为大流动性混凝土、塑性混凝土、流动性混凝土和低塑性混凝土。

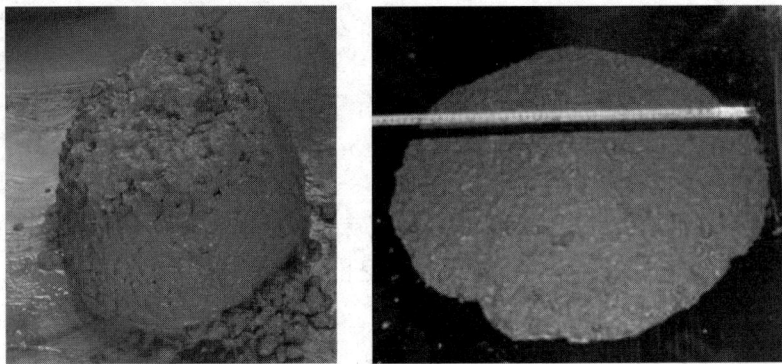

图2-14　新拌混凝土的坍落和坍落扩展

新拌混凝土拌制完成后，因水泥不断水化，逐渐凝结硬化为坚硬固体。新拌混凝土应在足够长时间内保持其和易性，以便运输、浇注和修饰等施工过程的完成。

② 混凝土的力学性能。强度是硬化混凝土的重要力学性能指标，按照国标《普通混凝土力学性能试验方法》（GB50081—2002）规定，混凝土强度有立方体抗压强度、棱柱体抗压强度、劈裂抗拉强度、抗折强度、抗剪强度和握裹强度等。混凝土力学性能特点：其一是抗压强度最大而抗拉强度较小，一般单轴抗拉强度只有抗压强度的0.07～0.11；其二是有弹塑性变形，割线弹性模量一般为30～40GPa。

根据混凝土立方体抗压强度标准值（以MPa计），通常划分为C7.5，C10，C15，C20，C25，C30，C35，C40，C45，C50，C55，C60，C65，C70，C75，C80等混凝土强度等级。C60以下称为普通混凝土，C60以上称为高强混凝土，现在有C100以上的超高强混凝土。混凝土的强度主要取决于水灰比，水灰比越小，强度越高，反之亦然；此外，还与水泥的强度等级、石子种类、拌和工艺、养护条件和龄期等因素有关。

③ 混凝土的耐久性。混凝土耐久性是指其抵抗各种环境因素的物理与化学作用而能保

持其外观和使用性能不变的能力，包括抗冻性、抗渗性、抗化学侵蚀性和抗碳化性能等。在工程化应用中，应根据混凝土构筑物的使用环境条件，考虑相应混凝土耐久性能指标。如在我国严寒地区，应选择抗冻性等级高的混凝土。

混凝土耐久性涉及混凝土结构或构筑物的服役寿命和使用安全。据估计，工业发达国家每年用于因劣化而受损的混凝土结构的修复与更换费用已占建设投资的40%以上。20世纪80年代我国建设部的调查统计结论是：大多数工业建筑物在使用25～30年后即需大修，处于有害介质环境中的建筑物使用寿命仅15～20年。由此可见混凝土耐久性的重要性。

（3）混凝土的应用

混凝土有许多优点，新拌混凝土具有可塑性，可浇注成任意形状及尺寸的构件；适应性强，可配制出满足不同工程要求的混凝土；相对于钢材与塑料面言，具有较高的耐久性；其组成材料易得且价廉；生产能耗低。其缺点有：脆性较大，变形能力较小而易裂，抗拉强度远小于抗压强度，性能和质量波动较大。

在土木工程应用中，为克服其脆性大的缺点，一般采用钢筋增强形成钢筋混凝土，钢筋混凝土可用于制造各种结构构件和建造房屋、桥梁、隧道、水坝、道路和铁路等构筑物。为确保混凝土的性能和质量，一般采用集中搅拌的方式预拌成商品混凝土，再由专用运输车送至施工现场，并采用泵送、振捣、碾压或自密实等方式进行各种结构或构件的浇筑施工。浇筑后应采取适当的方式进行养护，以便混凝土在合适的温度和湿度条件下凝结硬化。一般现场浇筑的结构或构件在有常温保湿的空气中养护；工厂化生产的预制混凝土构件、预应力混凝土构件一般采用在60℃的水蒸气中养护——蒸养，以提高生产效率。

（4）混凝土材料及其技术的发展

混凝土材料及其技术的发展主要体现在组成材料与技术性能两个方面。

① 组成材料。混凝土的基本组成材料是水泥和粗、细骨料，随着科技进步，在组成材料方面取得了如下进展：

其一，大量采用工业废料、废渣和副产物等矿物掺和料取代部分水泥，形成由水泥和矿物掺和料组成的胶凝材料，这不但节约水泥用量，而且还改善了混凝土的使用性能；此外，采用其他组成的胶凝材料，拌制一些具有特定性能的混凝土，如用聚合物乳液和水泥拌制聚合物水泥混凝土。

其二，混凝土高效外加剂的发明和应用，其中最重要的外加剂是高效减水剂，已发展到第四代产品——聚羧酸和聚醚类减水剂，其掺量占胶凝材料质量的1%时，就可减少混凝土拌和用水量的30%～40%，使得混凝土强度和耐久性显著提高。

其三，轻骨料的发展与应用，用强度较高而质量较轻的粉煤灰陶粒、黏土陶粒和页岩陶粒等轻骨料取代部分或全部天然砂石骨料，可制成各种轻质混凝土，如保温轻骨料混凝土、结构保温轻骨料混凝土和结构轻骨料混凝土等。采用轻骨料混凝土不但可减轻构筑物自重，而且可提高房屋建筑的保温性能。例如，强度等级在 CL5.0～CL15、表观密度只有 800～1 400 kg/m³，已用于既承重又保温的房屋建筑的围护结构浇筑；强度等级在 CL15.0～CL60、表观密度只有 1 400～1 900 kg/m³，已用于承重构件或构筑物。

② 使用性能。混凝土使用性能在向着高流动性、高强度和高耐久性等高性能发展，1990年，美国国家标准与技术研究院（NIST）与美国混凝土协会（ACI）提出高性能混凝土（High-Performance Concrete，简称 HPC）的概念。1998 年 ACI 定义高性能混凝土是符合特殊性能组

合和匀质性要求的混凝土。对工程应用来说，高性能混凝土的性能特征是易于浇筑，振捣时不离析；早强与长期的力学性能满足设计与使用要求；抗渗性、密实性、水化热、韧性、体积稳定性等性能满足恶劣环境下的较长使用寿命的要求。高性能混凝土概念的提出促进了混凝土技术的进步，从而使混凝土性能与质量显著提高。例如，不需外力振捣就可实现自流平且均匀密实的自密实混凝土、抗压强度达到 200MPa 的活性粉末混凝土等已大量应用于土木工程，耐久性的提高可使混凝土结构和构筑物的使用寿命达到 100～500 年。

需要强调的是混凝土材料是一个复杂的材料，新拌混凝土所用组分材料多、硬化混凝土中物相和孔隙多，其结构与性能不但受组成材料的影响，也受拌和与施工工艺的影响。因此，拌制满足设计和施工要求的新拌混凝土，并建造经久耐用的混凝土构件和建筑物，需要了解和掌握混凝土材料科学与技术知识，这是"土木工程材料"课程的重要内容之一，土木工程专业本科生应认真学习并牢牢掌握相关知识。

2.6 木结构材料

木结构是单纯由木材或主要由木材承受荷载的结构，将木材通过各种金属连接件或榫卯手段进行连接和固定，建造木屋架、支撑系统等。中国是最早应用木结构的国家之一，现存许多木结构建筑物，如建于辽朝(1056)的山西省应县木塔(图 2-15)和明朝的北京故宫等。

木材泛指用于土木工程或建筑的木制材料，工程中所用的木材主要取自天然树木砍伐后经初步加工的树干，也称为原木。按树种，木材一般分为针叶树材和阔叶树材，杉木及各种松木、云杉和冷杉等是常用针叶树材；柞木、水曲柳、香樟、檫木及各种桦木、楠木和杨木等是常用阔叶树材。按材质有软木和硬木之分，土木工程中应用的主要是硬木。

木材具有一些优良特性，如轻质高强，具有较好的弹性和韧性，能承受振动和冲击作用；结构与构造独特；对热、声和电的传导性都较低；天然木纹美观，具有装饰性。

木材的密度为 1.48～1.56 g/cm³，大多数木材的表观密度为 400～600 kg/m³；木材的纤维饱和点含水率在 23%～33%

图 2-15 山西应县木塔

之间。木材的强度和胀缩性是各向异性的，其顺纹抗拉和抗压强度均较高，但横纹抗拉和抗压强度较低。顺纹抗剪切度较低，横纹抗剪切度较高。其强度受木节、斜纹及裂缝等天然缺陷的影响很大。

木材吸收水分后会体积膨胀，丧失水分则收缩。木材自纤维饱和点到炉干的干缩率，顺纹方向约为 0.1%，径向为 3%～6%，弦向为 6%～12%。径向和弦向干缩率的不同是木材产生裂缝和翘曲的主要原因。

木材处于潮湿状态时，将受木腐菌侵蚀而腐朽；在空气温度、湿度较高的地区，白蚁、蛀虫、家天牛等对木材危害颇大。木材能着火燃烧，但有一定的耐火性能。因此木结构应采取防腐、防虫、防火措施，以保证其耐久性。

在现代土木建筑中，木材主要用于木结构和建筑装修等。除直接使用原木外，木材可加工成板材、方材或其他制品用于土木工程，如用胶合的方法能将板材胶合成为大构件，用于

图 2-16 原木、木结构铁路桥和木结构房屋

木结构、木桩等。将木材加工成胶合板、碎木板、纤维板等，用于建筑装修。

2.7 沥青路面材料

沥青路面(bituminous pavement，俗称"黑色路面")是指用沥青材料胶结矿质集料铺筑面层的路面，按其施工方法、技术品质和使用特点，分为沥青混凝土路面、厂拌沥青碎石路面、沥青贯入式路面、路拌沥青碎(砾)石混合料路面和沥青表面处治路面。

据考古资料，应用沥青材料修筑路面始于公元前700年左右，在巴比伦帝国；15世纪印加帝国已采用天然沥青修筑沥青碎石路；英国在1832—1838年间，修筑了第一段煤沥青碎石路；法国于1858年在巴黎修筑了第一条地沥青碎石路；20世纪，大量采用石油沥青为铺路材料。中国上海在20世纪20年代开始铺设沥青路面，1949年后沥青路面已广泛应用于城市道路和公路干线，现在，我国的高等级公路和城市道路绝大多数是沥青或改性沥青路面。

图 2-17 沥青路面摊铺施工

沥青路面如图2-17所示，所用材料主要是沥青材料及其胶结矿质集料形成的沥青混凝土或沥青混合料。其使用性能主要有高温抗车辙性、低温抗裂性、水稳定性、耐疲劳性、抗老化性、抗滑性能和行车舒适性等。

2.7.1 沥青材料

沥青是一种有机胶凝材料，也称为沥青结合料，它是一些复杂的高分子碳氢化合物及其非金属元素(氧、硫、氮等)衍生物的混合物，呈黑褐色乃至黑色。常温下，沥青可以是固体、半固体或液体，这取决其组成和来源。

沥青主要有地沥青和焦油沥青两大类。地沥青由天然产物或石油精制加工获得，又分为天然沥青和石油沥青。以天然状态存在的石油沥青称为天然沥青，如湖沥青、岩沥青、海底沥青和油页岩等；由石油经各种精制加工而得到的产品为石油沥青，分为直馏沥青、氧化沥青、溶剂脱沥青和调配沥青。由煤、泥炭、木材等干馏加工而成的焦油，再加工所得的产品称为焦油沥青，如由煤焦油加工所得的沥青称为煤沥青。适合修筑道路路面的沥青材料主要为石油沥青、煤沥青和天然沥青，我国主要使用道路石油沥青。

沥青材料具有优良的耐水和耐酸、碱、盐等化学腐蚀性能；与石料、混凝土、钢材以及木材等材料之间的黏结性良好；其力学行为呈非牛顿液体、黏塑性或黏弹性，且与温度有关。常用延度、针入度、软化点、黏度和蒸发损失率等指标评价沥青的温度敏感性、低温稳定性、流变性和抗老化性能等主要使用性能。并根据这些指标，划分道路石油沥青的牌号。根据其使用性能的适应性，分为重交通量道路用沥青和中、轻交通量道路用沥青。

由于沥青材料的温度敏感性、低温稳定性和流变性使沥青混合料的高温和低温力学性质难以满足高等级公路使用性能的要求。因此，常采用高分子材料与沥青混合，形成改性沥青。常用的高分子材料有 SBS、PE 和 EVA 树脂，因 SBS 改性沥青在高温与低温性能、弹性恢复性能和感温性能等方面，均都有明显的优势，所以，国内外使用最多的是 SBS 改性沥青。

2.7.2 沥青混合料

沥青混合料是由矿料与沥青材料经拌和而成的均匀混合料的总称，包括沥青混凝土(压实后剩余空隙率≤10%，代号 AC)和沥青碎石(压实后剩余空隙 >10%，代号 AM)。按矿料中的最大公称粒径 D_{max}，分为特粗式($D_{max} > 31.5$ mm)、粗粒式($D_{max} \geq 26.5$mm)、中粒式(D_{max} 为 16 mm 或 19 mm)、细粒式(D_{max} 为 9.5 mm 或 13.2 mm)和砂粒式($D_{max} < 9.5$ mm)等 5 种沥青混合料；按矿料级配类型，分为连续级配和间断级配沥青混合料；按矿料级配组成及空隙率大小，分为密级配、半开级配和开级配混合料。按拌制工艺，分为热拌、温拌和冷拌沥青混合料(以乳化沥青作为结合料)以及再生沥青混合料。

粗粒式沥青混合料常用于高级路面的基层，双层式沥青面层的下层；中粒式沥青混合料常用于路面的面层或双层式沥青面层的下层；细粒式沥青混合料主要用于沥青路面的面层。

沥青混合料由沥青、粗集料、细集料、矿粉及外掺剂等材料组成，将不同质量和数量的上述组成材料混合可形成不同结构的沥青混合料，并具有不同的技术性能。工程应用中，需根据技术性能和使用要求，进行组成材料的配合比设计。

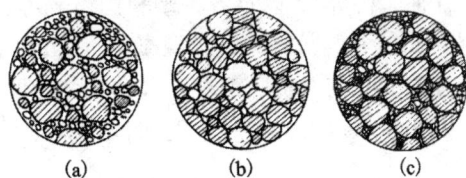

图 2 - 18 沥青混合料的结构

根据矿料颗粒堆积体结构的密实性，沥青混合料的组成结构如图 2 - 18 所示，可分为悬浮—密实结构(a)、骨架—孔隙结构(b)和骨架—密实结构(c)。

沥青混合料的技术性能主要有高温稳定性和耐久性，主要评价指标是马歇尔稳定度和流值。此外，还有密度、施工和易性、低温抗裂性和抗滑性等。

2.8 高分子材料

高分子材料包括塑料、橡胶和合成纤维三大类，其主要组分是高分子化合物(通常称为聚合物或高聚物)。其中，塑料及其制品占高分子材料的 68%，是最主要的高分子材料。

高分子材料的性质与聚合物的组成和结构密切相关，聚合物系指由众多原子或原子团主要以共价键结合而成的相对分子质量在 10 000 以上的大分子组成的化合物，由一种或多种有机低分子化合物(单体)聚合而成。由于聚合物组成和大分子链结构复杂而多变的特点，因而高分子材料有许多金属和无机非金属材料不具备的性质，如密度小，比强度高；化学稳定性好，一般对酸、碱和一些有机溶剂均有良好的抗蚀性能；良好的电绝缘性能；优良的耐磨、减摩和自润滑性；良好的弹韧性，能吸振和减小噪声；优良的光学性能等等。

高分子材料的力学性能特点是高弹韧性，受力后能产生较大的弹性和塑性变形，弹性模量较小，一般为 $10^2 \sim 10^3$ kPa，极限变形量可到 10% ~ 1 000%；另一特点是其力学性能有明显的温度和时间依赖性，其强度和弹性模量随着温度升高而降低，并常产生随时间而增加的变形——蠕变。高分子材料容易受光、热、氧和臭氧作用而发生脆化、分解等老化现象。

塑料以聚合物(合成树脂)为主要成分，以增塑剂、填充剂、润滑剂、着色剂等添加剂为辅助成分，在加热、加压条件下的加工过程中能流动，并能塑造成型为具有一定形状的制品。按塑料的受热特性，分为热塑性和热固性塑料，热塑性塑料由聚氯乙烯、聚苯乙烯、聚丙烯等热塑性树脂制成，具有受热软化但不发生化学反应，冷却后硬化的性质，这种塑料耐热性和刚性较差；热固性塑料由环氧树脂、聚酯树脂和酚醛树脂等热固性树脂制成，在加工过程中发生化学反应，大分子链相互交联成体型结构而硬化，再次受热不再软化，不被溶剂溶解。其性能特点是耐热性好，刚性大，受压不易变形，弹塑性较小。热固性塑料和用玻璃纤维、碳纤维和合成纤维增强的热固性塑料可用作结构材料。

高分子材料在土木工程领域中的应用很广泛，不仅有塑料，还有橡胶和合成纤维，如抗震结构用的叠层橡胶隔震支座、岩土工程用的土工布等，如图 2-19 所示。不仅有单一性能的高分子材料，而且在向多功能高分子材料方面发展。不仅用作建筑功能材料，如各种塑料管道(给水管、排水管、电线管等)、地面材料(塑料软、硬质地板，化纤地毯等)、塑料墙面材料(塑料壁纸、塑料板、墙面涂料、人造大理石板等)、屋面材料(塑料瓦、塑料卷材、橡胶卷材、各种涂料等)，以及各种塑料门窗等等，而且还用作工程结构材料，如玻璃钢筋、碳纤维增强树脂拉索与拉杆、树脂混凝土等。因而，高分子材料是现代土木工程中不可缺少的一种多用途材料，与水泥、钢材、木材并称为四大基础材料，正在土木工程技术领域获得广泛应用，发挥越来越大的作用。例如，以体积计，全世界塑料总产量已超过钢铁。

图 2-19 纤维增强塑料筋、叠层橡胶隔震支座和土工纤维布

2.9 建筑功能材料

除上述结构材料外,还有大量附属于结构物并赋予其一些建筑功能的工程材料及其制品,常用的有防水材料、绝热材料、吸声隔音材料、各种管材和装饰装修材料,它们是由天然石材、木材、水泥、混凝土、钢材与铝合金、沥青与高分子材料等基本材料制成的建材制品。

2.9.1 防水材料

防水材料是防止雨水、地下水和其他水分或液体渗入结构或构筑物内部,起到防护作用的一类工程材料,它们覆盖在构筑物表面形成防水层,隔绝外界水分或其他液体,保护构筑物及其功能不受水分或其他液体的侵害,从而,改善其功能,延长其使用寿命。

防水材料的技术性能有耐水性、抗渗性、低温柔性、耐老化性、强度与延展性和黏结性等,要求不被水溶解或降解、能抵抗一定压力水的渗透、低温下能产生弹性变形和不因光、热、细菌和腐蚀性介质的作用而发生劣化现象等。

防水材料类型与品种很多,按其物理形态,分为防水卷材、防水涂料和嵌缝密封膏等;按其基材组成,大致可分为沥青基防水材料、高分子防水材料和其他防水材料。用沥青或改性沥青作为基材,掺加各种添加剂、填料与纤维及其织物制成的防水材料称为沥青基防水材料,例如,传统的沥青油毡与油纸,改性沥青防水卷材与防水涂料,沥青嵌缝密封膏与密封条等。以合成树脂或橡胶等作为基材,掺加各种添加剂、填料与纤维及其织物制成的防水材料称为高分子防水材料,例如,聚氯乙烯卷材、三元乙丙橡胶卷材、聚氨酯防水涂料和硅酮橡胶密封胶等;此外,还有各种防水剂、防水粉、渗透型无机防水材料等其他防水材料。

防水材料主要用于桥面、隧道内衬、房屋屋面、地面与墙面、地下建筑的迎水面等部位的防水。在实际工程使用中,可以根据不同的工程性质、使用环境和服役寿命的要求,选择不同种类的防水材料。

2.9.2 绝热材料

绝热材料又称保温隔热材料,系指对热流具有显著阻抗性的材料或材料复合体。绝热材料在建筑物中主要起保温隔热作用,材料保温隔热性能的好坏用导热系数来评价,导热系数越小,保温隔热性能越好,反之亦然。

绝热材料一般是多孔的轻质材料,金属材料、无机材料和有机高分子材料均可以制成具有各种孔结构和孔隙率的绝热材料。常用绝热材料有三大类:其一是发泡材料,如泡沫金属、泡沫塑料、泡沫水泥、泡沫玻璃、泡沫陶瓷和加气混凝土等;其二是由轻骨料与胶凝材料制成的表观密度小于 $800 \sim 1\,000\ \text{kg/m}^3$ 的轻骨料砂浆和轻骨料混凝土等;其三是各种纤维材料及其制品,如玻璃棉、矿渣棉、岩棉和硅酸铝棉等。

在建筑物中合理地采用绝热材料,既能提高房屋室内的舒适感,满足生活和工作的使用要求,又能显著降低建筑物的使用能耗。我国制定了强制性建筑节能标准,要求建筑物的外墙与屋面都应有保温材料,以达到建筑耗能减少 60% 的目标。此外,采用绝热材料可减小建筑物外墙厚度,减轻屋面体系的自身质量,减少其他材料的消耗,从而能减轻整个建筑物的质量,减少运输和施工成本,节约建筑材料,降低建筑造价,产生很大的技术经济效益。

2.9.3　建筑装饰材料

现代建筑要求设计师遵循美学原则，创造出具有提高生命意义的优良空间环境，使人的身心得以平衡，情绪得到调节，智慧得到发挥。建筑装饰材料为实现这一目的起着重要作用。建筑装饰材料是铺设或粘贴或涂刷在建筑物表面，起装饰作用的材料，又称饰面材料。对建筑物外部而言，装饰材料不但可以美化立面，还能对建筑物起到保护作用，提高其对大自然的风吹、日晒、雨淋、冰冻等侵袭的抵抗力，防止腐蚀性气体及微生物的侵蚀作用，从而有效提高建筑物的耐久性。就室内来说，不仅可以对吊顶、墙面和地面进行美化装饰，而且还可以改善墙体、天花板和地面的吸声隔音、保温隔热的功能，创造一个舒适、整洁、美观的生活和工作环境。

建筑装饰材料的品种与花色繁多，如各种装饰涂料、陶瓷砖、塑料壁纸与地板、各种玻璃、具有装饰纹理的天然石板与人造石材以及不锈钢、铝合金装饰板等。

思考题

1. 举例论述土木工程材料与土木工程的关系。
2. 为什么说"不懂得土木工程材料的来龙去脉"，就不能成为合格的土木工程师？
3. 土木工程材料有哪些种类？
4. 从土木工程应用出发，土木工程材料应具有哪些技术性能？
5. 混凝土材料是土木工程中用量最大，用途最广的工程材料，为什么？

第3章 岩土工程

3.1 概念

(1)岩土工程的定义

岩土工程(geotechnical engineering)是土木工程的一个二级学科，是专门研究岩土体工程性质及其相关土工构造物的应用学科。

岩土工程研究的对象是岩体、土体及与之接触和直接相关的土工结构物，如建筑物的基础、挡土墙、路基、土坝、复合地基等。

(2)岩土工程的范围

学术范畴主要包括：工程地质学、土力学/高等土力学、岩石(体)力学、土动力学等。

工程范畴主要包括：工程勘察、基础工程、地基处理、路基工程、堤坝工程、地下工程、基坑工程、支护工程、地质灾害防治、垃圾填埋、岩土工程检测与监测等。

岩土工程的范围和内容很广，下面主要介绍：工程勘察、基础工程、地基处理、边坡工程、基坑工程、支护结构和岩土工程案例分析等内容。

3.2 工程勘察

(1)工程勘察(geotechnical inuestigation and surveying)的重要性

任何土木工程都建造在地球的表层(地壳)，要由地表层的岩土体来支撑，而不同区域的地形、不同场地和不同深度的岩土的组成和性质都有很大的区别，这些工程地质条件的优劣直接影响建筑物的方案、设计、施工、工期和造价等方方面面。因此一切土木工程建设首先要进行工程地质勘察，以获得建设场地的地形、水文、地质条件和岩土体性状资料，为工程建设方案、设计和施工提供第一手依据。所以说，工程勘察成果对工程建设有决定性的作用，会影响到工程方案和设计是否合理、经济和安全，是一项必不可少的关键工作。

(2)工程勘察的手段

以勘探(即地质钻机取样，图3-1)、原位测试(测定各土层的力学性质和设计参数)、室内土工试验(测定土的物理力学指标)为主，必要时补充物探和工程地质测绘和调查工作，称为工程勘察。

(3)工程勘察阶段的划分

工程勘察阶段的划分是与设计阶段的划分相一致的。不同的设计阶段需要相应的工程勘察工作所提供的地质资料和分析论证作为依据。工程勘察阶段一般分为可行性研究勘察阶段、初步设计勘察阶段和详细勘察(施工图设计勘察)阶段。

(4)工程地质勘察的目的和任务

按照规范和不同勘察阶段的要求，针对建筑物类型、建筑物重要性、上部结构和地下建

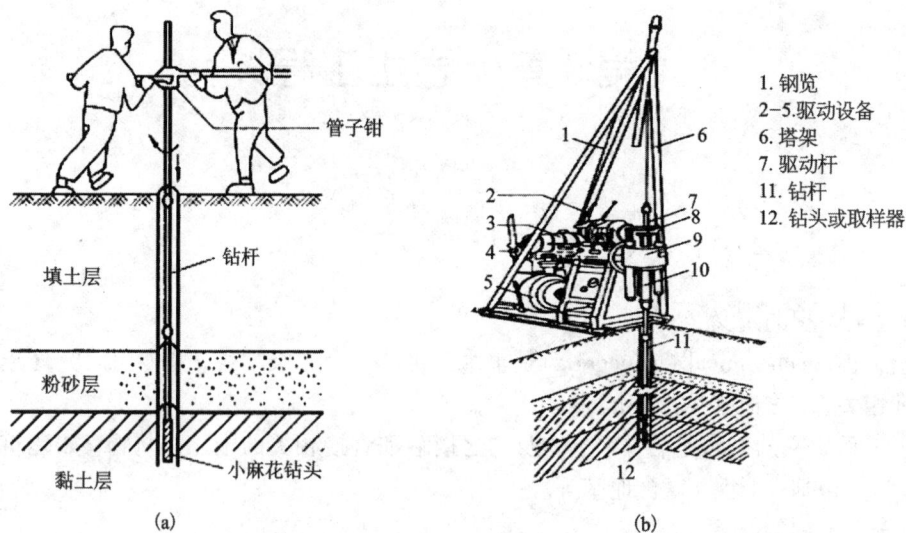

图 3 - 1　工程地质钻孔

（a）小麻花钻钻孔取样　（b）地质钻机勘探取样

筑的形式和荷载特点等，查明岩土体在空间上的分布和构成情况，获得与岩土相关的物理力学性质参数，对工程所在场地的稳定性、建筑适宜性做出明确判定，进而对拟建工程下部结构或地下工程的设计、地基处理以及不良地质现象的防治等具体方案进行分析、论证、评价，提出安全可靠、经济合理的建议。并将所得成果编制成岩土工程勘察报告书，提交相关部门，为工程建设的规划布局、设计计算、施工等提供翔实可靠的技术依据。

3.3　基础工程

3.3.1　概念

基础（foundation）：建筑物地面以下的承重构件，它承受建筑物上部结构传下来的全部荷载，并把这些荷载连同基础本身的重量一起传到地基上，图 3 - 2 所示。

地基（ground）：直接承受由基础传来荷载的土层。

建筑物对地基基础的要求：基础是建筑物承载系统的重要组成部分，对建筑物的安全起着根本性的作用；而地基虽然不是建筑物的组成部分，但它直接支撑着整个建筑，对整个建筑的安全使用起着保证作用。因此，基础本身应该具有足够的能力来承受和传递整个建筑物的荷载，而地基则应该具有足够的承载能力和良好的稳定性，并保证整个基础不产生过大的沉降。

3.3.2　基础的类型

基础按埋深分：浅基础和深基础。

（1）浅基础

浅基础（shallow foundation）：一般指基础埋深小于基础宽度或深度不超过 5 m 的基础。

浅基础根据结构形式可分为扩展基础、联合基础、条形基础、柱下交叉条形基础、筏形基础、箱形基础和壳体基础。

①扩展基础(spread foundation)。

建筑物的墙、柱或墩在地面附近向侧边扩展,底面积增大,使其压应力减小(使基础底面的压应力等于或小于地基土的允许承载力),这种起到压力扩散作用的基础称为扩展基础。

扩展基础又可分为无筋扩展基础和有筋扩展基础(钢筋混凝土基础)。

无筋扩展基础一般由砖、毛石、混凝土

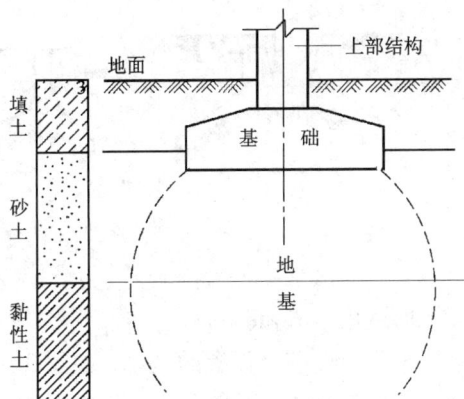

图 3 – 2　地基基础图示

或毛石混凝土、灰土和三合土等材料组成,其厚度较大,不容弯曲,又称为刚性基础,见图 3 – 3,适用于多层民用建筑、轻型厂房、地基土较好的桥梁墩台和挡土墙等。

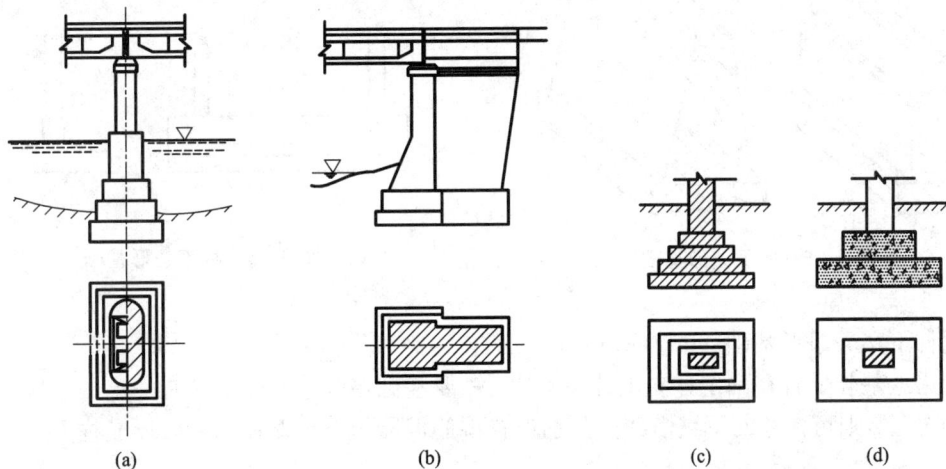

图 3 – 3　无筋扩展基础

(a)桥梁墩台的大块实体基础　(b)桥台的大块实体基础　(c)砖基础　(d)素混凝土基础

有筋扩展基础一般用钢筋混凝土建造,抗弯能力强,宽高比比较大,厚度较小。

单独一个柱或墩下的扩展基础又可称独立基础。

②双柱联合基础(combined footing)。

联合基础主要指同列相邻两柱公共的钢筋混凝土基础,即双柱联合基础。在为相邻两柱分别配置独立基础时,常因其中一柱靠近建筑界限,或因两柱间距较小,而出现基础底面积不足或者荷载偏心过大等的情况,此时可考虑采用联合基础。联合基础也可用于调整相邻两柱的沉降差或防止两者之间的相向倾斜等。

③壳体基础(shell foundation)。

为了充分发挥混凝土抗压性能好的优点,可将基础的形式做成壳体,如图 3 – 4 所示。常见的形式有:正圆锥壳、M 形组合壳和内球外锥壳。其优点是材料省、造价低。但是施工工期长、工作量大且技术要求高。

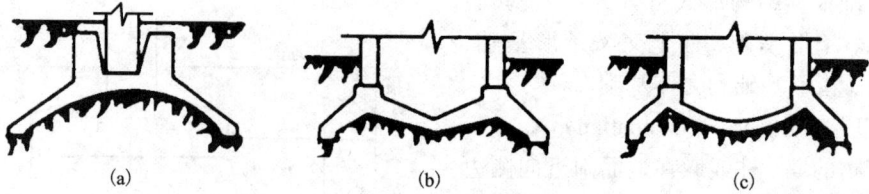

图3-4 壳体基础

(a)正圆锥壳 (b)M形组合壳 (c)内球外锥组合壳

④条形基础(strip footing)。

沿墙长度方向整个设置的基础,如图3-5所示;或当地基土较为软弱、柱荷载或地基压缩性分布不均匀,以至于采用独立基础可能产生较大的不均匀沉降时,常将同一方向上若干柱子的基础连成一体而形成柱下条形基础,如图3-6所示。这种基础抗弯刚度大,因而具有调整不均匀沉降的能力。

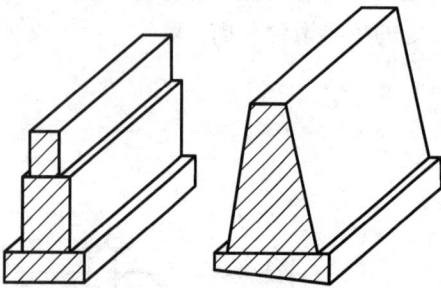

图3-5 墙下条形基础

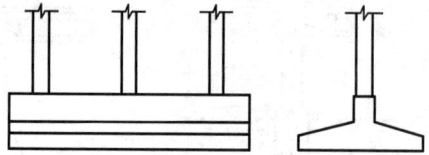

图3-6 柱下条形基础

⑤柱下交叉条形基础(cross strip footing)。

如果地基软弱且在两个方向上分布不均,需要基础在两个方向都具有一定的刚度来调整不均匀沉降,则可在柱网下纵横两向分别设置钢筋混凝土条形基础,从而形成柱下交叉条形基础,如图3-7所示。

⑥筏形基础(mat foundation)。

当柱下交叉条形基础底面积占建筑物平面面积的比例较大,或者建筑物在使用上有要求时,可以将建筑物的柱、墙下做成一块满堂的基础,就是筏形基础,又称片筏基础或筏板基础,简称筏基,如图3-8所示。

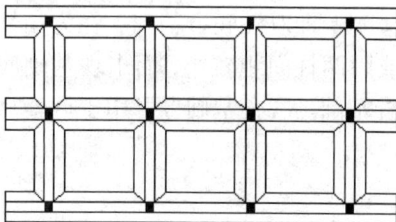

图3-7 柱下交叉条形基础(平面图)

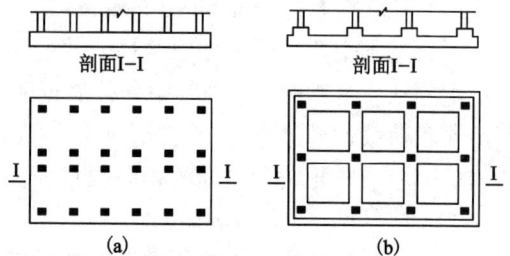

图3-8 筏形基础

(a)平板基础 (b)梁板基础

此种基础常用于多层与高层建筑，分平板式筏形基础和梁板式筏形基础。由于其整体刚度相当大，能将各个柱子的沉降调整得比较均匀。此外还具有跨越地下浅层小洞穴、增强建筑物的整体抗震性能等优点。

⑦箱形基础（box foundation）。

由钢筋混凝土底板、顶板和纵横墙体组成的箱式整体结构，简称箱基，如图3－9所示。其抗弯刚度非常大，有利于基础只产生均匀下沉，避免倾斜。

箱形基础是高层建筑广泛采用的基础形式。但其材料用量较大，且为保证箱基刚度要求设置较多的内墙，墙的开洞率也有限制，故箱基作为地下室时，给使用带来一些不便。因此要根据使用要求，比较分析确定。

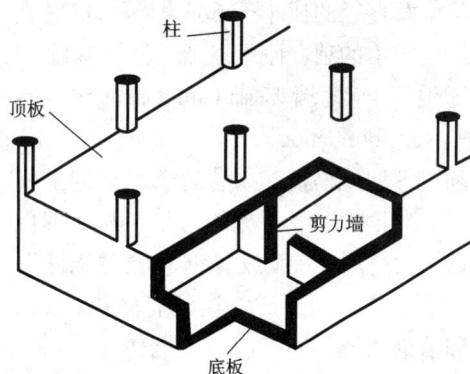

图 3 - 9　箱形基础

（2）深基础（deep foundation）

一般指基础埋深大于基础宽度且深度超过 5 m 的基础。

深基础是埋深较大、以下部坚实土层或岩层作为持力层的基础，其作用是把所承受的荷载相对集中地传递到地基的深层，而不像浅基础那样，是通过基础底面把所承受的荷载扩散分布于地基的浅层。因此，当建筑场地的浅层土质不能满足建筑物对地基承载力和变形的要求，而又不适宜采用地基处理措施时，就要考虑采用深基础方案了。

深基础有桩基础、墩基础、地下连续墙、沉井和沉箱等几种类型。

①桩基础（pile foundation）。

桩（pile）：竖直埋在地下比较细长的一种基础构件。

桩基础由桩和桩顶的承台（cap）组成，是一种常用的深基础形式。国内有的桩长已超过100 m、标径超 6 m。

桩的分类：按材料可分为木桩、混凝土桩、预应力钢筋混凝土桩、钢桩等；按成桩方法可分为预制桩（钻孔、冲孔、挖孔等）、灌注桩，如图 3 - 10 所示；按桩轴线方向可分为竖直桩、斜桩；按周围土对桩的支承特点可分为摩擦桩和端承桩（又称柱桩）、摩擦端承、端承摩擦桩。

（a）　　　　　　　　　　（b）　　　　　　　　　　（c）

图 3 - 10　预制桩、钻孔灌注桩、挖孔灌注桩

（a）预制桩（钢筋混凝土预制管桩）　（b）钻孔灌注桩（钻机成孔）　（c）挖孔灌注桩（未浇筑混凝土）

由多根桩组成的基础称为群桩基础，如图3-11所示。

②墩基础(pier foundation)。

深度大于3 m、直径不小于800 mm、且埋深与截面直径的比小于6或埋深与扩底直径的比小于4的独立刚性基础，称墩基础。

③地下连续墙基础(underground diaphragm wall foundation)。

利用各种挖槽机械，借助于泥浆的护壁作用，在地下挖出窄而深的沟槽，并在其内浇注适当的材料(一般放置钢筋笼并浇注混凝土，图3-12)而形成一道具有防渗(水)、挡土和承重功能的连续的地下墙体。

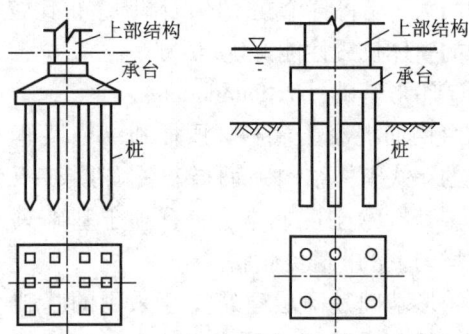

图3-11 群桩基础(**Pile group foundation**)

图3-12 施工中的地下连续墙
(a)开挖沟槽 (b)放置钢筋笼

连续墙的建造是通过专门的挖掘机挖成长条形深槽(挖槽时常采用泥浆护壁法)，再下钢筋笼和灌注水下混凝土，形成单元墙段，墙段相互连接而成连续墙，其厚度一般为0.3~3.0m，最大深度已达100 m。

④沉井基础(caisson foundation)。

沉井的概念：是井筒状的结构物(图3-13、图3-14)。它是以井内挖土，依靠自身重力克服井壁摩阻力后下沉到设计标高，然后经过混凝土封底并填塞井孔，使其成为桥梁墩台或其他结构物的基础。

沉井的优点：埋置深度可以很大，整体性强、稳定性好，有较大的承载面积，能承受较大的垂直荷载和水平荷载，如江阴长江公路大桥采用的沉井当时为世界最大：长69 m、宽5 m、下沉深度58 m。沉井既是基础，又是施工时挡土和挡水的围堰结构物，施工工艺并不复杂，因此在桥梁工程中得到较广泛的应用，也常用作矿用竖井、地下油库等。

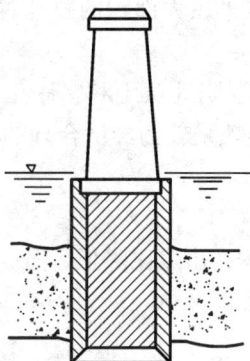

图 3 – 13　沉井下沉示意图

图 3 – 14　建造中的沉井

沉井的缺点：施工期较长；对粉细砂类土在井内抽水易发生流砂现象，造成沉井倾斜；沉井下沉过程中遇到的大孤石、树干或井底岩层表面倾斜过大，均会给施工带来一定困难。

⑤ 组合型深基础。

两种基础形组合到一起，称为组合型基础，如桩筏基础，由筏形基础与桩基础上下组合而成；桩箱基础，由箱型基础与桩基础上下组合而成。

3.4　地基处理

3.4.1　地基处理(ground treatment)概念和分类

当地基土受力或变形性质不满足工程结构要求时，比如承载力低、沉降变形过大、甚至失稳破坏，通常可采取两种措施加以改善地基基础：一是通过 3.3 节介绍的深基础将上部结构荷载引入承载力较好的地基深处土层；二是进行地基处理。

地基处理，又称地基加固，是指采取人工或机械的方法改善地基土的工程性质(提高地基承载力、减少沉降、加速渗透固结、防止液化)，达到满足上部结构对地基稳定和变形要求的方法，亦称地基加固。需要处理的地基一般为软弱地基或不良地基。

地基处理的方法很多，下面介绍一些主要方法。

3.4.2　换填(replacement)

换填也称为开挖置换或换土垫层，是最常用的简单方法。其做法是将地基上部一定深度范围内的软弱或不良土挖除，用性质较好的土料或无污染的工业弃渣、建筑废料等分层填筑并夯压密实，作为建筑物基础的垫层。当软弱或不良土层较薄时，可全部换填；若该土层较厚，则宜采用部分换填(图 3 – 15)。从便于施工及经济合理考虑，换填深度不宜大于 3 m，故

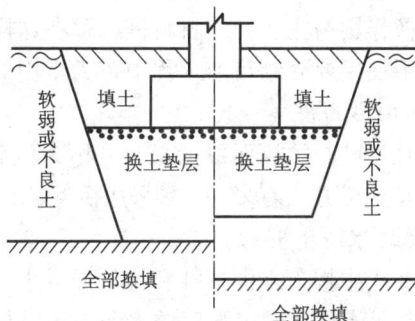

图 3 – 15　换填示例

一般只用于地基的浅层处理。平面上可以局部换填，也可以采用大面积的整片置换，把建筑物完全建造在垫层上。

换填法可用于处理淤泥、淤泥质土、杂填土、素填土、湿陷性黄土和膨胀土地基以及地基内的暗沟或暗塘。对于上述各种地基的浅层处理方法，换填是较为经济合理的处理方法。

3.4.3 预压(preloading)

预压法是使受压土层在预压力作用下加快排水固结过程，孔隙比降低，强度回升，从而提高地基承载力和提前消除地基过大沉降。如图 3-16 所示。

预压法适用于处理淤泥质土、淤泥和冲填土等饱和黏性土地基，已在路堤、土坝、房屋、码头及油罐等许多工程的地基处理中应用，效果良好。其主要缺点是需要较长的预压时间才能使土层的固结度达到要求，因而所需工期较长。

预压方法分类：按照加压方法来分，预压法可分为加载预压和真空预压两种，前者是在地面加堆载来实施预压，较为常用；后者通过在地表抽真空将软土中孔隙水和空气吸出，从而使土体固结。

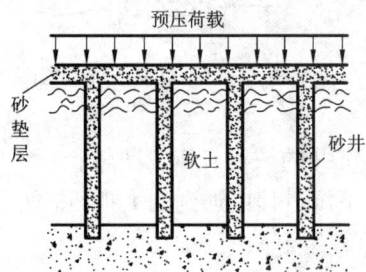

图 3-16 砂井预压法

3.4.4 桩土复合地基

复合地基(composite foundation)是指由两种或两种以上刚度(或模量)不同的材料(如桩体和桩间土)组成的、共同承受上部或基础传来的荷载并协调变形的人工加固地基。桩土复合地基具有能较好地发挥桩和桩间土各自承载的特性、复合承载力较高、变形沉降相对较小、加固土体整体性较强的特点。

在软土或不良地基中设置桩，其中作为"桩"的种类很多，通常根据所用材料或设置方法来命名。桩体常用的散体材料有砂、碎石、矿渣等，分别称为砂桩、碎石桩、矿渣桩；用胶结体材料形成的桩，有石灰桩、干水泥粉桩、水泥搅拌桩、高压旋喷桩和 CFG 桩等。其中散体材料桩(如砂桩)对地基的加固作用可分为置换和置换 + 挤密两种：前者指砂石桩用于置换原地基的部分土体(如先钻孔再置入砂石置换料)，而对桩间土没有侧向挤密作用；后者则指砂石桩用于置换、同时挤密桩间土，改善其工程性质。复合地基中的砂石桩起置换作用，或者以置换作用为主。胶结材料桩也存在这样两种作用的区分。

下面主要介绍目前工程中较为常用的砂石桩、水泥土桩和 CFG 桩复合地基。

(1)砂石桩

凡用砂石填筑而成的桩，可称为砂石桩。如砂桩、碎石桩、砂土袋桩、卵石/碎石袋桩等。其施工方法有多种，常采用沉管法(工艺流程示意如图 3-17)和振冲法(图 3-18)。

(2)水泥土桩

在土中掺入水泥并拌和均匀即成水泥土，由于土与水泥间的物理化学作用，经过一定时间，会形成具有一定强度的水泥土固结体。水泥土桩即是利用水泥土的这种性质，通过特制的设备把水泥浆或水泥粉灌入土中，就地拌和后结硬而成的。其施工方法有旋喷法和深层搅拌法，形成的水泥土桩分别称为旋喷桩和深层搅拌桩。

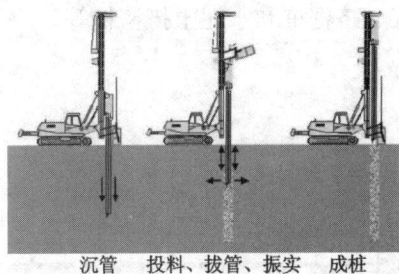

就位　成孔　填料　振密　成桩

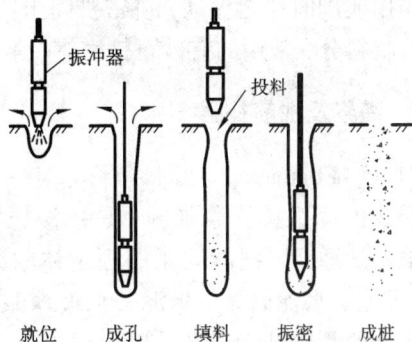

沉管　投料、拔管、振实　成桩

图 3 - 17　沉管砂石桩施工顺序图

图 3 - 18　振冲碎石桩施工顺序图

（3）CFG 桩（水泥 + 粉煤灰 + 碎石）

CFG 桩（cement-fly ash-gravel pile）由碎石/砾石、粉煤灰、水泥浆拌和而成。它是先用振动沉管打桩机、螺旋管成桩机（图 3 - 19）或其他成桩机在土中成孔，然后压注上述混合材料，桩体主体材料为碎石、砾石，粉煤灰填充主体材料的空隙，水泥浆胶结，形成具有较高黏结强度的灌注桩。其中粉煤灰具有细骨料和低标号水泥作用。桩体强度在 C5 ~ C20 之间，一般为 C5 ~ C10。

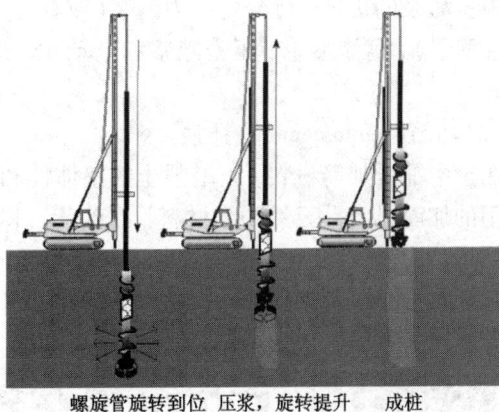

螺旋管旋转到位　压浆，旋转提升　成桩

图 3 - 19　长螺旋法 CFG 桩施工顺序

3.4.5　夯实（tamping）

夯实是常用的施工方法，但一般夯锤的重量小，夯实的影响深度很浅。为此发展了重锤夯实，夯击能量成倍增大，可用于加固浅层地基。20 世纪 60 年代末又出现了夯击能量更大的强夯，可以使浅层和深层地基土都得到不同程度的加固，已在国内外大量采用。下面主要介绍强夯。

强夯是用起重设备将很重的夯锤提升到高处，让其自由下落，使地基在高能量的冲击和震动下得到加固。目前常用夯锤的重量为 100 ~ 600 kN，落距从 6 ~ 40 m 不等，原则上锤的重量大则落距小，反之则落距大。夯锤最好是铸钢制造，也可用钢板焊制外壳，内灌混凝土而成。为防止夯击时夯锤嵌入土层，锤底面积不宜过小，一般可根据地基土质采用 2 ~ 6 m^2。

有效加固深度：强夯的有效加固深度主要决定于单击夯击能，也与地基土的性质及其在夯实过程中的变化有关，可按有关经验公式计算。一般有效加固深度为 5 ~ 10 m。

适用范围：强夯法可用于处理碎石土、砂土、低饱和度的粉土和黏性土、湿陷性黄土、杂填土及素填土等地基。对于软黏土，强夯的实用性还有争议，应慎用。

3.4.6　挤密桩（compaction pile，compated column）

挤密桩是用散体材料在地基中填筑而成的，它通过桩孔施工过程中及填筑填料时的侧向挤压作用或同时伴之振动，挤密桩间土。由于其作用是挤密桩间土或以之为主，故称为挤密桩。按材料分，常用的有砂石挤密桩、素土挤密桩、灰土挤密桩和水泥土挤密桩等。

3.4.7 灌浆及加筋补强

（1）灌浆（grouting）加固

灌浆加固又称注浆加固，是用液压、气压或电化学原理，把能固化加固土体的浆液（如水泥浆、水泥砂浆、水泥—水玻璃浆）注入岩土体的裂隙或孔隙中，以改善地基或岩土体的物理力学性质，达到加固、防渗、堵漏或纠正建筑物偏斜的目的，如图3－20所示。

根据灌浆的机理，可分为压力灌浆（或称渗入性灌浆）、劈裂灌浆、压密灌浆和电动化学灌浆。

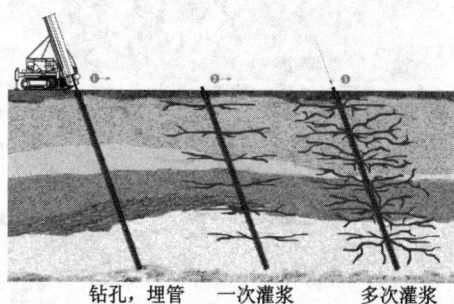

钻孔，埋管　　一次灌浆　　多次灌浆

图3－20　灌浆加固施工流程示意图

（2）加筋（reinforcement）补强

在土中铺设加筋材料，以增强土的整体性和改善土的力学性能，称为土的加筋补强。最早采用的加筋材料是天然纤维材料，如芦苇、木材和竹材等，后来用金属带或金属网。20世纪50年代末开始采用土工聚合物（土工格栅、土工加肋板、土工隔离板、土工织物，土工纤维、土工过滤板等，图3－21），随后逐渐在许多国家和地区推广，应用范围非常广泛。

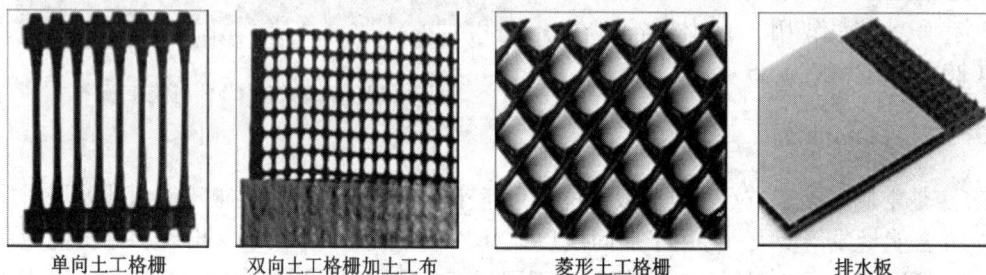

单向土工格栅　　双向土工格栅加土工布　　菱形土工格栅　　排水板

图3－21　不同形式的土工合成材料、纤维土、排水板、过滤层

土工合成材料在岩土工程中主要有反滤、排水、隔离和加固强化以及防护等作用。

加固和补强是土工合成材料最常用的特性。利用土工合成材料的抗拉强度和韧性等力学性质与填土构成加筋土（reinforcement soil）以及各类复合土工构筑物。

对于路堤、边坡、垃圾场密封层等土工构筑物，通过就地土与土工纤维混合物的共同作用使土体抗拉强度提高，土体整体性加强、稳定性提高、沉降变形减小。

在基础底面换填土中铺设延伸至基础侧面的土工格栅等土工材料，可减小或阻止侧面土体的挤出位移和破坏，减小土的变形沉降，提高地基承载力。

对于地基处理工程，应在了解地基处理方法的原理和作用的基础上，根据工程的要求和建筑场地的地质情况、施工机器设备、材料来源、工期要求及加固费用，并结合以往的经验，进行必要的比较分析，合理选用处理方法。同一场地可以采用单一的处理方法，也可以采用多种方法来综合处理。

3.5.1 边坡(slope)及支护结构(supporting structure)

(1)边坡的定义

边坡是指具有倾斜坡面的土体或岩体。

(2)边坡的分类

① 按形成条件分:自然边坡和人工边坡。

自然边坡,地质作用自然形成的边坡,如自然山坡;人工边坡,指在工程建设中填筑或开挖形成的边坡,如路堤边坡、路堑边坡。如小湾水电站坝肩开挖形成的边坡最高700 m,世界罕见。

② 按坡体材质分:岩质边坡、土质边坡。

③ 按坡体结构特征分:类均质土边坡(由均质土体构成)、近水平层状边坡、顺层状边坡、反层状边坡、块状岩体边坡(由厚层块状岩体构成)、碎裂状岩体边坡(由碎裂状岩体构成或为断层破碎带、节理密集带构成)、散体状边坡(由破碎块石、砂构成)。

(3)影响边坡稳定性的主要因素

由于边坡表面倾斜,在坡体本身重力及其他外力作用下,整个坡体有从高处向低处滑动的趋势,同时,由于坡体土(岩)自身具有一定的强度和人为的工程措施,它会产生阻止坡体下滑的抵抗力。一般来说,如果边坡土(岩)体内部某一个面上的滑动力超过了土(岩)体抵抗滑动的能力,边坡将产生滑动,即失去稳定;如果滑动力小于抵抗力,则认为边坡是稳定的。

边坡的稳定是一个比较复杂的问题,影响边坡稳定性的因素较多,简单归纳起来有以下几方面:

① 边坡体自身材料的物理力学性质。

边坡体材料一般为土体、岩体、岩土及其他材料混合堆积或混合填筑体(如工业废渣、废料等),其本身的物理力学性质对边坡的稳定性影响很大,如抗剪强度(内摩擦角,凝聚力)、重度等。

② 边坡的形状和尺寸。

这里指边坡的断面形状、边坡坡度、边坡总高度等。一般来说,边坡越陡,边坡越容易失稳,坡度越缓,边坡越稳定;高度越大,边坡越容易失稳,高度越小,边坡越稳定。

③ 边坡的荷载条件。

边坡的工件条件主要是指边坡的外部荷载,包括边坡和边坡顶上的荷载、边坡后方传递的荷载,如铁路或公路路堤边坡顶上的列车或汽车荷载、人行荷载等,储灰场后方堆灰传递的荷载,堤坝后方水压力等。

④ 雨水。

边坡体及后方的水流及边坡体中水位变化情况是影响边坡稳定的一个重要因素,它除自身对边坡产生作用外,还影响边坡体材料的物理力学指标,如雨水渗透会明显降低边坡土体特别是软弱带的强度或抗剪能力,水位上升对边坡支护结构会增加水压力,水的渗透还会增加对边坡稳定不利的动水压力，因此雨水对边坡的稳定性影响很大。

⑤ 边坡的支护措施。

边坡的加固是采取人工措施将边坡的滑动传送或转移到另一部分稳定体中，使整个边坡达到一种新的稳定平衡状态，加固措施的种类不同，对边坡稳定的影响和作用也不相同，但都应保证边坡的稳定。

(4)边坡支护与加固(slope support and stabilization)

随着国民经济的发展，大量铁路、公路、水利、矿山、城镇等设施的修建，特别是在丘陵和山区建设中，人类工程活动中开挖和堆填的边坡数量越来越多，高度越来越大。同时边坡治理工程急剧增多，治理水平也得到了长足进步，新型的支护方法与支挡结构类型不断涌现。下面简要介绍一些传统和新的方法。

① 坡面防护。

坡面防护是指对裸露的边坡表面采取人工措施进行保护，防止水、气温、风沙作用破坏边坡的坡面或及时进行绿化，加快生态系统的恢复、美化环境并防止水土流失。

坡面防护包括工程防护和植物防护。

工程防护适用于不宜于草木生长的陡坡面，主要有：抹面防护、捶面防护、喷砂浆和喷混凝土防护、勾缝和灌浆、土工网石笼和钢筋石笼护面、预制或现浇混凝土和钢筋混凝土板(或块)护面、干砌片石防护和浆砌片石护坡等，如图3-22所示。

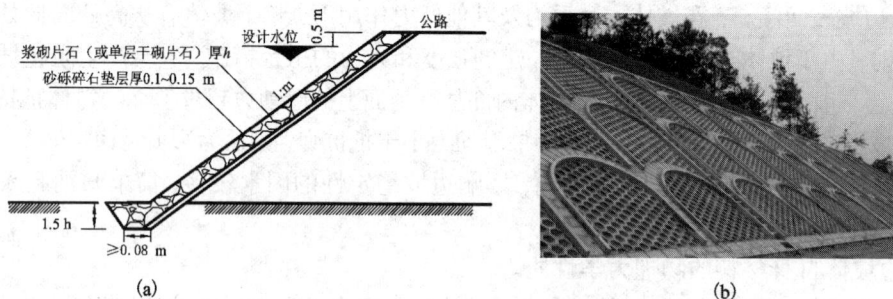

图3-22　坡面工程防护
(a)浆砌片石护坡　(b)拱门式框架护坡

植物防护一般采用铺草、种草和植灌木(树木)形式。植物防护应根据当地气候、土质、含水量等因素，选用易于成活、便于养护和经济的植物种类。

② 边坡的排水和防渗措施。

边坡的排水和防渗措施，是指排除边坡及周围的地表水、地下水和减少地表水下渗的工程措施。

地表排水系统包括边坡坡面及其以外集水面积内的截水、排水和防渗等设施；坡体内排水可采用下列一种或多种措施：坡面排水孔、排水洞及其排水孔、网状排水带和排水盲沟、贴坡排水等。

③ 重力式挡土墙(gravity retaining wall)。

重力式挡土墙是依靠自身重力支撑陡坡以保持土体稳定性的挡土结构。由于墙身截面和重量都较大，因此称为重力式挡土墙。它的最大优点是施工简便，材料易得，所以工程中用得较多。

重力式挡土墙按墙背倾斜情况分为仰斜、垂直式和俯斜三种，如图3-23所示。图3-24所示为衡重式挡土墙(balane weight retaining wall)，它也是一种重力式挡墙，由上墙和下墙组成，上下墙间有一平台，称为衡重台。它除墙身自重外，还增加了衡重台以上填土重量来维持墙身的稳定性，可节省部分墙身圬工。

④ 卸荷式挡土墙。

工程中有时还采用如图3-25所示的卸荷式挡土墙。中间的平台把墙背分为上下两部分，上墙所受的主动土压力可按上墙的高度计算，而下面墙背所受的土压力只与平台以下的土体重量有关，因而下墙承受的土压力比同高的一般重力式挡土墙下部所受的土压力要小。减压平台一般设置在墙背中部附近，并向后伸得越远则减压作用越大，以伸到滑动面附近为最好。

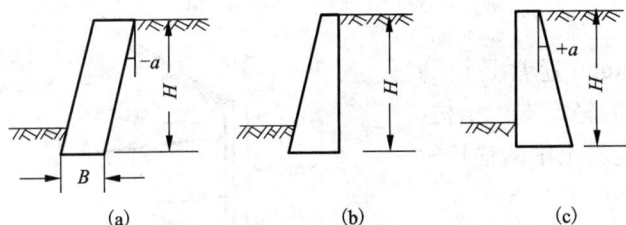

图 3-23　重力式挡土墙的形式图

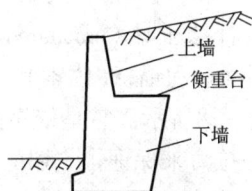

图 3-24　衡重式挡土墙

⑤ 悬臂式和扶壁式挡土墙。

悬臂式(cantilever retaining wall)和扶壁式挡土墙(counterfort retaining wall)是钢筋混凝土结构，自重轻。由立壁(墙面板)和墙底板组成，如图3-26所示。当墙身较高时，每隔一定距离加设扶肋，故称为扶壁式挡土墙。

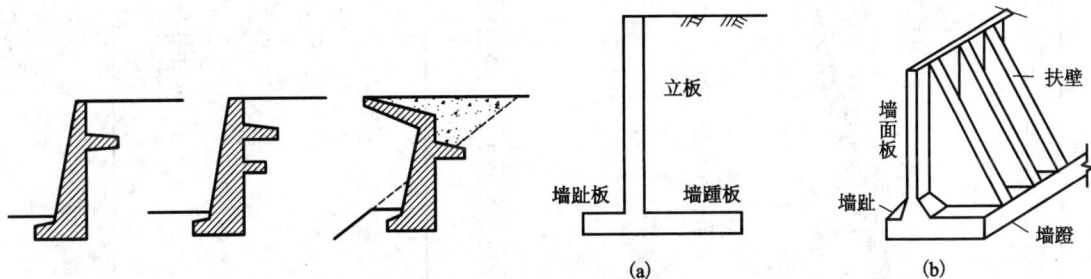

图 3-25　不同形的卸荷式挡土墙示意图

图 3-26　悬臂式和扶壁式挡土墙
(a)悬臂式挡墙　(b)扶壁式挡墙

⑥ 加筋土挡土墙(reinforced earth retaining wall)。

加筋土挡土墙由填料、在填料中布置的拉筋(土工聚合物)和墙面三部分组成，如图3-27所示。它利用拉筋与土之间的摩擦作用，改善土体的变形条件和提高土体的工程特性，从而达到稳定土体并承受土体侧压力的目的。我国最高加筋土挡墙超60 m，世界第一。

加筋土是柔性结构物，能够适应地基一定的变形，因此，因填土引起的地基变形对加筋土挡土墙的稳定性影响比对其他结构物小，地基的处理也较简便；它是一种很好的抗震结构物；节约占地，造型美观；造价比较低，具有良好的经济效益。

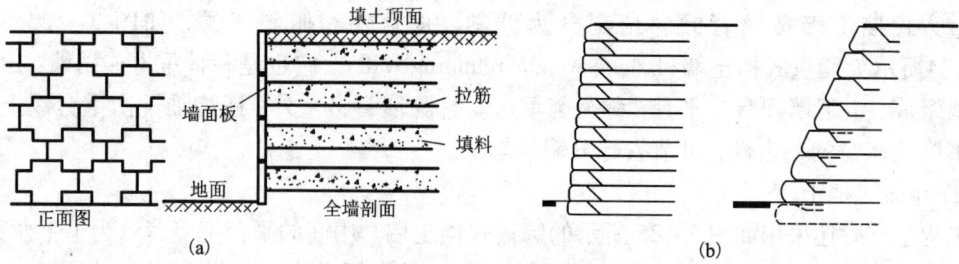

图 3 - 27　加筋土挡墙

(a)面板式加筋土挡墙　(b)无面板加筋土挡墙

⑦ 板肋式或格构式锚杆(锚索)挡土墙。

锚杆挡土墙(omchored retaining wall)通常是由肋柱、墙面板和锚杆(锚索)三部分组成的轻型支挡结构，如图 3 - 28 所示。它是依靠锚固在稳定岩土中的锚杆所提供的拉力来保证挡土墙的稳定。

⑧ 喷锚支护(combined bolting and shotcrete)。

喷锚支护指的是借高压喷射水泥混凝土和打入岩土层中的金属锚杆的联合作用加固坡体。喷锚支护是使锚杆、混凝土喷层和岩土体或隧洞围岩形成共同作用的体系，防止岩土体松动、分离和变形过大，有效地稳定岩土体，如图 3 - 29 所示。

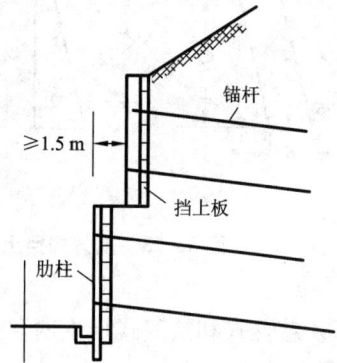

图 3 - 28　板肋式锚杆挡土墙

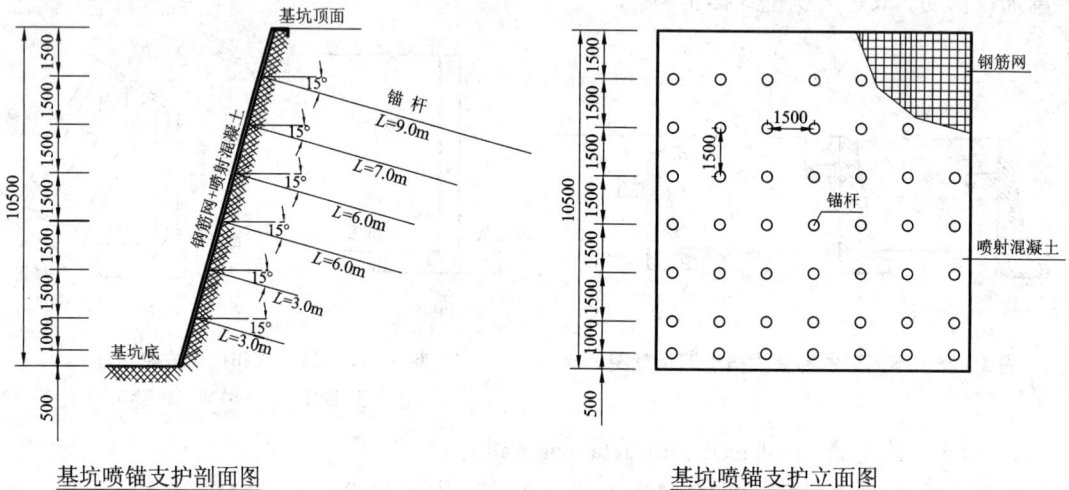

基坑喷锚支护剖面图　　　　基坑喷锚支护立面图

图 3 - 29　喷锚支护设计图

⑨ 预应力锚索(锚杆)。

先用钻机钻孔(穿过软弱岩层或滑动面)，然后把钢丝束(或钢筋)置入孔内并向孔内灌浆(砂浆或树脂)，使里面的一端锚固在坚硬的岩土层中(称内锚头)，然后对外面的一端(自由端以外称外锚头)进行张拉，从而对岩土层施加压力，使不稳定坡体得到锚固，这种方法称为预应力锚索(锚杆)。我国锚索长度最长已达 80 m，国外已超过 100 m。

⑩ 抗滑桩和锚索抗滑桩(anti-slide pile)。

在边坡或滑坡体的下方部位设置截面较大的垂直桩，桩的下部(称为锚固段)置于稳定的岩土层中，上部承受滑体传来的下滑力，依靠下部锚固段以及上部桩前滑体所产生的抗力来维持桩本身的稳定，并阻止滑坡向下滑动，如图 3-30 所示。抗滑桩又称锚固桩。

在抗滑桩桩顶或上部增加锚索，称为锚索抗滑桩。锚索抗滑桩具有抗滑桩的特点但比抗滑桩能承受更大的土体压力或滑坡推力；并且桩顶加了锚索后可使埋入土体的桩长大大减短；适用于边坡开挖后土体压力或滑坡推力很大的情况。

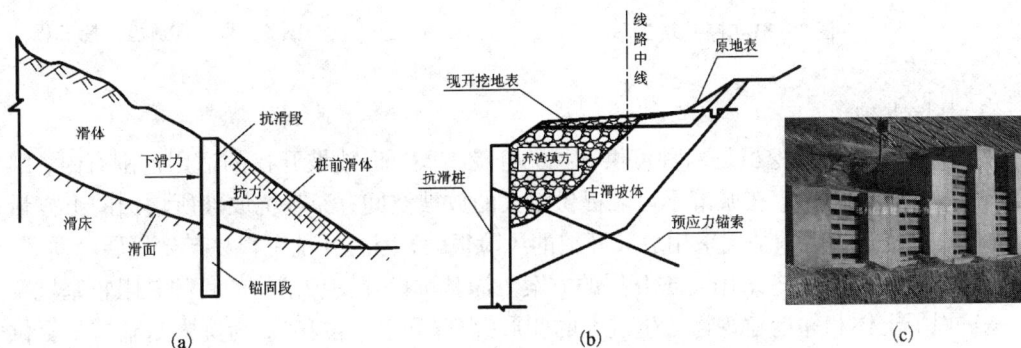

图 3-30　抗滑桩

(a)悬臂抗滑桩　(b)锚索抗滑桩　(c)抗滑桩工程

以上简要介绍了边坡的一些主要支护结构，在边坡支护中还常用：土钉墙、桩板式挡土墙、注浆加固以及削方减载与堆载反压等边坡间接加固法。这些支护结构和方法也可以组合使用，形成多种组合型支护结构。

3.5.2　基坑工程

(1)基坑概念

基坑(foundation pit)是指为建造建筑物基础或地下室所开挖的地面以下空间。松软土中开挖深度大于 5 m、其他土质中大于 8 m 的称为深基坑。一般底面积在 20 m² 以上的地面以下开挖空间应按基坑计算。

随着城市建设的发展，地下空间在世界各大城市中得到了前所未有的开发利用，如高层建筑地下室、地下仓库、地下民防工事以及多种地下民用和工业设施等，特别是近 20 年，我国地铁及高层建筑的兴建，产生了大量的基坑(深基坑)工程，如图 3-31 所示。我国最深基坑已超过 37 m。

基坑工程主要包括土方开挖、围护体系的设置以及与之相配合的地下水控制措施等三方面。基坑围护结构通常是一种临时结构，安全储备较小，因此具有比较大的风险。

（2）基坑放坡开挖

如果场地容许即场地四周地形开阔，有放坡条件，且地下水位低于坑底设计标高或地下水对边坡和稳定影响小，或基坑深度不大，且土质较好时，基坑可以在采用放坡开挖，如图 3 - 32 所示。

图 3 - 31　深基坑工程　　　　　　　图 3 - 32　某放坡开挖工程

（3）基坑支护

放坡开挖和支护开挖虽是两种可供选择的开挖方案，但放坡开挖的适用范围有限，因为深基坑的放坡范围过大，在城市不可能提供太大的放坡空间；深基坑放坡所增加的土方量也比较大；在软土地区，深基坑采用放坡开挖的风险很大，因为开挖中很易产生深层滑动。

因此深基坑工程大多采用支护开挖的方案。深基坑设置支护结构的目的是阻止基坑壁坍塌、基坑周围土体和邻近建筑物产生过大的变形（沉降和水平位移），为坑内基础施工提供安全的工作空间。

基坑支护结构的功能是挡土，对坑内基础施工空间来说具有防护的作用。支护结构的类型很多，具有不同的适用条件，如表 3 - 1 所示。

表 3 - 1　基坑支护分类及条件

类型	支护方式或结构	支挡构件或护坡方式	适用条件
放坡	自稳边坡	根据土质按一定坡率放坡。坡面用土工膜或水泥砂浆保护	基坑周边开阔，无相邻建筑物，无地下管线或地下管线可迁移改道；坑底土质软弱时，为防止坑底隆起破坏可分阶放坡卸载
坡体加固	加筋土重力式挡墙	土钉、螺旋锚、锚管灌浆等加筋土挡墙	适用于除淤泥、淤泥质土外的多种土质，支护深度不宜超过 6 m；坑底没有软土
	水泥土重力式挡墙	注浆、旋喷、深层搅拌水泥土挡墙（壁式、格栅式、拱式等）	适用于包括软弱土层在内的多种土质，支护深度不宜超过6m。可兼作隔渗帷幕；墙底没有软土；基坑周边需有施工场地
	喷锚支护	钢筋网喷射混凝土护面，锚杆	适用于填土、黏性土及岩质边坡，坡底有软弱土层时慎用；不适用于深厚淤泥和地下水位以下的粉土、粉砂层
	复合喷锚支护	钢筋网喷射混凝土面层，锚杆，另加水泥土桩或其他支护桩	坑底以下有一定厚度的软弱土层时，若单纯喷锚支护不能满足要求时可考虑采用复合喷锚支护，可兼作隔渗帷幕；支护深度不宜超过 6 m，坑底软土厚度超过 4 m 时慎用

续表 3-1

类型		支护方式或结构	支挡构件或护坡方式	适用条件
排桩	悬臂式	钻孔灌注桩、人工挖孔桩、预制桩，板桩(钢板桩、异型钢等)，顶部加冠梁		悬臂高度不宜超过 6 m，对深度大于 6 m 的基坑可结合坑顶放坡卸载使用，坑底以下软土层厚度很大时不宜采用；悬臂桩能嵌入较好岩土层时可以超过 6 m
	双排桩	两排钻孔灌注桩，顶部钢筋混凝土横梁连接，必要时对桩间土进行加固处理		使用双排桩可弥补单排悬臂桩变形大、支护深度有限的缺点；当设置锚杆和内支撑有困难时可考虑双排桩；坑底以下有厚层软土，不具备嵌固条件时不宜采用
	锚固式(单层或多层)	上列桩型加预应力或非预应力灌浆锚杆、螺旋锚或灌浆螺旋锚、锚定板(或桩)；冠梁；围檩		可用于不同深度的基坑，支护体系不占用基坑范围内空间，但锚杆需伸入邻地，有障碍时不能设置，也不宜锚入毗邻建筑物地基内；在淤泥层和软土中慎用；在含承压水的粉土、粉细砂层中应采用跟管钻进施工锚杆或一次性锚杆
	内支撑式(单层或多层)	上述桩型加型钢或钢筋混凝土横撑；冠梁或围檩；能限制横撑变位的立柱		可用于不同深度的基坑和不同土质条件，变形控制要求严格时宜选用；支护体系需占用基坑范围内空间，其布置应考虑后续施工的方便
地下连续墙	悬臂式或撑锚式	钢筋混凝土地下连续墙、SMW 工法、连锁灌注桩；需要时设内支撑或锚杆		可用于多层地下室的超深基坑，宜配合逆作法施工使用，利用地下室梁板柱作为内支撑
围筒	圆形、椭圆形、拱形、复合形	上列各类连续墙；环形撑梁		基坑形状接近圆形或椭圆形，或局部有弧形拱段，可充分利用结构受力特点，径向位移小，筒壁弯矩小

3.6 岩土工程事故案例分析与警示

岩土工程作为比较完整的学科体系形成于 20 世纪 60 年代末至 70 年代初，在其发展过程中取得了许许多多的辉煌成就。但由于岩土体远比人工材料复杂且多变，受环境因素的影响大且不易控制，也出现了不少教训。下面就几个典型岩土工程事故做一些简要剖析。

3.6.1 地基差异沉降案例分析

像其他材料一样，岩土体(如地基土)受荷载作用会发生变形(垂直压缩变形称为沉降)，且土体的变形比较大，不同的土体或不同厚度的土体变形差异也很大，对于被水饱和的黏性土来说，变形还与时间有关，即尽管荷载不变，其变形可能会持续很长时间甚至上百年。所以因沉降过大导致的工程事故很多，图 3-33 为几个地基工程的沉降和差异沉降过大的典型案例。

下面以比萨斜塔为例进行简析。

(1)比萨斜塔倾斜基本情况

比萨斜塔位于意大利中部比萨古城内的教堂广场上，是一组古罗马建筑群中的钟楼。它

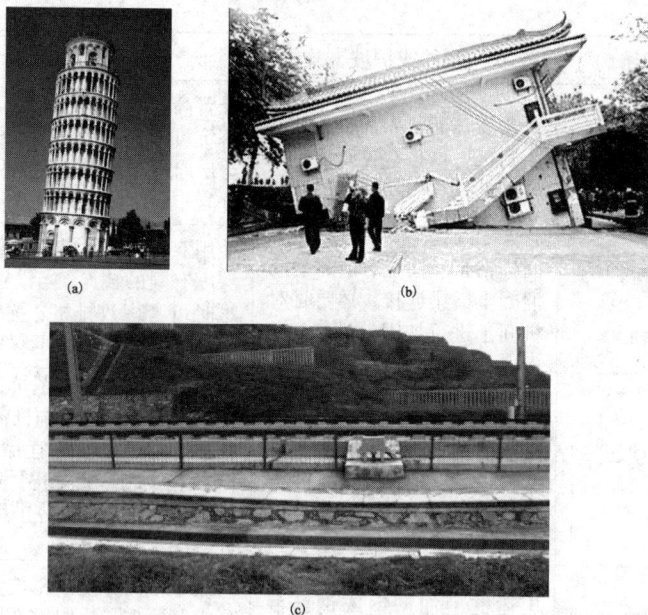

图3-33 典型沉降案例

(a)比萨斜塔地基沉降案例 (b)某房屋地基沉降案例 (c)某高速铁路无砟轨道结构铺轨后沉降案例

于1174年动工兴建，1350年完工，为8层圆柱形建筑，全部用白色大理石砌成。比萨斜塔从基础底面到塔顶高58.36 m，从地面到塔顶高55 m(基础埋深约3.3 m)，钟楼墙体在地面上的宽度是4.09 m，在塔顶宽3.48 m，总重约14 453 t，重心在地面上方23.6 m处。圆形基础底面积为285 m²，对地基的平均压力约497 kPa。

地基由上至下的情况为：①表层为耕植土，厚1.6 cm；②第2层为粉砂，夹黏质粉土透镜体，厚度5.40 m；③第3层为粉土，厚3.0 m；以下为30 m厚的黏土层和20 m的砂土层。地下水位深1.6 m，位于粉砂层中。

建塔之初，塔体还是笔直向上的。但兴建至第三层时，发现塔体开始倾斜，工程一度被迫停工，后以续建。到1990年，塔身倾斜度已超过5.5°，重心已偏离原中心铅直线达4 m多(顶层倾斜突出约4.5 m)，塔北侧沉降量约90 cm，南侧沉降量约270 cm。从建筑地基基础变形的控制标准来说，已严重超标。

(2)原因分析

根据上述资料分析认为比萨钟塔倾斜的原因是：

①钟塔基础底面位于第2层粉砂中，而塔基底的荷载压力高达500 kPa，超过持力层粉砂的承载能力，地基产生显著塑性变形，使塔基不断下沉。

②施工不慎，施工时南侧粉砂局部外挤，引起初始偏心，造成偏心荷载，使塔南侧附加应力大于北侧，南侧塑性变形必然大于北侧，导致塔的倾斜加剧。

③钟塔地基中的粉质黏土层厚达近30 m，位于地下水位下，呈饱和状态。在长期重荷作用下，土体发生蠕变(在压力不变的条件下变形随时间延长而不断增加的变形称为蠕变)，也是钟塔继续缓慢倾斜的一个重要原因。

这种情况的发生，完全限于当初的土力学与地基基础技术水平，建筑师对场地缺乏全面、缜密的调查和勘测，使其设计有误、奠基不慎造成的。

④另外，在比萨平原深层抽水，使地下水位下降，相当于大面积加载，这也是钟塔倾斜的重要原因。在20世纪60年代后期与70年代早期，观察到地下水位下降，同时钟塔的倾斜率增加；当天然地下水恢复后，则钟塔的倾斜率也回到常值。

3.6.2 上海一栋13层住宅楼倒塌案例分析

（1）事故概况

2009年6月27日，上海市闵行区一在建商品房小区工地内，发生一栋13层楼房（7号楼）向南整体倾倒事故，一名工人逃生不及被压致死。13层楼房地面以上结构在倒塌中基本完整，但是楼房基础的数十根混凝土管桩被"整齐"地折断后裸露在外，现场景象触目惊心，如图3-34所示。

图3-34 上海一栋13层住宅楼倒塌现场实况

（2）基础和地质情况

13层楼房采用管桩基础，桩顶设十字条形做承台，十字条形承台埋深1.9 m。管桩共118根，入土深度是33 m，桩穿过的土层分别为黏土（厚2 m）、淤泥质黏土（厚9.2 m）、粉质黏土（厚17.9 m）、粉砂（为桩尖持力层）。

（3）倾倒时的周边环境

7号楼北侧紧临淀浦河，在倒塌前河道清淤，把取出的泥土违规地堆放在7号楼北侧很近的地方，且在短期内堆土很高，最高处达10 m左右，如图3-35所示；与此同时，紧邻大楼南侧的地下车库基坑正在开挖，开挖深度4.6 m，并且基坑开挖时没有进行有效支护。

（4）原因分析

根据工程地质资料、大楼设计资料和周边施工环境，大数倾倒的原因可归纳如下。

①紧邻大楼南侧的基坑开挖，掏空13层楼房基础上部侧面的土体，基础上部南侧的侧向约束减弱，会使大楼向南侧倾斜，如图3-35所示。

②紧邻大楼北侧堆土，使基础上部北侧的水平压力增加。同时，10 m高的堆土是快速堆上的，这部分堆土是松散的，在雨水的作用下，堆土自身要滑动，滑动的动力水平作用在房屋的基础上部，相当于在北侧向南推挤基础，会使向南倾斜的上部结构加速向南倾斜。

③楼的北侧堆土太高，堆载已是地面下土层承载力的两倍多，会使大楼下面的2～11.2

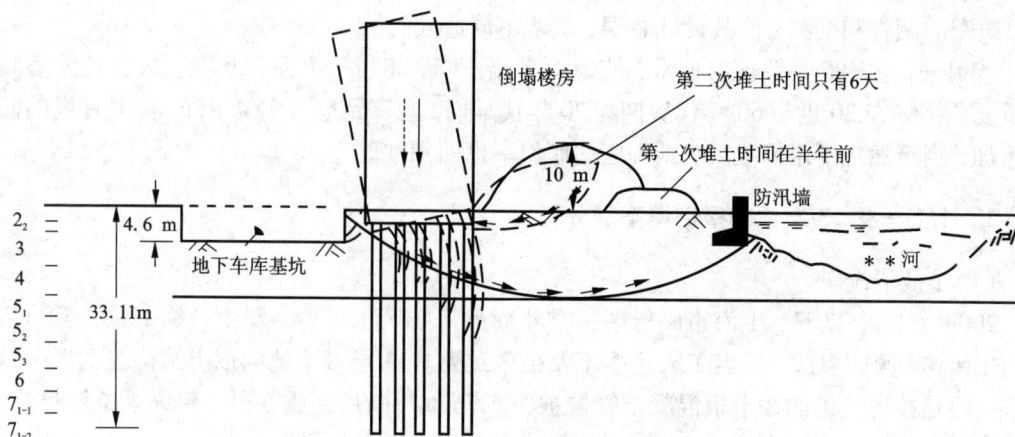

图 3 - 35　上海一栋 13 层住宅楼倒塌原因分析示意图

m 的软土向南流动(此土层为上海的典型软土,软土有流动性,建楼时必须考虑它的特殊性,尤其不宜快速堆土),软土流动使软土层中桩受到一个向南的附加水平力作用,会使大楼进一步向南倾斜。

④上部结构倾斜不断加大时,其重力相对整个基础形心的力矩越来越大,达到一定的数值,使大楼轰然倾倒,同时管桩被拔断。

值得注意的是,对于本事故中的各项工程(基础、基坑和堆土),单独而言规模并不大,都属"小工程",独立进行都不容易出事,但三者紧放到一起,会相互作用和影响,如果事先不综合设计和分析,按要求采取相应措施,出事是必然的。

在管理方面,致使 7 号楼倒塌的间接原因主要有 6 个方面:一是土方堆放不当;二是开挖基坑违反相关规定;三是基坑支护施工不规范;四是监理不到位(本事故发生前施工方面有许多违规,监理没有及时指出和制止);五是监测不到位(这个基础沉降和结构倾斜过程在开始时是逐步发生的,是可以监测得到的,但由于监测不到位,没有及时报警);六是建设单位方面的问题,我国的基本建设最大的毛病,第一是抢工期,第二个是低造价,这是指令经济的基本特征,为了政绩和最大的利润,开发商或建设单位说了算,根本不顾岩土工程受力变形的客观规律,为节省成本和工期,基坑开挖可以没围护,快速堆土 10 m,可以不按开挖的施工组织路线进行施工等,使岩土工程隐患丛生。

3.7　展望

总体而言,由于岩土工程的复杂性和显著的不确定性,岩土工程领域为事故多发区,例如除了上述地基基础方面的事故案例外,边坡失稳和滑坡已成为全球性三大自然灾害之一。岩土工程是一门应用科学,是为工程建设服务的。工程建设中提出的问题就是岩土工程应该研究的课题。岩土工程学科发展方向与土木工程建设发展态势密切相关。

世界土木工程建设的热点移向东亚、移向中国。中国地域辽阔,工程地质复杂。中国土木工程建设的规模、持续发展的时间、工程建设中遇到的岩土工程技术问题,都是其他国家不能相比的。遇到的地质条件越来越复杂，深厚软土、高填方、高陡边坡、超深基坑、超长超大基础、高地应力、高地震风险、高地温、高渗透压和毫米级变形要求（如高速铁路的路基）成为新时期岩土与工程问题的重要特点，使大规模工程建设与脆弱地质环境的矛盾越来越突出。我国岩土与工程界面临着高难度重大工程问题与工程灾害的严峻挑战，并且通过近 30 年国家大规模工程建设的广泛实践，岩土与工程领域的科技工作者发现了大量现有理论不能解释的新现象和现有技术方法不能解决的新问题，需要广大岩土工程批科技工作者重新思考本领域的深层次问题。这给我国岩土工程研究跻身世界一流并逐步处于领先地位创造了很好的条件。下述 12 个方面是应给予重视的研究领域，从中可展望岩土工程的发展。

区域性土和非饱和土特性的研究：经典土力学是建立在无结构强度理想的黏性土和无黏性土基础上的。但由于形成条件、形成年代、组成成分、应力历史不同，土的工程性质具有明显的区域性。特别是我国地域辽阔、岩土类别多、分布广。对各类各地区域性土的工程性质，开展深入系统研究是岩土工程发展的方向，探明各地区域性土的分布也有许多工作要做。另外，岩土工程大多数属于非饱和土问题，如铁路路基就属于典型的非饱和材料，而目前非饱和土力学及其应用研究还很不全面和系统。

本构模型研究：开展岩土的本构模型研究可以从两个方向努力，一是努力建立用于解决实际工程问题的实用模型；一是为了建立能进一步反映某些岩土体应力应变特性的理论模型。研究中要特别重视模型参数测定和选用，重视本构模型验证以及推广应用研究。只有这样，才能更好地为工程建设服务。

不同介质间相互作用及共同分析：岩土工程不同介质间相互作用及共同作用分析研究可以分为三个层次：①岩土材料微观层次的相互作用；②土与复合土或土与加筋材料之间的相互作用；③地基与建（构）筑物之间相互作用。

岩土工程测试技术：岩土工程测试技术不仅在岩土工程建设实践中十分重要，而且在岩土工程理论的形成和发展过程中也起着决定性的作用。及时有效地利用其他学科科学技术的成果，将对推动岩土工程领域的测试技术发展起到越来越重要的作用。由于整体科技水平的提高，测试模式的改进及测试仪器精度的改善，最终将导致岩土工程方面测试结果在可信度方面的大大改进。

岩土工程问题计算机分析：岩土工程问题计算机分析范围和领域很广，随着计算机技术的发展，计算分析领域还在不断扩大。另外，根据原位测试和现场监测得到岩土工程施工过程中的各种信息进行反分析，根据反分析结果修正设计、指导施工，这种信息化施工方法被认为是合理的施工方法，是发展方向。

岩土工程可靠度分析：在建筑结构设计中我国已采用以概率理论为基础并通过分项系数表达的极限状态设计方法。地基基础设计与上部结构设计在这一点尚未统一。应用概率理论为基础的极限状态设计方法是方向。由于岩土工程的特殊性，岩土工程应用概率极限状态设计在技术上还有许多有待解决的问题。

环境岩土工程研究：环境岩土工程是岩土工程与环境科学密切结合的一门新学科。人类生产活动和工程活动造成许多环境公害，如采矿造成采空区坍塌，过量抽取地下水引起区域性地面沉降，工业垃圾、城市生活垃圾及其他废弃物，特别是有毒有害废弃物污染环境，施工扰动对周围环境的影响等。上述环境问题的治理和预防给岩土工程师们提出了许多新的研究课题。

按沉降控制设计理论：在深厚软黏土地基上建造建筑物，以及高速铁路要求高平顺性，沉降量和差异沉降量控制是问题的关键。因此，合理控制沉降量和准确预测工后沉降非常重要。不但要深化按沉降控制设计理论，提高微变形的计算精度也需要进一步探索。

基坑工程围护体系稳定和变形：随着高层建筑的发展和城市地下空间的开发，深基坑工程日益增多。基坑工程围护体系稳定和变形也已成为重要的研究领域。基坑工程涉及土体稳定、变形和渗流三个基本问题，并要考虑土与结构的共同作用，是一个综合性课题，也是一个系统工程。

复合地基：随着地基处理技术的发展，复合地基技术得到愈来愈多的应用。复合地基承载力和沉降计算理论有待进一步发展。目前复合地基计算理论落后于复合地基实践。应加强复合地基理论的研究。另外加强复合地基理论研究的同时，还要加强复合地基新技术的开发和复合地基技术应用研究。

周期荷载以及动力荷载作用下地基性状：随着高速公路、高速铁路以及海洋工程的发展，需要进一步了解周期荷载以及动力荷载作用下地基土体的性状和对周围环境的影响。高速公路、高速铁路以及海洋工程中的地基动力响应计算较为复杂，研究交通荷载作用下地基动力响应计算方法，从而可进一步研究交通荷载引起的荷载自身振动和周围环境的振动，对实际工程具有广泛的应用前景。

特殊岩土工程问题研究：展望岩土工程的发展，还要重视特殊岩土工程问题的研究，如：库区水位上升引起周围山体边坡稳定问题；越江越海地下隧道中岩土工程问题；特大桥、跨海大桥超深基础工程问题；大规模地表和地下工程开挖引起岩土体卸荷变形破坏问题；等等。

展望未来岩土工程的发展，挑战与机遇并存，让我们的共同努力将中国岩土工程推向一个新水平。

思考题

1. 叙述岩土工程的定义和范畴。
2. 试述基础的类型和一般特点。
3. 在什么条件下要对地基进行处理，地基处理的主要方法有哪些？
4. 试述边坡的类型及其支护方法。

第4章 建筑工程

"建筑"、"建筑业"或"建筑工程"广义上包含或涉及桥梁、隧道、堤坝等各类土木工程构筑物，但也时常专指房屋及其相关构筑物。房屋工程是典型的建筑工程，是为兴建房屋所做规划、勘察、设计、施工等工程活动的总称，目的是为人类生产和生活提供场所。

4.1 房屋建筑的分类

建筑物林林总总，种类繁多。依照不同的标准，建筑物的类别有多种划分方法。建筑师通常较重视使用功能，而土木工程师（包括结构设计师和施工建造师）则更关注结构形式。当然，人们可能还会留意其建筑层数和结构材料。

4.1.1 按使用功能分类

1. 民用建筑

按照使用功能，民用建筑可分为居住建筑和公共建筑两大类。

（1）居住建筑

住宅、宿舍、旅馆等都属于居住建筑，其基本功能是为人们提供生活起居、栖息休闲所需的建筑空间。

（2）公共建筑

公共建筑是为人们开展政治、经济、文教、科技和娱乐等活动提供场所的建筑物，其使用功能不尽相同，举例如下：

行政办公——办公楼、档案馆等；

文化教育——教学楼、图书馆等；

科学技术——科研楼、实验室等；

医疗卫生——医院门诊楼、疗养院等；

商业服务——商店、酒楼等；

展览演出——展览馆、演艺厅等；

交通运输——车站、航站楼等。

其实，有些建筑的功能并不单一，无法严格分类。比如，城市临街楼房的地下室可能做成停车场，下部几层用于商业服务，上部作为住宅或办公场所。有的建筑中既有很多办公室，还能提供食堂、餐厅、宿舍或其他用途，所以称为综合楼。学校里的体育场馆是体育教学的场所，也是师生员工乃至附近居民运动健身的好去处，此外还可为文艺演出提供场地。

2. 产业建筑

根据产业类别，产业建筑可大致分为工业建筑和农业建筑。

（1）工业建筑

产业建筑的大多数是为工业生产提供使用空间，包括生产厂房、辅助生产厂房（如机修车间）、发电房、贮藏仓库等。

（2）农业建筑

少数产业建筑是为农业生产服务的，包括农牧业大棚、种子库、饲养室、挤奶房等。

应该指出，房屋建筑按照使用功能进行分类都是就单体建筑而言的，一座工厂，既有生产用工业建筑，也有办公需要和其他配套的民用建筑。

4.1.2　按建筑层数分类

1. 单层建筑

顾名思义，单层建筑指 1 层的房屋。

2. 多层建筑

各国对多、高层建筑的划分标准不尽相同，在我国，多层建筑一般指 2～7 层的房屋。

3. 高层建筑

我国的高层建筑指 7 层以上，或高度 24 m 以上、100 m 以下的房屋。

4. 超高层建筑

高度≥100 m 的房屋归类于超高层建筑。

4.2　房屋建筑的构成

房屋建筑由建筑结构、装饰构造和附属设施组成，建筑结构是其核心部分，也是土木工程专业学生重点学习的内容之一。

组成建筑结构的基本元素称为构件，常用的有板、梁、柱、墙等基本构件。

板是厚度较小的平面构件，主要承担垂直于板面的荷载，通常用作楼板、屋面板、基础板等直接承受荷载，同时将力传给梁、柱或墙等支承构件。

梁是长度较大的线形构件，主要承担垂直于梁长的荷载，通常用作楼面梁、屋面梁、基础梁、门窗洞口过梁等实现水平跨越，同时将力传给柱或墙。

柱是高度较大的线形构件，主要承担平行于柱高的荷载，用于垂直支顶，同时将力传给基础。

墙也是厚度较小的平面构件，但垂直设置，且主要承担平行于高度的荷载，用于垂直支顶，同时将力传给基础，可谓形状同板，功能似柱。

板、梁在垂直于较大尺度（板面或梁长）的荷载作用下总会产生弯矩和弯曲变形，均可称为受弯构件。柱、墙在平行于较大尺度（高度）的荷载作用下总会产生压力和压缩变形，因此属于受压构件，但通常还会同时受弯，所以又叫压弯构件。

各种构件以一定方式有机结合，共同构成房屋建筑的传力骨架，同时得到承重实体和使用空间。建筑材料结合成实体、构造出空间的方式，即为结构。在建筑物各楼层高度处板、梁组合形成的水平跨越结构称为楼盖结构。

对于大多数的多层和高层建筑，屋盖结构的做法与楼盖结构类似，但公共建筑和产业建筑中有些中、大跨度屋盖结构在形式和功能上有其特殊性。这些屋盖结构可能是由许多简单承受拉力或压力的杆件构成的（例如桁架），也可能由若干平板或连续曲面板（一般称为壳）组成。

板、壳、杆、梁、柱、墙等构件组成了房屋建筑的上部结构,其荷载最终将通过基础传给地基。因此,地基和基础也是建筑工程不可或缺的组成部分。然而,基础也常常是由板、壳、梁、柱(桩)、墙等做成的,所以不列为基本构件。

4.3 不同材料的建筑结构

岩石洞穴历来是人类可以用来生养栖息和储藏物品的天然场所,如今探险者仍有利用。人类通过改造自然创造使用空间的历史最早可追溯到人工开凿土穴的远古时代。当然,"动土"以平整场地、打下基础至今依然是建房的重要环节。同"土"一样,"木"也是古代常用的天然建筑材料。我国"大兴土木"的说法即因此而来。事实上,用于形成建筑结构的材料后来有了长足的发展,且大多由人工或机器制作而成。材料是结构的物质基础,材料的性能在较大程度上决定了结构发展的跨度和高度。

4.3.1 生土结构

我国生土建筑的历史非常悠久,从考古发现古人类居住天然岩洞到人工凿穴的历史,可追溯到 50 万 ~60 万年前的蓝田猿人。距今 6000 年的半坡村时期已有了聚落和半穴居式的生土建筑。与此同时,"穴居"在黄河流域的黄土高原地区一直沿用并不断发展,形成了今日的窑洞民居。生土建筑中至今尚存的窑洞多为明、清年代以后的,明代以前的生土古迹有烽火台、城墙、墓穴及寺窟等。

历代形成的生土建筑类型繁多,从材料结构和构造方面分有:黄土窑洞、土坯拱窑洞、砖石掩土窑洞、夯土墙、土坯墙及草泥垛墙的各类民居和夯土的大体积构筑物;它们以土体、土坯、草泥作为结构用材料,以承重墙、拱体为其主要的结构形式,以我国的万里长城为世界公认的伟大典范。

图 4-1　山西窑洞　　　　图 4-2　陕西下沉式窑洞

据估计,现在世界上有 1/3 的人口居住在各类生土建筑之中。我国的黄土高原地区有 63 万 ~64 万 km^2,主要分布在黄河中上游的豫、晋、陕、甘、宁、青、新 7 个省和自治区,居住人口约 6 000 万,其中居住窑洞的人口约占 4 000 万。生土建筑在世界上分布的范围也相当广泛,不仅地处亚、非、拉的发展中国家有,在工业发达的欧、美诸国也有;从寒冷地区到炎热地区、从多雨地区到干旱地区，几乎遍布全球。

生土材料就地可取，造价低廉，可塑性好，易于成型，便于自己动手施工，而且热稳定性好，冬暖夏凉，是较为理想的节能建材。它无须焙烧从而节省了材料和运输的能源；更因其融于自然，还是保护环境和维持生态平衡最好的建筑类型。因此，生土建筑这个古老的建筑原型，由于具有经济、节能等优越性而经久不衰，至今仍以旺盛的生命力与亿万人民的生活休戚相关。1973 年以后世界能源危机显现，给生土建筑带来了新的生命和复兴。预计太阳能、生土建筑将是未来建筑的新趋势，将是解决全球人类居住问题很有效益的建筑类型。

4.3.2 木结构

木材可以用来制作柱、梁、板、檩、椽等构件，并通过螺栓、齿、钉、键、胶等连接方式，做成框架、桁架、楼盖、屋盖乃至整体结构。

中国是最早应用木结构的国家之一，古代大量宫殿、庙宇、民居都采用了木结构。山西应县木塔(图 4-3)自 1056 年建成以来，一直是我国最高的木结构建筑，其外观 5 层，暗藏 4 层，实为 9 层，平面为八角形，底层直径 30.27 m，塔高 67.31m。

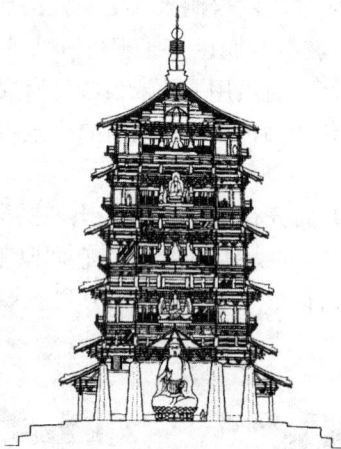

图 4-3　山西应县木塔剖面

图 4-4　日本出云木结构圆顶

木材是可再生资源。北美木材资源丰富，当今大量别墅和低层旅馆也采用了木结构。

木结构的发展方向是采用胶合木代替整体木材形成结构，包括层板胶合结构和胶合板结构等，做到次材优用、小材大用。其方法是用胶黏剂将木料或木料与胶合板拼接成为尺寸与形状符合要求且具有整体木材效能的构件或结构。美国已建成直径达 208 m 的胶合木圆顶建筑。目前亚洲跨度最大的木结构是日本出云的木结构圆顶(图 4-4)，直径为 140.7 m。

4.3.3 砌体结构

所谓砌体结构，是将石块、砖、混凝土砌块等块体材料用砂浆等胶凝材料砌筑而成的结构，主要有基础、墙、柱、拱、壳等。

古希腊的帕特农神殿和古罗马的万神庙(图 4-5)反映了古代西方石砌体结构建筑的典型做法。伊斯坦布尔的索菲亚大教堂是拜占庭式建筑，于 537 年落成；巴黎圣母院是哥特式宗教建筑,大约1180年建成。虽然这两座教堂的建筑风格和建造年代不同,但都体现出欧洲古代砌体结构的高超技艺。

图4-5　古罗马万神庙

图4-6　南京灵谷寺无梁殿

图4-7　河北定州开元寺塔

图4-8　美国芝加哥莫纳德·诺克大楼

中国古代在砌体建筑结构方面也有辉煌成就。例如,明代建筑的南京灵谷寺无梁殿以砖拱圈为主体结构,室内为一大型砖拱,总长53.5 m,总宽37.35 m,纵横两个方向均为砖砌穹拱,无一根梁(图4-6)。河北定州开元寺塔(又称料敌塔,图4-7)于1055年建成,是当时世界上最高的砌体结构,采用砖砌双层筒体结构体系,平面为八角形,底部边长9.8 m,共11层,高84.2 m。

1891年,美国芝加哥建成了16层的砌体结构高层建筑——莫纳德·诺克大厦(图4-8),这是一幢带有电梯的办公大楼,高16层,沿用至今。1932年,前苏联工程师提出在砌体砂浆层中配置钢筋做成配筋砌体,使砌体结构应用得到大面积推广。如今砌体结构最高的已经接近30层。

4.3.4 混凝土结构

混凝土是一种混合材料,其原材料资源丰富,能消纳工业废渣,施工成本和能耗较低,而且可模性好,亦即容易根据设计要求做成所需形状。混凝土养护成型后整体性、刚性均较好。与钢结构相比,混凝土结构还有耐火、抗腐蚀性能好等优点,其缺点是施工耗模板,养护耗时间,而且强度偏低,容易开裂,因此在建筑结构中都与钢材结合使用,以增强承载能力。内配钢筋的混凝土结构叫做钢筋混凝土结构,也时常简称为混凝土结构,可用于各种受力构件(如板、梁、柱等),做成各种结构体系(如框架结构、墙体结构、薄壳结构等),建造各种房屋建筑(如住宅建筑、公共建筑、商业建筑等)。又因能做成预应力混凝土、高性能混凝土和轻骨料混凝土,其应用范围不断扩大,超高层建筑、大跨度结构、海洋钻井平台、原子能工程设施,以及高达 1 300℃、低达 −160℃ 的高低温工程构筑物,都可以采用混凝土结构。实际上,混凝土结构已成为全球土木工程建设中的主要结构形式,在我国,由于过去长期钢材短缺等原因,它更是具有举足轻重的地位。

混凝土结构是在 1824 年发明了波特兰水泥后才逐步发展起来的。1880 年代初步奠定了钢筋混凝土在建筑工程上应用的科学基础。早期的应用限于基本构件和低层房屋。1903 年,美国辛辛那提建成了世界第一幢混凝土结构高层建筑——英格尔大楼(Ingalls Building)。100 年后的 2004 年,哈利法塔(图 4 − 9)在阿拉伯联合酋长国迪拜开始建设,2010 年初正式落成。它接连打破了 1998 年完工的马来西亚吉隆坡石油双塔大厦(图 4 − 10)、2003 年完工的中国台北 101 大楼作为世界最高建筑的纪录,也取代前者成为世界上最高的钢筋混凝土结构建筑物。这座摩天大楼的塔体采用成束筒结构体系,其平面呈 Y 形,中部为六边形钢筋混凝土核芯,侧翼也设置钢筋混凝土核心筒,形成一扶壁式结构。混凝土采用特殊配方的高性能混凝土。尖塔采用钢结构,总长 200 m,可伸缩,用液压千斤顶顶升。下部采用混凝土桩筏基础,筏板厚度 3.7 m,钻孔灌注桩直径 1.5 m,长度 43 m。根据高层建筑暨都市集居委员会(CTBUH)的国际准则,无论是建筑物结构高度、顶层地面高度、楼顶高度,还是包括天线或旗杆之类的高度,哈利法塔目前都是盖世无双。

图 4 − 9　迪拜哈利法塔

图 4 − 10　吉隆坡石油双塔大厦

图 4-11 广州白云宾馆(左边远处为广东国际大厦)

图 4-12 广州中信广场大厦

我国的水泥工业始于 1889 年。19 世纪末 20 世纪初,在上海等沿海城市的个别建筑中,部分地采用了钢筋混凝土楼板。1908 年建造的上海电话公司大楼是中国最早的钢筋混凝土框架结构。1949 年新中国成立后,混凝土结构逐步在建筑工程和其他土木工程中得到广泛应用。位于广州的白云宾馆(图 4-11)、广东国际大厦、中信广场大厦(图 4-12)都曾先后当选国内最高建筑和国内最高混凝土结构建筑。当代其他著名建筑也或多或少地采用了混凝土结构。

4.3.5 钢结构

钢结构是以钢材建成的承重骨架,是现代建筑工程中较普通的结构形式之一。钢材的优点是强度高、塑性好、连接易,因而钢结构自重轻、变形能力强、施工速度快,故用于建造大跨、高耸和承受重载或动载的建筑物特别适宜,例如各类大型公共建筑、塔桅结构、超高层建筑、有重型设备或动力机器的车间、厂房。钢结构的缺点是耐火性能和耐腐蚀性能较差,造价较高。

中国是最早用铁制造承重结构的国家,远在秦始皇时代(前 246—元 219),就已经有简单的铁制结构,但受制于技术落后、经济欠发达等原因,在过去很长一段时期,钢结构在我国的发展一直非常缓慢,近期其应用才有较快的增长。

西方国家在 17 世纪才开始使用金属承重结构。由于英国的工业革命促进了西方经济的快速发展,欧美国家、特别是美国的钢结构迅猛增长,并诞生了许多以高度或跨度占据同类榜首的建筑物或构筑物。

在吉隆坡石油双塔大厦建成之前的 20 多年里,世界最高建筑是美国芝加哥的西尔斯大厦(Sears Tower),它是全钢结构建筑,高 442m,110 层,建筑面积 413 800 m²,其标准层是 9 个 23 m×23 m 成束筒结构基础上形成的 69 m×69 m 的方形平面,每个筒体的柱距为 4.6 m。随着建筑的升高,各筒在不同高度上终止,形成不同形状的楼层平面,如图 4-13 所示。

纽约帝国大厦(图 4-13)1931 年建成,保持世界最高纪录 40 多年,直到 1973 年纽约世界贸易中心的双塔建成(其高度超过帝国大厦 37 m)。帝国大厦平面为 130 m×60 m,在第 6、

30 层处收进，至 85 层平面缩为 40 m×24 m，85 m 以上是一个直径约为 10 m、高 61 m 的圆塔，塔身高度相当于 17 层楼的高度，塔顶距地面 381 m，因此，帝国大厦号称 102 层。帝国大厦的钢结构框架是由铆钉连接的，埋置在炉渣混凝土中的钢框架能承担建筑物 100% 的荷载，外包混凝土在强度分析时被忽略，但它大大加强了框架的刚度。

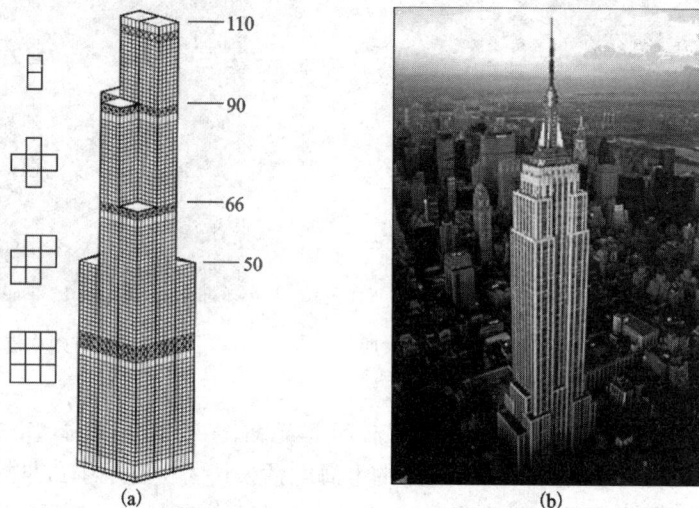

图 4-13　西尔斯大厦和帝国大厦
(a)芝加哥西尔斯大厦　(b)纽约帝国大厦

4.3.6　组合结构

钢—混凝土组合结构是由钢材和混凝土两种不同性质的材料组合而成的一种新型结构。作为两种材料的合理组合，它充分发挥了钢材抗拉强度高、塑性好和混凝土抗压性能好的优点，弥补了彼此的缺点。同混凝土结构相比，可以减轻自重，减小构件截面尺寸，减轻地震作用。同钢结构相比，可以减少用钢量，降低结构造价，增加结构的稳定性，增强结构的耐火性和耐久性。二者结合在一起，甚至可以发挥出比二者简单叠加强得多的效果。这种组合的优势对跨度大、荷载重的结构愈发明显，所以，采用钢—混凝土组合梁跨越大空间、钢管混凝土柱作为高层建筑和高耸结构的竖向承重构件是合适的。楼板采用压型钢板上浇混凝土的组合方式，可以节省模板，缩短工期，否则一般采用混凝土板。小跨度梁、墙体也不必做成组合构件。因此，纯粹的组合结构很少，局部或部分采用组合构件的结构较多。

中国台北金融大厦也称台北 101 大厦（见图 4-14），地下 5 层，地上 101 层，从地面至屋顶高 448 m，至桅杆顶高 508 m，是钢—混凝土组合结构中最高的。作为以 8 层为一单元的巨型结构，大厦 62 层以下的型钢柱中灌了混凝土，以抵抗强风的冲击。62 层以上主要由钢材和玻璃构成，以减小自重，有利于抗震。

上海环球金融中心（图 4-15）主体结构为钢—钢筋混凝土混合结构，采用巨型结构体系。由巨型柱、带状桁架（每隔 12 层设置一道）和巨型斜撑组成巨型结构。核芯筒在 79 层以下为钢筋混凝土结构，在有伸臂桁架的部位，核芯筒剪力墙内设置型钢桁架。核芯筒与周边巨型结构之间设置 3 道伸臂桁架，伸臂桁架高 3 层，分别布置在 28~31 层、52~55 层、

88～91层。在91～101层,有一个三维框架结构,既起到支撑观光缆车的作用,又起到压顶桁架的作用。

图 4-14 台北 101 大厦

图 4-15 上海环球金融中心、金茂大厦及东方明珠电视塔

4.4 楼盖及屋盖结构

4.4.1 楼盖结构

楼盖是在房屋楼层之间用以承受各种楼面作用的楼板、次梁和主梁等所组成的部件总称,楼板指直接承受楼面荷载的板。在古代,楼盖基本采用木结构。现代房屋建筑中,楼面梁有用木材和钢材制作的,但大多采用混凝土;楼板则几乎全是混凝土板,即使在钢结构高层建筑和钢—混凝土组合楼板中,与楼面装修构造层直接接触的也都是混凝土。因此,本小节只谈混凝土楼盖。

1.铺板楼盖

最简单的混凝土楼盖是直接搁在承重墙上的预制板,例如小开间宿舍。多层教学楼、办公楼或综合楼采用砌体结构承重时,大开间教室或会议室的楼盖中可以设梁以便铺板(图 4-16)。铺板楼盖是一种装配式楼盖,施工速度快,但结构整体性较差,板缝易渗漏,故在抗震要求高的地区和防水要求高的部位不宜采用。

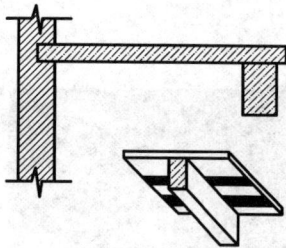

图 4-16 铺板楼盖

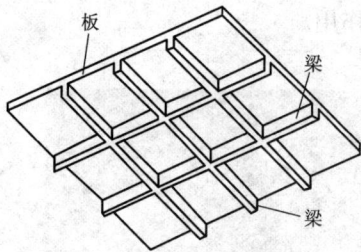

图 4-17 井式楼盖

2. 有梁楼盖

肋形楼盖是由多根梁和板在现场浇筑而成的混凝土整体楼盖,因梁形似肋条而得名。平面上相互正交的梁根据传力关系有主梁和次梁之分,次梁的间距和截面高度常比主梁的小,它承受楼板传来的线荷载,并将集中力传递给主梁。有时两个方向梁做成相近的间距,且截面高度相同,仰视形如井格,故称井式楼盖,如图 4-17 所示。由于平面规则,底面平整,井式楼盖不加装饰即可用于较大的教室、会议室或办公室顶部。

板上荷载一般可看成均布荷载,荷载沿一个方向传递到支承构件的板称为单向板,当板上荷载沿两个方向传递到支承构件时则为双向板。铺板楼盖中的预制板是单向板,井式楼盖中的楼板是双向板,肋形楼盖中的楼板严格意义上都属于双向板,但当板的长边比短边尺寸大得多时,板上荷载主要沿短边方向传递到长支承构件上,结构工程师将其归类到单向板,以便为设计带来方便。与板的划分对应,相应的肋形楼盖分别叫做单向板肋形楼盖和双向板肋形楼盖(图 4-18)。

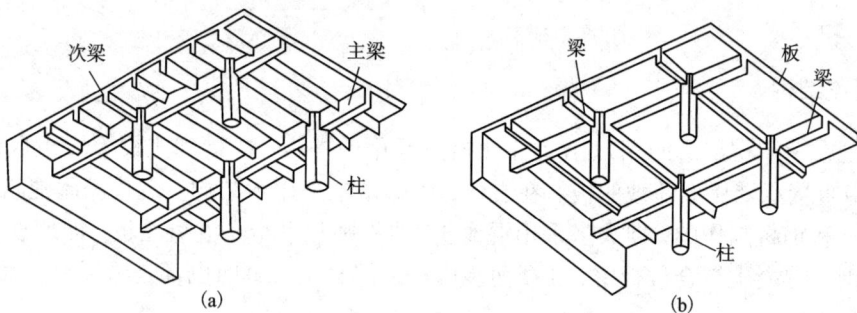

(a)

(b)

图 4-18 肋形楼盖

(a)单向板肋形楼盖　(b)双向板肋形楼盖

3. 无梁楼盖

无梁楼盖是指柱支承混凝土楼板体系,这种楼板也是双向板。各层楼板可以预先在平整后的现场地面上全部浇筑完毕,待强度足够后用多台吊车将各层楼板提升到设计高度,再与柱结合形成整体。这种施工工艺称为升板法,其优点是设备简单,不需要大型运输吊装机具,比现浇法节省模板和劳动力,占用施工场地小,减少高空作业,特别适用于城市旧房改建和山区建房,缺点是用钢量稍多。

楼板逐层在设计高度随柱一起现浇，得到的无梁楼盖整体性好。板柱节点是无梁楼盖中传力的关键部位。楼面荷载不大时，楼板底面可以做平，这种无梁楼盖称为平板无梁楼盖[图4-19(a)]，由于底面平整，可以免去装饰，便于空间分隔。但当楼面荷载较大时(例如用于冷库)，为了满足节点受力要求而不至于大面积加厚楼板，可在柱顶处增设柱帽或托板，形成带托无梁楼盖[图4-19(b)]，这样虽然对顶部观瞻有所影响，却能节约材料。

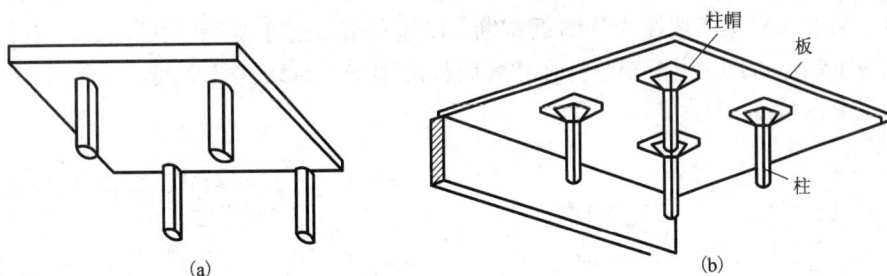

图4-19 无梁楼盖

(a)平板无梁楼盖　　(b)带托无梁楼盖

4.4.2 屋盖结构

屋盖是建筑的顶棚。许多建筑采用平屋顶，其屋盖做法与楼盖的基本相同。坡屋顶往往通过梁、板斜置等构造做法来实现，也与楼盖有相似之处。而产业建筑和公共建筑中、大跨度的屋盖结构做法不同且变化较多，需要特别介绍。

1.桁架结构

桁架是由若干直杆通过节点相互连接而成的格构式承重结构。杆件是桁架结构的基本构件，杆件组成的基本单元一般呈三角形，其平面内刚性较好，桁架是这种基本单元在同一平面内的扩充组合。平面桁架的外形轮廓可做成三角形、梯形、多边形、平行弦式和人字形等(图4-21)。桁架中有弦杆和腹杆两类杆件，弦杆又分为上弦和下弦，腹杆可包括竖杆和斜腹杆。不设斜腹杆的桁架叫做空腹桁架，例如上海大剧院(图4-20)的反拱式月牙形屋盖采用了交叉处刚接的钢桁架结构。但一般情况下桁架节点可视为铰接，杆件大多只受轴向拉力或压力，应力在截面上分布均匀，因而容易充分发挥材料

图4-20 上海大剧院

的强度，这使得桁架结构用料经济、自重减轻，故适用于较大尺度的跨越结构和高耸结构，例如作为公共建筑和产业建筑的屋盖(此时可称为屋架)，或用于输电线路塔架、卫星发射塔、水工闸门、起重机架和桥梁等特种结构或土木工程其他领域。

制作桁架的材料有木材、钢筋混凝土、钢材或其组合，其中钢材可以是钢筋、型钢或钢管。钢桁架由型钢或钢管在节点处焊接而成，钢管桁架比较美观，但施工要复杂些。由于平

面桁架的平面外刚度很小，为了保证结构的稳定性，可以设置各种平面外支撑（例如单层工业厂房常有），也可将两榀不共平面的桁架以某种形式组合成为立体桁架，以节约支撑材料和施工费用。立体桁架的截面形式有矩形、正三角形、倒三角形等（图4-22）。我国许多铁路客站的站台主无柱雨棚采用了倒三角形立体钢管桁架。

图4-23是俗称"鸟巢"的国家体育场，其主体结构由一系列主桁架构成。主桁架围绕屋盖中部的洞口呈放射状布置，22榀主桁架直通或接近直通，并在中部形成由分段直线构成的内环桁架。另有4榀主桁架在内环附近截断，以避免节点过于复杂。为了使结构受力合理、减小构件加工制作难度，主桁架弦杆在相邻腹杆之间采用直线代替空间曲线构件，桁架柱腹杆尺寸与菱形内柱同宽。

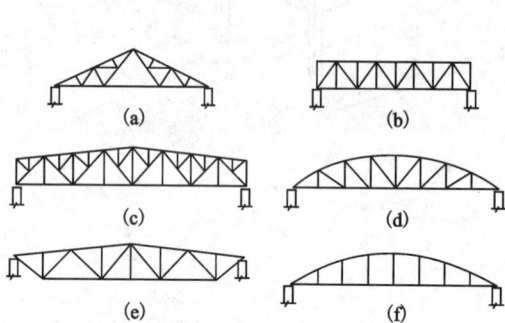

图4-21　不同外形的平面桁架

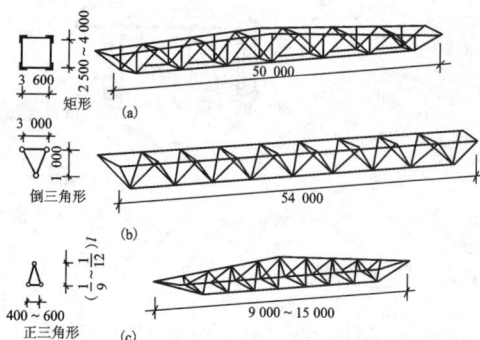

图4-22　不同截面的立体桁架

2. 网架结构

桁架属于平面杆系结构，立体桁架只是通过一组侧向短杆将两榀平面桁架结合成为整体，共同发挥单向传力作用。同桁架一样，空间杆系结构也是由许多杆件（多用钢管）按一定规律布置、通过节点连接而形成的格构式承重结构，主要区别是后者多向传力。空间杆系结构的外形轮廓可以呈平板状或曲面状，分别称为平板网架（简称网架）或曲面网架（简称网壳）。

图4-23　北京国家体育场（鸟巢）

空间杆系结构空间刚度大、整体性强、稳定性好、安全度高，具有良好的抗震性能和较好的建筑造型效果，同时兼有重量轻、材料省、制作安装方便等特点，因此对于中、大跨度屋盖体系是一种良好的结构形式，在国内外许多体育场馆、交通等候（机、车、船）室、会展中心、影剧院、俱乐部、大会（食）堂、仓储库房和大跨厂房等屋盖工程中得到了广泛应用，其用于多跨大柱网联合厂房，能够很好适应流水作业、工艺改造、设备更新和扩大再生产等要求。厦门机场太古机库采用了网架结构，它是目前世界上最大的飞机库，平面尺寸为（155 + 157）m × 70 m。

网架可以布置成双层或三层。双层网架是由上弦层、下弦层和腹杆层组成的空间结构，是最常用的一种网架结构。三层网架是由上弦层、中弦层、下弦层、上腹杆层和下腹杆层组成的空间结构。与双层网架相比，三层网架通过增加网架高度减小了网格尺寸和弦杆内力，因而能减少腹杆长度，便于制作和安装，同时可以节约材料——当网架跨度大于 50 m 时，跨度越大用钢量降低越显著。三层网架的不足之处是节点和杆件的数量较多，在中层节点上汇交的杆件也较多。

3. 网壳结构

网壳是一种与平板网架类似的空间杆系结构，系以杆件为基本构件、按一定规律组成网格、按壳体曲面形成轮廓的空间承重体系，它兼具杆系和壳体的性质，其传力特点主要是通过壳内两个方向的拉力、压力或剪力逐点传力。网壳比网架在空间造型和跨越能力上更具优势，故在大跨度公共建筑中有广阔应用前景。

网壳可按高斯曲率或曲面外形进行分类。依照高斯曲率，可分为零高斯曲率网壳、正高斯曲率网壳和负高斯曲率网壳。零高斯曲率是指曲面一个方向的主曲率为零，而另一个方向的主曲率不为零，故零高斯网壳是单曲网壳，例如柱面网壳、圆锥形网壳等。正高斯曲率是指曲面两个方向的主曲率同号，均为正或均为负，这种网壳包括球面网壳、双曲扁网壳、椭圆抛物面网壳等。负高斯曲率是指曲面两个方向的主曲率符号相反，这类曲面网壳一个方向是凸面，另一个方向是凹面，双曲抛物面网壳、单块扭网壳均属此类。

网壳按层数划分，有单层和双层两种。网壳之所以能够做成单层结构，是利用曲面本身特有的刚度，但其中杆件连接必须采用刚性节点，而双层网壳中节点可以铰接。网壳一般会在结构底部产生向外的水平推力。采用球面网壳结构时，球壳和环梁构成自平衡体系，水平推力较小，网壳无须落地。电厂干煤棚工程采用圆柱面网壳结构时，网壳可以落地，以便在地面设置拉梁来抵抗水平推力。

图 4-24　长春五环体育馆

1998 年建成的长春五环体育馆（图 4-24）是具有国际水准的多功能、超大型现代化体育设施，总建筑面积为 31 192 m²，连同支架在内，长轴跨度 192 m，短轴跨度 146 m，中心高度 50 m，可容纳观众 12 000 人，是我国目前跨度最大、覆盖面积最大的网壳结构。

4. 薄壳结构

为了提高结构材料利用率，可以通过合理构型形成薄壁屋盖结构，包括折板结构和薄壳结构。折板结构是由多块薄板不共面组成的空间结构。薄壳结构则是曲面的薄壁结构，按曲面生成的形式分为筒壳、圆顶薄壳、双曲扁壳和双曲抛物面壳等，材料大都采用钢筋和混凝土。壳体既可充分利用材料强度，又能同时满足承重与围护两种功能要求。实际工程中还可利用对空间曲面的切削与组合，形成造型奇特新颖且能适应各种平面的建筑，但人工和模板消耗较多。

作为澳大利亚的标志性建筑，悉尼歌剧院的屋顶采用了钢筋混凝土壳体结构（图 4-25），其外形远看像一艘即将起航的帆船，带着人们的音乐梦想，驶向蔚蓝的海洋；近看像一个陈放着贝壳的大展台，与周围景色相映成趣。该建筑耗资 1 亿多澳元，从 1959 年开工建设，直到 1973 年才竣工。

图 4-25　悉尼歌剧院

5. 悬索结构

悬索桥是在跨越能力方面具有很强竞争力的一种桥型。部分建筑工程在大跨度屋盖上借鉴其结构做法产生了形式各异的悬索结构，主要方式是将两个以上的索网或其他拉索体系组合起来，并设置强大的拱、刚架、格构柱或其他结构作为中间支撑，结合成为有机整体。悬索通常需沿两个曲率相反的主曲率方向布置，一个方向为承重索，一个方向为稳定索。索的材料可以采用钢丝束、钢丝绳、钢铰线、链条、圆钢以及其他受拉性能良好的线材。悬索结构能充分利用高强材料的抗拉性能，可以做到跨度大、自重小、材料省、施工易。

美国 1962 年建造了华盛顿杜勒斯（DULLES）国际机场（图 4-26），它以已故国务卿约翰·福斯特·杜勒斯（1888—1959）的名字命名，位于华盛顿市区以西约 43km 处，是美国联合航空公司的主要枢纽，由芬兰现代派建筑师 Eero Saarinen 设计。该机场的屋盖为平行布置的悬索结构，柱子是向外倾斜的，拉索在自重和屋面荷载作用下自然下垂成悬链状，柱子之间的梁板沿着索的方向

图 4-26　美国华盛顿 DULLES 机场

是倾斜的，其外侧形成屋檐，内侧承受屋面索的拉力。

6. 索膜结构

索膜结构是高分子柔性薄膜材料由缆索拉紧、立柱支撑而形成的稳定曲面。这种能够承受一定外荷载的空间结构不仅造型自由、轻巧、柔美，而且具有制作简易、安装快捷等优点，因而在世界各地得到广泛应用。

伦敦的千年穹顶如图 4-27 所示，其中 12 根 100 m 高的钢桅杆直刺云天，张拉着直径

365 m、周长大于 1 000 m 的穹面钢索网。薄膜顶点离地高度有 50 多 m，室内容积约为240 万 m³。该结构的钢索网用了长达 43 英里的钢缆。屋面膜状材料表面积为 10 万 m，厚度仅有 1 mm，它不但强度高，而且透光性好，故可充分利用自然光。

图 4-27　伦敦千年穹顶

7. 充气膜结构

向玻璃丝增强塑料膜或尼龙布罩等薄膜制品内部充入空气后，可形成一定形状作为建筑空间的覆盖物。这种结构叫做充气膜结构，可按充气方式分为气承式膜结构和气胀式膜结构。气承式膜结构是通过压力控制系统向建筑物内充气，使室内外保持一定的压力差，使覆盖膜体受到上浮力，并产生一定的预张应力，以保证体系的刚度。室内设置空压自动调节系统，来及时调整室内外气压差，以适应外部荷载的变化。气胀式膜结构是向单个膜构件内充气，使其保持足够的内压，多个膜构件进行组合，可形成具有一定形状的整体受力体系，这种结构对膜材自身的气密性要求很高，或需不断地向膜构件内充气。

国家游泳中心——水立方（图 4-28）是典型的充气膜结构建筑。水立方的内外立面充气膜结构共由 3 065 个气枕组成，最大的达到 70 m²，覆盖面积达到 10 万 m²，展开面积达到 26 万 m²，是世界上规模最大的充气膜结构工程，也是唯一的一个完全由膜结构来进行全封闭的大型公共建筑。

图 4-28　北京国家游泳中心（水立方）

4.5 多高层建筑结构

本节所述多高层建筑泛指非单层房屋建筑，包括超高层建筑，且不严格区分高层与超高层。

4.5.1 混合结构

混合结构常指用混凝土做楼盖和屋盖、竖向以砌体承重的建筑结构。过去墙体常用黏土砖砌筑，相应的砌体结构也叫砖混结构(图4-29)。为了解决黏土砖与农争地的矛盾，我国正在逐步禁止使用黏土砖，而采用混凝土砌块。传统意义上的混合结构在低层及多层民用建筑中应用较多，采用配筋砌体时，也可用于高层住宅楼。

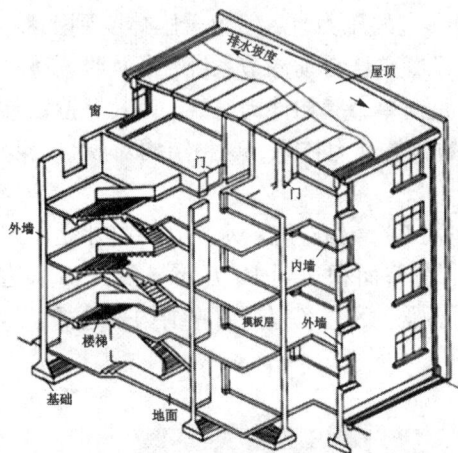

图4-29 多层砖混结构

图4-30 麦加皇家钟塔饭店

如今钢结构和混凝土结构的混合在高层建筑中也已出现，因而混合结构有了更多的含义。例如，墙体和筒体采用混凝土，而框架、桁架采用钢结构。钢结构和混凝土结构既可以在同一高度段形成平面混合结构，也可以在不同高度上形成立面混合结构。不少超高层建筑属于钢—混凝土混合结构。麦加皇家钟塔饭店(图4-30)是一栋位于沙特阿拉伯宗教圣地的复合型建筑，于2012年完工，总高达到817 m，是伦敦大本钟高度的6倍。这栋建筑的主体包括662 m的钢框架—钢筋混凝土核芯筒混合结构和155 m高的"克雷森特"金属尖顶。

4.5.2 框架结构

框架结构是由梁、柱组成的承力骨架(图4-31)。框架用于房屋工程时，优点是建筑平面布置灵活，故常见于各种工业与民用建筑;缺点是风及地震等水平荷载作用下抗侧移能力差，因此，纯框架结构所能适用的层数和高度有限，一般用于多层建筑。在框架结构中，梁、柱大多采用混凝土构件，工期短、跨度大或荷载重时也有用到钢或钢—混凝土组合构件。

多层混凝土框架可以现场浇捣成型，也可采用装配式或装配整体式结构。其中现浇钢筋混凝土结构整体性好，能适应各种有特殊布局的建筑；装配式和装配整体式结构采用预制构件，现场组装，整体性较差，但便于工业化生产和机械化施工。随着商品混凝土和泵送技术的普遍应用，混凝土的浇筑变得方便快捷，机械化施工程度已经较高。因此，现浇混凝土的应用已经日益广泛。

4.5.3 剪力墙结构

对高层住宅楼、旅馆等各层空间分隔方式相对固定的建筑，可利用分户墙、隔墙等设置一些钢筋混凝土墙体，以增强结构的抗侧移能力。这些墙体不仅可以竖向承重，而且对水平荷载产生的平面内剪力具有很强的抵抗能力，故名剪力墙，相应的受力体系叫做剪力墙结构（图 4 - 32）。我国第一座高度超过 100 m 的高层建筑——广州白云宾馆就采用了这种结构，它建于 1976 年，地下 1 层，地上 33 层，高 112.4 m。

图 4 - 31　框架结构

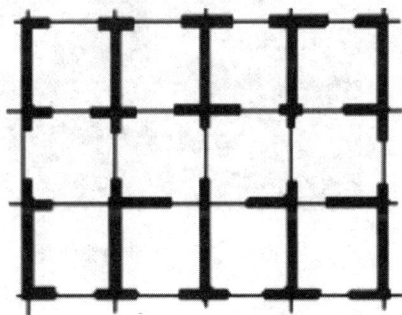

4.5.4 框架—剪力墙结构

将框架和剪力墙在平面上适当组合（图 4 - 33），形成框架—剪力墙结构，既可依靠剪力墙获得足够的抗侧移能力，又能利用框架为建筑布置提供灵活性，比剪力墙结构适用范围更广泛。

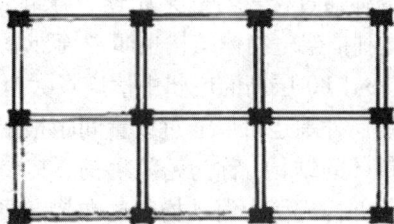

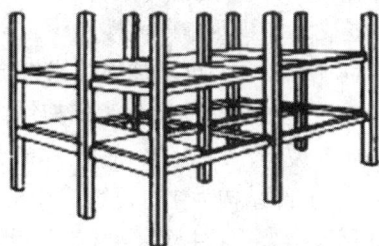

图 4 - 32　剪力墙结构平面

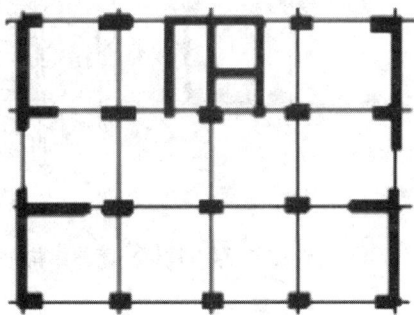

图 4 - 33　框架 - 剪力墙结构平面

当住宅楼或办公楼下部需要开敞空间以开设商场时，可把剪力墙底部的一层或几层掏空做成框架，框架和剪力墙如此进行立面组合得到的结构称为框支剪力墙结构。需要注意的是，其底部受力最大但刚度最弱，这对结构抗震非常不利，故在高烈度地震设防区应该慎用。

4.5.5 筒体结构

多面剪力墙两两相连，形成封闭筒体结构，不但可以抵御多个方向的水平剪力作用，还有较强的抗扭能力。电梯井是比较典型的筒体结构。楼梯和竖向管道也可纳入筒中。

筒体通过楼盖与框架相连，可组成框架—筒体结构（图4-34）。如果筒体四周做成框架，这种框架—筒体结构也叫内筒外框结构。层数较多的超高层塔楼时常采用框筒体系，例如391 m、80层高的广州中信广场大厦。

房屋外围也可以通过设置间距很密的柱和截面很高的梁，组成一个形式上像框架、功能上像筒体的结构，称为密柱框筒，其表面虽有许多窗洞，实际作用却似筒体，且可与内部的筒体一并构成筒中筒结构。这在超高层塔楼中常有应用，例如近200 m高的广东国际大厦。

摩天大楼往往采用成束筒结构，它由多个筒体在平面上相互连接和依靠而成，例如纽约帝国大厦、芝加哥西尔斯大楼。

在筒体结构中，可增加斜撑来抵抗水平荷载，以增加体系的刚度，进一步提高结构的抗侧移能力。这种结构体系称为桁架筒体系。如由著名华裔建筑师贝聿铭设计，1990年建成的香港中银大厦（图4-35），平面为52 m×52 m的正方形，高315 m，72层，至天线顶高为367.4 m。上部结构为4个巨型三角形桁架，斜腹杆为钢结构，竖杆为钢筋混凝土结构。楼面支承在巨型桁架上。4个巨型桁架支承在底部三层高的巨大钢筋混凝土框架上，最后由四根巨型柱将全部荷载传至基础。4个巨型桁架延伸到不同高度，最后只有一个到顶。

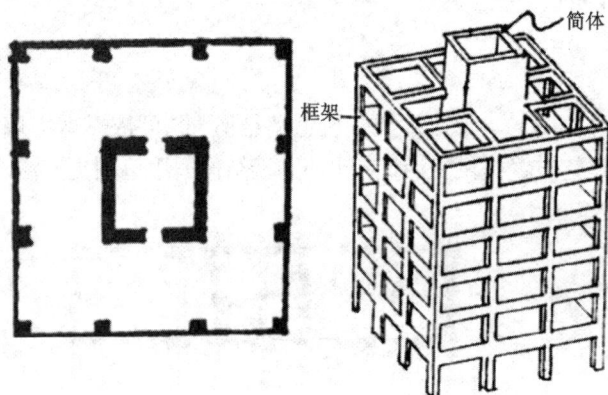

图4-34 框架—筒体结构

图4-35 香港中银大厦

4.6 特种结构

特种结构是指具有特种用途的各种工程结构或构筑物，包括容器结构、高耸结构、冷却塔、核安全壳和海洋工程结构等。

4.6.1 水池

水池按其用途可分为储水池、游泳池和污水处理池。

建造储水池和游泳池的结构材料可为钢、钢筋混凝土、钢丝网水泥或砖石砌体等。其中应用最广的是钢筋混凝土水池，它具有耐久性好、节约钢材、构造简单等优点，按施工方法可分为预制装配式和现浇整体式两种。

污水处理池一般采用钢筋混凝土现浇而成(图 4-36),根据使用功能有沉淀池和曝气池之分。沉淀池是应用沉淀作用去除水中悬浮物,在废水处理中广为使用。曝气池是利用活性污泥法进行污水处理。池内提供一定污水停留时间,满足好氧微生物所需要的氧量以及污水与活性污泥充分接触的混合条件。曝气池主要由池体、曝气系统和进出水口三个部分组成。

需要满足比赛要求的游泳池一般建成矩形平面,其他游泳池(特别是陆地上的)平面不必规则,应因地制宜进行设计。储水池和污水处理池的平面形状有长方形、正方形和圆形等,其中圆形水池用材最省。

图 4-36 在建污水处理池

图 4-37 水塔

4.6.2 水塔

水塔与储水池一样,都是给水工程中常用的构筑物。两者不同点在于造型和功能:水池通常位于地面、地下或半地下,而且平面尺寸较大,而水塔是用支架或支筒支承的高耸结构;水塔可用来保持和调节给水管网的水量和水压,而水池的功能主要是保持水量。

水塔由水箱、塔身和基础三部分组成。水箱大多采用钢筋混凝土做成圆柱壳式、倒锥壳式(图 4-37)、球形、箱形等形式。塔身一般用钢筋混凝土或砖石做成圆筒形,塔身支架多用钢筋混凝土刚架或钢构架。水塔基础有钢筋混凝土圆形或环形板式基础、单个或组合锥壳基础和桩基础。当水塔容量较小、高度不大时,也可采用砖石砌筑的刚性基础。

4.6.3 筒仓

筒仓(图 4-38)是贮存粒状和粉状松散物体(如谷物、面粉、水泥、碎煤、精矿粉等)的立式容器。

根据所用的结构材料,筒仓可做成钢筒仓、钢筋混凝土筒仓和砖砌筒仓。钢筋混凝土筒仓又可按照施工方法分为整体现浇式和预制装配式两种。筒仓的平面形状可做成圆形、矩形(含正方形)和多边形(含菱形)。目前国内使用最多的是圆形和矩形筒仓。圆形筒仓的直径不超过 12 m 时,采用 2 m 的倍数;12 m 以上时采用 3 m 的倍数。

4.6.4 核安全壳

核安全壳是核电站的重要组成部分,用来控制和限制放射性物质从反应堆扩散出去,以保护公众免遭放射性物质的伤害。万一发生罕见的反应堆回路水外逸的失水事故时，安全壳是防止裂变产物释放到周围的最后一道屏障。安全壳一般是内衬钢板的预应力混凝土厚壁容器，顶部呈半球形，内径约 40 m，壁厚约 1 m，高约 60～70 m（图 4 – 38），它的强度设计是按抗震 I 类设计的。

图 4 – 38　粮食筒仓

图 4 – 39　三门核电站钢制安全壳顶封头支架

安全壳有多种形式，按结构材料分有钢结构、钢筋混凝土或预应力混凝土的，也有既用钢也用钢筋混凝土或预应力混凝土的复合结构；按性能分，有干式和冰冷式的；按几何形状分，有圆柱形的和圆形的。目前主要的几种类型有：带密封钢衬的预应力混凝土安全壳、冰冷式安全壳、双层安全壳、负压安全壳。

我国正在建设的浙江三门核电站总占地面积 740 万 m^3，可分别安装 6 台 100 万 kw 核电机组（AP1000）。全面建成后，装机总容量将达到 1200 万 kw 以上，超过三峡电站总装机容量。2013 年年初，其钢制安全壳顶封头成功吊装就位（图 4 – 39），这标志着世界首台 AP1000 核电机组工程建设取得了重要的阶段性成果。

4.6.5　冷却塔

冷却塔是利用空气同水的接触（直接或间接）来冷却水的设备。大型冷却塔多为自然通风冷却塔，它由通风筒、人字柱、环基、淋水装置和塔心材料组成。

通风筒多为钢筋混凝土双曲线旋转壳（图 4 – 40），具有较好的结构力学和流体力学特性。壳体下部边缘支承在等距离的 V 形或 X 形斜支柱上，以构成冷却塔的进风口。壳体的荷载经斜支柱传到基础上。基础多做成带斜面的环形基础以承受由斜支柱传来的部分环拉力，也可做成分离的单个基础或桩基础。

通风筒的喉部直径最小，当计算壳体受压稳定时，壳壁最薄，由此向上直径逐渐增大构成气流出口扩散段，塔顶处设有刚性环，喉部以下按双曲线形逐渐扩大，下段壳壁也相应加厚，形成一个具有一定刚度的下环梁。

通风筒也可做成截头锥壳或组合锥壳，或用钢构架外包木护板或石棉水泥护板的多边形塔筒。

德国施梅豪森核电站的一座高 146 m 的干式冷却塔中采用了网索结构的塔筒，外包铝质护板，具有较好的抗震和抗风性能。

图 4 - 40　冷却塔

图 4 - 41　哈萨克斯坦 GRES - 2 发电站烟囱

4.6.6　烟囱

烟囱是工业生产中常用的构筑物,是把烟气排入高空的高耸结构,能改善燃烧条件,减轻烟气对环境的污染。

烟囱由筒身、内衬、隔热层和基础组成,外形多数呈圆截锥形,按建筑材料可分为砖烟囱、钢筋混凝土烟囱和钢烟囱三类。

砖烟囱用普通黏土砖和水泥石灰砂浆砌筑,高度一般不超过 50 m。钢筋混凝土烟囱的优点是自重小,造型美观,整体性、抗风、抗震性能好,施工简便,维修量小。钢烟囱自重小,有韧性,抗震性能好,适用于地基差的场地,但耐腐蚀性差,需经常维护。钢烟囱按其结构可分为拉线式(高度不超过 50 m)、自立式(高度不超过 120 m)和塔架式(高度超过 120 m)。

就钢筋混凝土烟囱而言,目前中国最高的单筒式烟囱高度为 210 m,最高的多筒式是秦岭电厂 212m 高的四筒式烟囱。现在世界上已建成的高度超过 300 m 的烟囱达数十座,最高的烟囱高达 419.7 m,位于哈萨克斯坦埃基巴斯图滋火力发电厂,如图 4 - 41 所示。

4.6.7　电视塔

电视塔是用于广播电视信号发射传输的高耸结构,有的兼有供人观光的功能。电视塔由塔基、塔座、塔身、塔楼及桅杆等组成。

2010 年落成的广州塔(图 4 - 42)是目前我国最高的电视塔,塔高 600 m,包括塔身主体 450 m、天线桅杆 150 m。该塔采用钢结构外筒和钢筋混凝土核心筒组成的筒中筒结构体系。外框筒由 24 根钢管混凝土柱和 46 个椭圆形钢环梁及钢斜撑组成,塔体由下到上截面由大变小,再由小变大扭转而成,钢管混凝土柱截面由 2 m 渐变到 1.2 m,在空间里呈现出三维的倾斜状态。外筒和核心筒共同支撑起包括观景平台、餐厅、电影院等在内的观光塔功能层。无数网状的空洞让阳光和空气穿透而过,减少了塔身的笨重感和风荷载。

2012 年,日本东京天空树(图 4 - 43)以 634 m 的高度超过广州塔,成为世界上最高的电视塔,该塔建在一个三角形的底座上,呈圆柱形,随着高度上升塔身逐渐变细,顶端呈圆球形。这种类似日本国宝"五重塔"的结构造型，主要是为了有效抵抗地震和强风。整个塔身银中带蓝，高耸云霄，与天空背景浑然一体，非常壮观。

图4-42　广州塔

图4-43　东京天空树

思考题

1.什么叫建筑结构？试列举几种多高层建筑结构形式。

2.简述楼盖结构的概念和常用形式。屋盖结构在做法上与楼盖结构有何异同？

3.钢和混凝土是当代使用最广泛的两种建筑材料，钢结构和混凝土结构各有何优缺点？

4.钢—混凝土组合结构相比钢结构和混凝土结构有何特点？为什么很少有纯粹的组合结构？

5.建筑物和构筑物在概念上有何联系和区别？

第 5 章　道路工程

5.1　道路工程发展概况

中国是一个具有 5000 多年文明历史和灿烂文化的国家，道路交通对于繁荣经济和交流文化，对于维护民族团结和国家统一，都做出了巨大贡献。中国古代道路和桥梁建筑，在世界上都曾处于过领先地位，在世界道路交通史上留下了光辉的篇章。

根据《史记》记载，早在 4000 多年前，中国已经有了车和行车的路。商代（约 1600—1046）开始有驿道传送。西周（约 11046—771）开始了以都市为中心的道路体系，还建立了比较完善的道路管理制度。秦代（约 221—206）修驰道、直道，建立了规模宏大的道路交通网，总里程约 1.2 万多 km。西汉时期（约 206—23）设驿亭 3 万处，道路交通呈现出更加繁荣的景象。特别是连接欧亚大陆的"丝绸之路"的开通，为东西方经济文化交流做出了重要贡献。唐代（618—907）是中国古代经济和文化的昌盛时期，建成了以长安为中心约 2.2 万多 km 的驿道网；到了元、明、清各代（960—1911），道路交通又有所发展。

尽管中国曾经创造了领先于世的古代道路文化，但由于长期的封建制度和近百年帝国主义列强的侵略和掠夺，束缚了生产力的发展，旧中国道路发展十分缓慢，直至 20 世纪 20 年代初，中国公路的兴建才开始有所发展。我国第一条公路（长沙至湘潭）始建于 1913 年，是一条只有 50km 长的低等级公路。到 1949 年新中国成立时，全国共修建了公路 13 万 km，这些公路大多标准很低、设施简陋、路况很差，全国勉强维持通车的公路仅有 8 万 km，全国有 1/3 的县城不通公路，西藏地区没有一条公路。汽车运输到 1949 年全国汽车保有量约 5 万辆，且大多破烂不堪，全国大部分地区主要依靠人力和畜力运输。

1949 年新中国成立以后，工农业生产迅速发展，人民生活逐步提高，尤其是建立和发展了汽车工业和石油工业，使我国的道路交通事业得到快速发展。特别是 1978 年以后，国家坚持以经济建设为中心，开始了建设有中国特色的社会主义的新时期，公路建设开创了崭新的局面，以首都北京为中心、沟通全国各地的国道网和以各大城市为中心的公路网已经形成，到 2012 年底，全国公路通车里程已突破 410 万 km。

1988 年 10 月，沪嘉高速公路建成通车，实现了中国高速公路建设零的突破。2004 年 12 月 17 日，国务院审议通过了《国家高速公路网规划》，包括 7 条首都放射线、9 条南北纵向线和 18 条东西横向线，总规模为 86 601 km。高速公路从无到有，总里程位居全球第二，仅次于美国，到 2012 年底，全国高速公路通车总里程达到 9.6 万 km。高速公路的建设和使用，为汽车快速、高效、安全、舒适的运行提供了良好的条件，标志着我国的公路运输事业和道路修建技术进入了一个崭新的时代，为推动中国现代化建设做出了巨大贡献。中国在公路桥梁、公路隧道的建设能力上领先于世界，并突破了在沙漠、冻土上修筑道路的世界性难题，为青藏铁路的修建提供了有力的技术支持。

5.2 道路在交通运输体系中的地位及运输特点

5.2.1 道路在交通运输体系中的地位

交通运输是国民经济的大动脉，是国民经济发展速度的物质基础。一个完整的交通运输体系由铁路、道路、航空、水路、管道等运输方式构成。它们各具特点，承担着各自的运输任务，又互相联系和互相补充，形成综合的运输能力。铁路运输投资额大，建设周期长，但是运输能力大，速度快，运输成本和能耗都较低，通用性能好，受自然条件的影响也较小，适宜于承担中长距离客货运输和大宗物资的运输。航空运输在快速运送旅客、运载紧急物资方面显示其优越性，适宜于承担大中城市间长距离客运以及边远地区高档和急需物资的运输，但运输成本高，能耗高。水路则以其低廉的运价显示其明显的经济效益。管道运输用于原油、成品油、天然气等输送。

在综合交通运输体系中，道路运输可承担其他运输方式的客货集散与联系，承担铁路、水运、空运等固定线路之外的延伸运输任务；可以深入到城镇、乡村、山区、港口、机场等各个角落，能独立实现"门对门"的直达运输。例如，为了减少运输次数，缩短运输时间，像运输鲜活食品、易腐烂物品时，可以避免多种交通运输环节的转运而采用道路直达运输。

道路运输与其他运输方式的比较如表5-1所示。

表5-1 各种运输方式特性比较表

名称	可达性方便性	安全性	舒适性	运输能力	运输速度（km/h）	能耗	货物	经济运距（km）	投资
铁路	受地形限制	好	好有餐厅	大	160～300	低	集装箱大宗散货	<500	大
道路	门对门直达运输方便	略差	差	中	≤120	中	集装箱散装货物	<200或不限	中
水路	受可通航道和港口限制	好	好，有餐厅游艺室	大	16～30	低	集装箱散装货物	—	小
航空	受机场限制直捷性好	好	中	小	160～1 000	高	贵重货物	500～1 000	大
管道	普及面差	好	—	大	1.6～30	低	油、天然气	—	大

5.2.2 道路运输特点

①机动灵活性大。货物装卸可以实现直达运输，特别是对小于100～200 km的短途运输，可以做到经济可靠、迅速及时。

②覆盖面广，服务功能强。在铁路、道路、航空、水运、管道这几种运输方式中，公路应该是最基本的服务方式。它是这五种运输方式中覆盖范围最广、服务功能最强的一种，其他的运输方式都离不开公路的支持，没有公路，其他运输方式都不能实现其运输功能。飞机不

能开到家里头，火车不能开到家里头，船也不可能开到家里，只有道路才能到家里。

③造价低，投资周转快。道路造价比铁路低，投资少，周转快，效益高。建设厂矿、修建铁路、机场、港口及所有基础设施、生产生活设施，必须先修道路，我国新疆、青海、西藏等地广人稀和铁路较少地区，主要靠公路运输。

④运量大。虽然单车载客载货量较小，但车辆数量多，道路运输客货总运量和总周转量所占比重日益增大，美国客运周转量占各种运输方式总运量的80%左右，我国达60%左右。

5.3 道路的分类与分级

5.3.1 道路分类

道路是提供各种车辆和行人通行的工程设施，按其适用范围分为公路、城市道路、厂矿道路、林区道路及乡村道路等。

①公路：是指连接城市、乡村，为较长距离的客货运输服务的道路。

②城市道路：在城市区域范围内，主要为当地居民生产、工作和生活等活动服务，供车辆和行人通行的道路。城市指直辖市、省辖市、县级市、镇，以及未设镇的县城。

③厂矿道路：在大型工厂、矿山、站场(机场、码头、火车站)等企业场地范围内，主要为满足内部运输要求服务的道路。

④林区道路：建在林区，主要供各种林业运输工具及行人通行的道路。

⑤乡村道路：建在乡村、农场，主要供行人及各种农业运输工具通行的道路。

不同类型的道路，由于运输对象的差异，对运载工具和道路的性能和技术要求也有所不同。同时，这些道路的行政管理分别隶属于不同的管理部门，它们为各种类型的道路分别制定了相应的技术标准、规范、指南和须知等。本教材以介绍公路和城市道路工程为主。

5.3.2 公路的分类与分级

(1)公路分类

在公路交通网中起骨架作用的公路称为干线公路，干线公路分为：

①国道：在国家公路网中，具有全国性的政治、经济、国防意义，并经确定为国家干线的公路。简称国道。

②省道：在省公路网中，具有全省性的政治、经济、国防意义，并经确定为省级干线的公路。简称省道。

③县道：具有全县性的政治、经济意义，并经确定为县级的公路。

④乡道：主要为乡村生产、生活服务并经确定为乡级的公路。

连接地方公路(或支线公路)和干线公路，起着将干线公路的车流分散到各个地区、或将各个地区的车流汇集输送到干线公路的作用，这样的公路称为集散公路。

行程距离较短，交通流量较小，直接为乡村居民交通运输需求服务，延伸到家门口的公路，称为支线公路。

(2)公路分级

我国的公路按使用任务、功能和所适应的交通量分为高速公路、一级公路、二级公路、三级公路、四级公路五个等级，如表5-2所示。

①高速公路为专供汽车分方向、分车道行驶并全部控制出入口的全立交、全封闭、多车道干线公路。

四车道高速公路应能适应按各种汽车折合成小客车的年均日交通量为2.5万~5.5万辆；六车道高速公路为4.5万~8万辆；八车道高速公路为6万~10万辆。

其他公路为除高速公路以外的干线公路、集散公路、地方公路，分四个等级。

②一级公路为供汽车分方向、分车道行驶的并根据需要控制出入口的多车道公路，一般能适应按各种汽车折合成小客车的年均日交通量如下：四车道为1.5万~3万辆，六车道为2.5万~5.5万辆。

③二级公路一般能适应按各种车辆折合成小客车的年均日交通量为0.6万~1.5万辆。

④三级公践一般能适应按各种车辆折合成小客车的年均日交通量为0.2万~0.6万辆。

⑤四级公路一般能适应按各种车辆折合成小客车的年均日交通量为：双车道2 000辆以下；单车道400辆以下。

表5-2 公路分级

等级	高速	一级	二级	三级	四级
设计年限（年）	20	15	15	10	10
设计速度（km/h）	80,100,120	60,80,100	80,60	40,30	20
AADT（辆/日）	25 000 ~ 100 000	15 000 ~ 55 000	6 000 ~ 15 000	2 000 ~ 6 000	400（2 000）
出入口控制	完全控制	部分控制	部分控制或不控制	—	—

注：AADT为标准车的年均日交通量（双向），四级路括号内数字为双向单车道交通量，标准车辆一律用小客车。

5.3.3 城市道路的分类与分级

城市道路按其在城市道路系统中的地位、交通功能分为下述四类：

（1）快速路

城市道路中设有中央分隔带，具有四条以上的车道，全部或部分采用立体交叉与控制出入口，供车辆以较高速度行驶的道路。

快速路完全为交通功能服务，是解决城市长距离快速交通运输的动脉。在快速路两侧不宜设置吸引大量人流的公共建筑物的进出口。两侧建筑物的进出口一般应加以控制。

（2）主干路

在城市道路网中起骨架作用的道路。以交通功能为主（小城市的主干路可兼沿线服务功能）。自行车交通量大时，宜采用机动车与非机动车分隔的形式。主干路上平面交叉口间距以800~1 200 m为宜，以减少交叉口交通对主干路交通的干扰。交通性的主干路解决大城市各区之间的交通联系，以及与城市对外交通枢纽之间的联系。例如北京的长安街是全市性东西向主干路，全线展宽到50~80 m，市中心路段为双向10条车道，设置隔离墩，实行快慢车分流。又如上海中山东一路是一条宽为10车道的客货运主干路。

（3）次干路

是联系主干路之间的辅助性干道，与主干路连接组成道路网，起到广泛连接城市各部分和集散交通的作用。次干路沿街多数为公共建筑和住宅建筑，兼有服务功能。

（4）支路

是次干路与街坊路的连接线，解决地区交通，以服务功能为主。沿街以住宅建筑为主。

城市道路除快速路外，每类道路按照城市规模分为Ⅰ、Ⅱ、Ⅲ级。根据我国国务院城市管理条例规定，城市按照其市区和郊区的非农业人口总数划分为三级：

大城市：人口 50 万以上的城市，采用各类道路中的Ⅰ级标准；

中等城市：人口 20 万以上，不足 50 万的城市，采用各类道路中的Ⅱ级标准；

小城市：人口不足 20 万的城市，采用各类道路中的Ⅲ级标准。

大城市人口多，出行次数多，再加上流动人口数量大，因而客、货运输量比中、小城市大，机动车交通量也较大，所以采用的标准应高些。由于我国各城市所处的位置不同，地形、气候条件等存在着较大的差异，相同等级的城市也不一定采取同一等级的设计标准，应根据实际情况选用，可经过技术经济比较适当提高或降低标准。

城市道路的分类分级如表 5-3 所示。

表 5-3 城市道路分级分类

项目 类别	级别	设计年限（年）	设计车速（km/h）	双向机动车车道数（条）	机动车车道宽度（m）	分隔带设置	横断面形式
快速路		20	80,60	4,6,8	3.75~4	必须设	双、四幅
主干路	Ⅰ	20	60,50	4,6	3.75	应设	双、三、四
	Ⅱ		50,40	≥4	3.75	应设	双、三
	Ⅲ		40,30	4	3.5~3.75	宜设	双、三
次干路	Ⅰ	20	50,40	4	3.75	应设	双、三
	Ⅱ		40,30	4	3.5~3.75	设	单、双
	Ⅲ		30,20	2~4	3.5	设	单、双
支路	Ⅰ	20	40,30	2~4	3.5~3.75	不设	单幅路
	Ⅱ		30,20	2	3.5	不设	单幅路
	Ⅲ		20	2	3.5	不设	单幅路

注：①除快速路外，各类道路依城市规模分为Ⅰ、Ⅱ、Ⅲ级，大城市采用Ⅰ级，中等城市采用Ⅱ级，小城市采用Ⅲ级。

②在该设计年限内车行道的宽度应满足道路交通增长的要求。

③道路宽度均以 m 计。

5.4 道路的组成

道路是主要供汽车行驶的线形工程结构物，由路线、结构物（或构造物）和沿线附属设施三个基本部分组成。

5.4.1　路线

道路路线是指道路在地面上的位置及其三维外貌特征(形状和尺寸)。这些特征包括:

① 横断面:由车道、中间带、路肩、人行道、自行车道、路侧坡面、绿化带、设施带、路界(红线)等部分组成。图 5-1 为一高速公路横断面布置图,图 5-2 为四幅式城市道路横断面布置图。

② 平面:直线、圆曲线、缓和曲线。

③ 纵断面:升坡段和长度、降坡段和长度、竖曲线。

④ 交叉:道路与其他道路及道路与铁路的平面交叉和立体交叉。

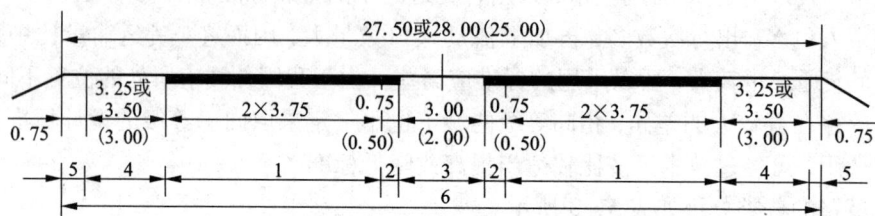

图 5-1　高速公路横断面布置图(尺寸单位:m)

(括号内数字为低限值)

1—行车道;2—左路缘带;3—中间带;4—硬路肩;5—土路肩;6—路基宽

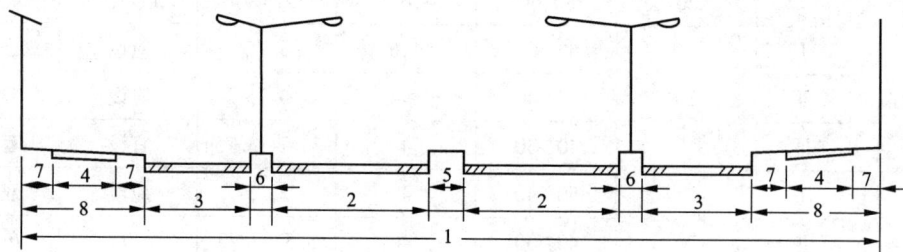

图 5-2　城市道路(四幅式)路横断面布置图

1—路宽;2—行车道(或主道);3—非机动车道(或辅导);4—人行道;

5—中央分隔带;6—两侧分隔带;7—绿化及设施带;8—路侧带

5.4.2　道路结构物

道路结构物(或构造物)是道路的实体和主体,它包括:

① 路基:在地表按道路的线形(位置)和断面(几何尺寸)要求开挖或填筑而成的线形岩土结构物;

② 路面:在路基顶面的行车部分用各种混合料铺筑而成的层状结构物;

③ 涵洞:道路跨越小河、溪流、渠道时的小型横向穿越的排水结构物;

④ 人行通道及人行天桥:供行人及非机动车下穿或上跨道路通行的结构物;

⑤ 桥梁:道路跨越江河、湖泊、海湾、山沟、洼地等时的大、中型纵向跨越结构物;

⑥ 隧道:穿越山脊、地下的构造物;

⑦ 排水设施：为排除路界范围内地表水、地下水、路面结构内部水、构造物表面及内部水而设置的排水结构物。

5.4.3 沿线附属设施

为了保证行车安全、方便驾驶、提供服务、进行管理，在道路沿线设置各种附属设施：

① 交通安全设施：护栏、防眩栏板、反光标志、防护设施(防积雪、积沙、坠石等)；

② 交通管理设施：交通信号、标志、标线、标记、情报板、通信和监视系统；

③ 站场：停车站、停车场；

④ 照明及管线；

⑤ 防噪声墙；

⑥ 服务区：供车辆加油、维修，司乘人员餐饮、休息等；

⑦ 收费站；

⑧ 养护管理用的房屋和场地；

⑨ 绿化。

道路工程的内容是以道路为对象而进行的规划、勘测、设计、施工、养护、管理等技术活动的全过程及其所从事的工程实体的全部。

5.5 道路交叉

道路交叉分为平面交叉和立体交叉两类。道路与道路(或铁路)在同一平面上相交称为平面交叉，即交叉口。利用跨线构造物使道路与道路(或铁路)在不同高程平面上相交称为立体交叉，简称立交。

交叉口是道路网的重要组成部分，各向道路在交叉口相互联结而构成路网，以沟通各向交通。相交道路上的各种车辆和行人在交叉口汇集、转向和穿行，互相干扰或发生冲突，不但造成车速减慢、交通拥挤阻塞，而且容易发生交通事故。据统计，车辆通过信号交叉口的时间延误约占全程时间的31%，发生在交叉口的交通事故约占道路事故总数的35%~59%。因此，可以说交叉口又是道路交通的咽喉。道路的运输效率、行车安全、车速、运营费用和通过能力在很大程度上取决于交叉口的规划和设计。

在道路交通迅速发展和汽车数量急剧增长的情况下，平面交叉已不能适应汽车快速行驶和保证行车安全的需要，因而向空中发展，从空间上来分隔交叉的车流，则显示了特别重要的意义。于是立体交叉就以一种新的交叉形式应运而生，并迅速得到发展。20世纪80年代我国高速公路和控制进出口的汽车专用公路迅速兴起，公路立体交叉也因此迅速发展。

为使交叉口获得安全畅通的效应，必须对交叉口的交通流量进行科学的组织和控制。其基本原则是：限制、减少或消除冲突点，引导车辆安全顺畅合流、分流和交错。方法是从时间和空间上协调好交叉口各向车流的运行，基本途径有：

① 将不同方向的交错车流从时间上进行分离，即采用交通控制的途径；

② 将不同方向的交错车流从空间上进行分离，即采用立体交叉的途径；

③ 将不同方向的交错车流在同一平面内用物理设施分离、限制和引导其行驶路线，即采用渠化的途径。

5.5.1　平面交叉的类型

（1）按交叉形式分类

有十字形交叉、T形交叉、X形交叉、Y形交叉、错位交叉和环形交叉等。如图5-3所示。

十字交叉是常见的交叉口形式，适用于相同或不同等级道路的交叉，构形简单，交通组织方便，街角建筑容易处理。

T形交叉，适用于次干路连接主干路或尽头式干道连接滨河干道的交叉口。

X形交叉为两路斜交，一对角为锐角，另一对角为钝角，转角交通不便，街角建筑难处理，锐角太小时此种形式不宜采用。

Y形交叉是道路分叉的结果。X形和Y形交叉均为斜交路口，其交叉口角度不宜过小，角度<45°时，视线受到限制，行车不安全，交叉口面积需要增大，一般斜交角度宜>60°。

错位交叉是两个相距不太远的T形交叉相对拼接，它由斜交改造而成。

多路交叉是由五条以上道路相交而成的道路路口，又称复合型交叉。道路规划要尽可能避免形成多路交叉，以免交通组织的复杂化。已经形成的多路交叉，可以设置中心岛改为环形交叉，或封路改道，或调整交通将某些道路双向交通改为单向交通。

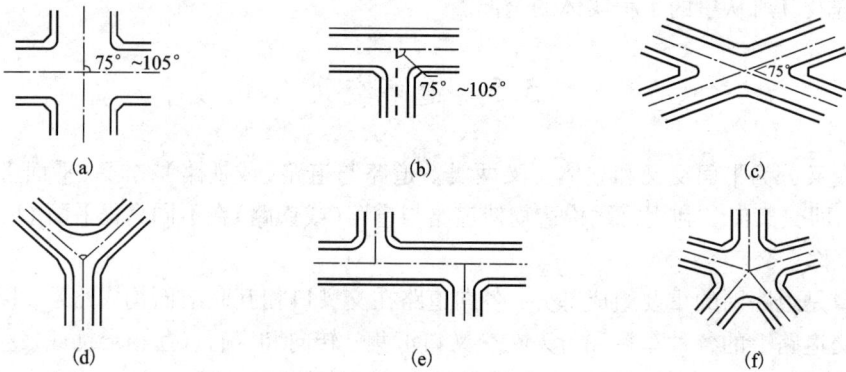

图5-3　平面交叉的形式

(a)十字形；(b)T形；(c)X形；(d)Y形；(e)错位交叉；(f)多路交叉

（2）按有无信号灯管制和左转车行驶方式分类

平面交叉根据有无信号灯管制及左转车行驶方式，可分为：无信号管制交叉口、信号管制交叉口和环形平面交叉口等三种。各类平面交叉适用于路口的高峰小时流量列于表5-4。

表5-4　平面交叉口类别与其适应交通量

平面交叉口类别		适应高峰小时交通量（pcu/h）	相交道路特征
无信号灯管制交叉口		500	支路或小城市
有信号灯管制	简单交叉口	800～3 000	次干路，支路
	分流渠化交叉口	3 000～6 000	主干路、公路
	左转车超前候驶路口[2]	7 300	城市主干路大型交叉口

续表 5－4

平面交叉口类别	适应高峰小时交通量(pcu/h)	相交道路特征
环形交叉口[1.]	2 700	多路交叉,中小城市路口、次要公路

注：①环形交叉口也分无信号灯管制与有信号灯管制,本表指前者。
②左转车超前候驶路口指信号灯管制的大型平交路口,当左转车流量较大时,采取适量左转车越过人行横道停放候驶,以便于超前候驶的左转车在绿灯亮时,赶在对向直行车到达左直冲突点前通过冲突点,从而提高路口通行能力。

不加任何交通管制的交叉口,即为无信号控制交叉口。这类交叉口又分三种：一种为环形交叉方式,另两种为让行交叉与非让行交叉方式。无信号控制的交叉口多用于交通量不大的城市道路路口和大多数公路平交路口。在让行交叉方式下,按我国的交通规则规定：后进入交叉口的车辆应让行先进入交叉口的车辆通过,《公路设计规范》规定,主次道路相交时,次要道路让行主要道路,即在次要道路的交叉口进口处设置"让"或"停"的交通标志,次要道路的车辆缓行或停候,待主线道路车辆间隔允许通过时,方可进入交叉口。当两条道等级接近,也可在各个路口均设"让"或"停"的交通标志,以提醒司机注意,相互谦让,安全通过。相交道路等级均低时采用非让行交叉方式。

信号灯管制的平面交叉口,通常是各向交通流量都很大,设置信号灯或专人指挥交通,从时间上分开不同方向交叉的交通流,这种交叉方式已普遍用于大中城市主要道路交叉口。

环形交叉是一种允许车辆自行调节其在进环、出环和绕行中的位置以实现通过交叉口的形式。由于所有车辆均逆时针绕中心岛单向行驶,可减少冲突点；进环、出环时车流以锐角汇合、分流和交织,可提高交通安全和连续性。

（3）按渠化程度分为：简单交叉、扩宽交叉和渠化交叉

简单交叉是指在交叉口未布设任何渠化设施,适用于交通量很小的支路和街巷交叉。

扩宽交叉常用于交通量较大的交叉口,此处常有信号灯或交通警察指挥交通,为使右转弯车辆在红灯期间可继续通行且不影响直行交通,将路口扩宽、增加一条加(减)速车道以改善交通,如图 5－4 所示。

渠化交通常用于直行或左转弯交通量都很大的交叉口,通过采用交通岛和路面标线方法组织路口交通流,以提高交叉口通行能力和减少交通事故。

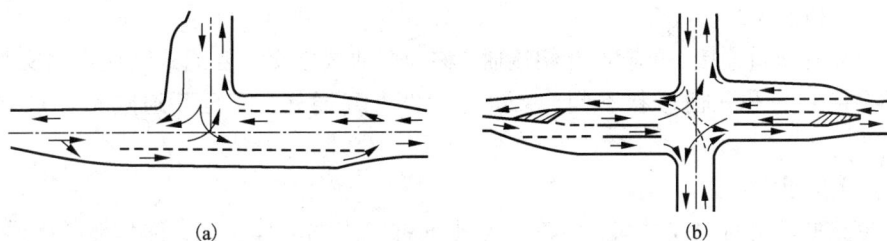

(a)　　　　　　　　　　　　　　(b)

图 5－4　扩宽交叉

5.5.3 立体交叉

1. 立体交叉的组成

立体交叉的主要组成部分如图 5-5 所示。

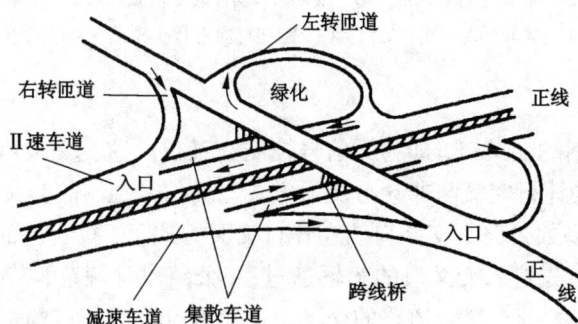

图 5-5　立体交叉的组成

①跨线构造物：它是立体交叉实现车流空间分离的主体构造物，包括设于地面以上的跨线桥(上跨式)以及设于地面以下的地道(下穿式)。

②正线：它是组成立交的主体，指相交道路的直行行车道，主要包括连接跨线构造物两端到地坪高程的引道和交叉范围内引道以外的直行路段。

③匝道：它是立交的重要组成部分，是指供上、下相交道路转弯车辆行驶的连接道，有时包括匝道与正线以及匝道与匝道之间的跨线桥或地道。

④出口与入口：由正线驶出进入匝道的道口为出口，由匝道驶入正线的道口为入口。

⑤变速车道：为适应车辆变速行驶的需要，在正线右侧的出、入口附近设置的附加车道称变速车道。出口端为减速车道，入口端为加速车道。

2. 立体交叉类型

立体交叉有互通式和分离式两大类。

相交道路在空间上完全分离，彼此间无匝道连接，车辆不能相互往来，称为分离式立交。它适用于道路与铁路的交叉、高等级道路不允许相交道路车辆进入的交叉。分离式立交简单，有上跨式和下穿式。

相交道路有匝道连接，车辆可互相流通，称为互通式立交。互通式立交根据交叉处车流轨迹线的交错方式和几何形状不同，又可分为部分互通式、完全互通式和环形立交三种类型。

（1）部分互通式立交

相交道路的车流轨迹线之间至少有一个平面冲突点的立体交叉，称为部分互通式立交。当个别方向的交通量很小或分期修建时，高速道路与次要道路相交或受用地和地形等限制时可采用这种类型的立交。部分互通式立交的代表形式有菱形立交和部分苜蓿叶式立交等。

① 菱形立交：如图 5-6 所示，图中(a)为三路立交，(b)为四路立交。

这种形式的立交能保证主线直行车辆快速通畅，转弯车辆绕行距离较短，主线上具有单一进出口通道，交通标志简单；主线下穿时，匝道坡度便于驶出车辆减速和驶入车辆加速；形式简单，仅需一座桥，用地和工程费用小。但次线与匝道连接处为平面交叉，影响通行能力和行车安全。布设时应将平面交叉设在次线上，主线上跨或下穿视地形和排水条件而定，一般以下穿为宜。次线上可通过渠化或设置交通信号等措施组织交通。

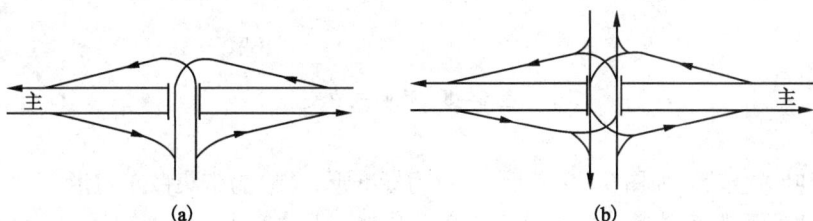

图 5-6 菱形立交

② 部分苜蓿叶式立交：如图 5-7 所示，可根据转弯交通量的大小或场地的限制，采用图示一种形式或其他变形形式。

这三种形式立交的主线直行车快速通畅，单一驶出方式简化了主线上的标志，仅需一座桥，用地和工程费用较小，远期可扩建为全苜蓿叶式立交。但次线上存在平面交叉，有停车等待和错路运行的可能。

布设时应使转弯车辆的出入尽可能少地妨碍主线的交通，最好使每一转弯运行均为右转弯出入，不得已时优先考虑左转出口。另外，交叉口应布置在次线上。

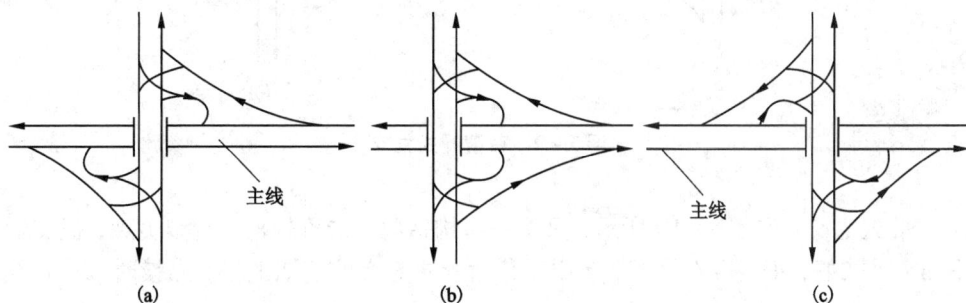

图 5-7 部分苜蓿叶式立交

(2)完全互通式立交

这种立交方式的相交道路的车流轨迹线全部在空间分离，是一种比较完善的立交形式，匝道数与转弯方向数相等，各转向都有专用匝道，适用于高速道路之间及高速道路与其他等级较高道路相交。其代表形式有喇叭形、苜蓿叶形、Y形、X形等。

① 喇叭式立交：如图 5-8 所示，是三路立交的代表形式，可分为 A 式和 B 式。经环圈式左转匝道驶入主线(或正线)。

这种立交除环圈式匝道适应车速较低外，其他匝道都能为转弯车辆提供较高速度的半定向运行；只需一座构造物，投资较少；无冲突点和交织点，通行能力大，行车安全；造型美观，行车方向容易辨别。

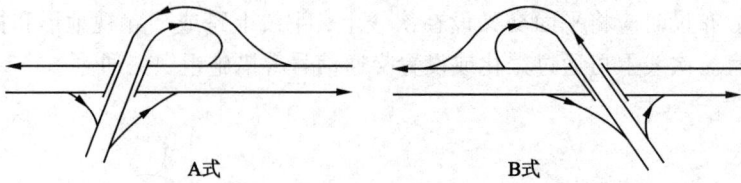

图 5 – 8　喇叭式立交

② 苜蓿叶式立交：如图 5 – 9 所示，（a）为标准形，（b）为带集散车道形。

该立交平面形似苜蓿叶，交通运行连续而自然，无冲突点，可分期修建，仅需一座构造物。这种立交占地面积大，左转绕行距离较长，环圈式匝道适应车速较低，且桥上、下存在交织；多用于高速公路之间的立交，而在城市内因受用地限制很难采用。因其形式美观，如果在城市外围的环路上采用，加之适当的绿化，也是较为合适的。布设时为消除主线上的交织，避免双重出口，使标志简化以及提高立交的通行能力和行车安全，可加设集散车道。

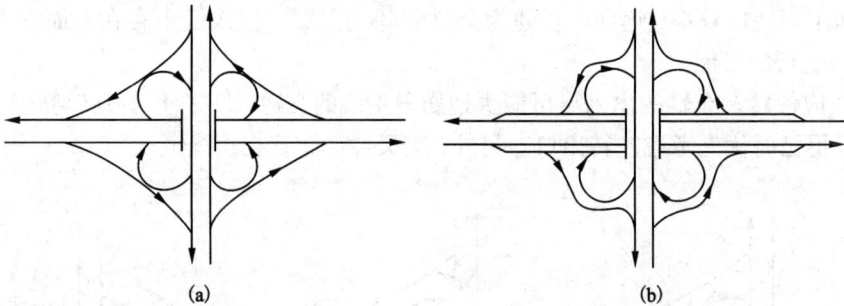

图 5 – 9　苜蓿叶式立交

③ 子叶式立交：如图 5 – 10 所示，只需一座构造物，造价较低，造型美观，但交通运行条件不如喇叭式好，正线存在交织，多用于苜蓿叶式立交的前期工程。布设时以使正线下穿为宜。

④ Y 形立交：如图 5 – 11 所示，图中（a）为定向 Y 形；（b）为半定向 Y 形，其中右下小图为三层式。

能为转弯车辆提供高速的定向或半定向运行；无交织，无冲突点，行车安全；方向明确，路径短捷，通行能力大；正线外侧占地宽度较小，但构造物多，造价较高。

⑤ X 形立交：又称半定向式立交，如图 5 – 12 所示，图中（b）为对角左转匝道拉开布置。

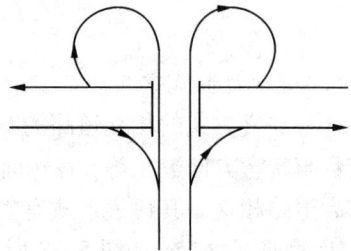

图 5 – 10　子叶式立交

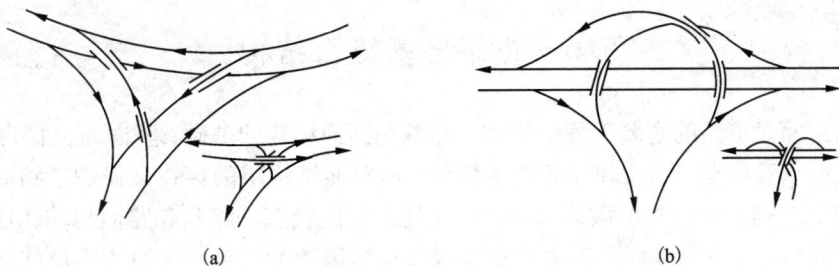

图 5－11　Y 形立交

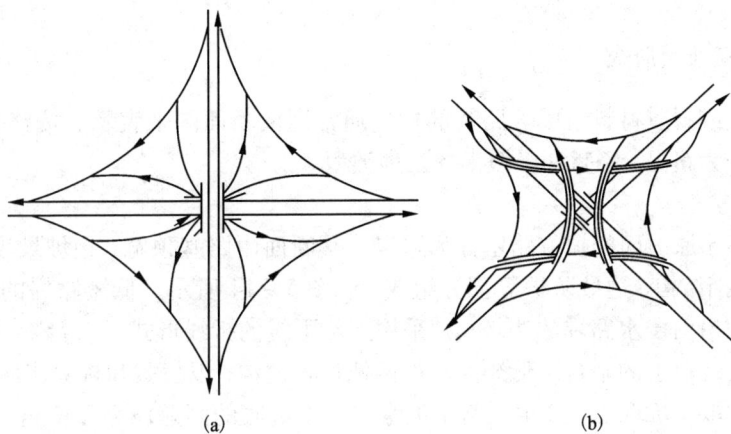

图 5－12　X 形立交

各方向运行都有专用匝道,自由流畅,转向明确;无冲突点,无交织,通行能力大,适应车速高。但占地面积大,层多桥长,造价高,在城区很难实现。

(3)环形立交

相交道路的车流轨迹线因匝道数不足而共同使用,且有交织路段的交叉,如图 5－13 所示,其中(a)、(b)、(c)分别为三路、四路、多路立交。

适用于主要道路与一般道路交叉,以用于五条以上道路相交为宜。这种立交能保证主线直通,交通组织方便,无冲突点,占地较少。但次要道路的通行能力受到环道交织的限制,车速受到中心岛直径的影响,构造物较多,左转车辆绕行距离长。

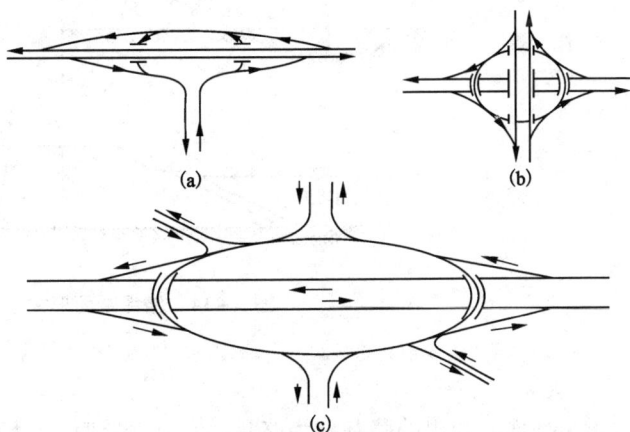

图 5－13　环形立交

5.6 道路路基路面结构

路基和路面是道路的主要工程结构物。路基是路面结构的基础，坚固而又稳定的路基为路面结构长期承受汽车荷载提供了重要的保证，而路面结构层的存在又保护了路基，使之避免了直接经受车辆和大自然的破坏作用，长期处于稳定状态。路基和路面相辅相成，实际上是不可分割的整体，它们共同承受着行车荷载和自然因素的作用，它们的质量好坏，直接影响到道路的使用品质。因此应综合考虑路基路面的工程特点，综合解决两者的工程技术问题。

5.6.1 路基的横断面形式

路基由土质或石质材料组成。路基的构造通常用横断面图来表示。按路基填、挖情况，其断面形式可分为路堤、路堑和半填半挖三种类型。

（1）路堤

路基顶面高于原地面的填方路基称为路堤。其断面由路基顶宽、边坡坡度、护坡道、取土坑、边沟、支挡结构、边坡防护等部分组成，如图 5-14 所示。低矮路堤的边坡采用单坡形式。高路堤和沿河浸水路堤的边坡，则采用上陡下缓的折线形式或者台阶形式，必要时在边坡中部设宽 1 m 以上的平台。低矮路堤的两侧设置边沟，以拦截和排除流向路堤的地表径流。路堤由两侧取土坑取土填筑时，路基边缘与取土坑底的高差应大于 2 m，在路堤坡脚处设置宽 1 m 以上的护坡道。高路堤或浸水路堤的边坡，为防止水流侵蚀和冲刷坡面，须采取适当的边坡防护和加固措施，如铺草皮、砌石等。为收缩高路堤的坡脚以减少填方数量或少占用土地，并稳定路基边坡，可设置支挡结构物。横坡较陡的地面上填筑的路堤，必要时也需设置支挡结构物以防止路提整体下滑。

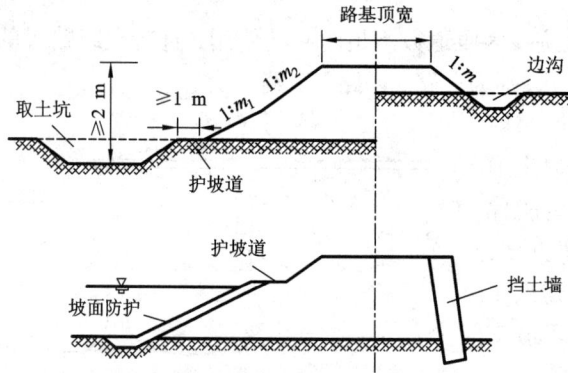

图 5-14 路堤断面形式

（2）路堑

全部由地面开挖出的路基称为路堑。它有全路堑、半路堑（又称台口式路基）和半山峒三种形式，如图 5-15 所示。挖方边坡可视高度和岩（土）层情况设置成直线、折线或台阶式。

挖方边坡的坡脚处设置边沟以汇集和排除路基范围内的地表径流。路堑边坡的上方应设置截水沟以拦截和排除流向路基的地表径流。挖方弃土可堆在路堑边坡坡顶一定距离外。边坡坡面易风化或有碎落物时,在坡脚处设置 0.5 ~ 1.0 m 的碎落平台;坡面一般应采用防护措施。坡体因开挖而可能失稳时,须设置支挡结构物。

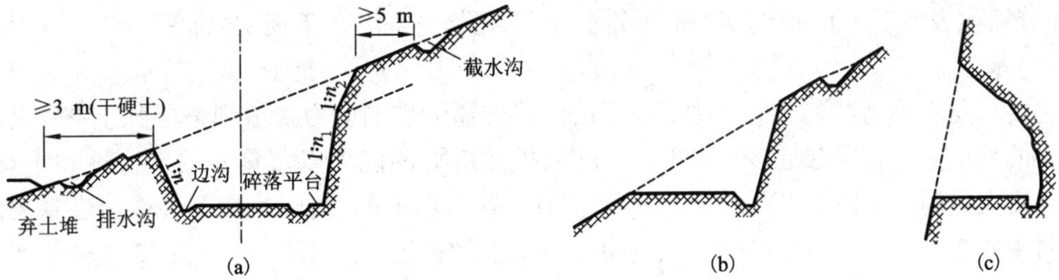

图 5 - 15　路堑断面形式

(a)全路堑;(b)半路堑;(c)半山硐

(3)半挖半填

横断面上部分为挖方、部分为填方的路基称为半填半挖路基,通常出现在地面横坡较陡处,它兼有上述路堤和路堑的构造特点和要求,如图 5 - 16 所示。

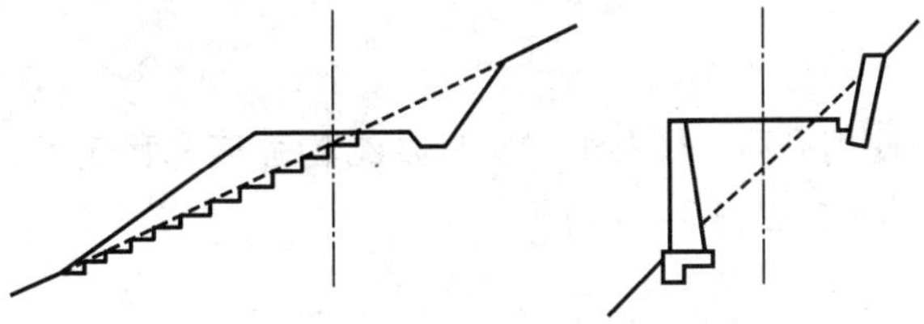

图 5 - 16　半填半挖断面形式

5. 6. 2　路面结构层次与作用

行车荷载和自然因素对路面的影响,随深度的增加而逐渐减弱,因而对路面材料的强度、抗变形能力和稳定性要求也随深度的增加而逐渐降低。因此路面结构是多层次的。按照各层位功能的不同,划分为面层、基层、垫层三个层次,如图 5 - 17 所示。

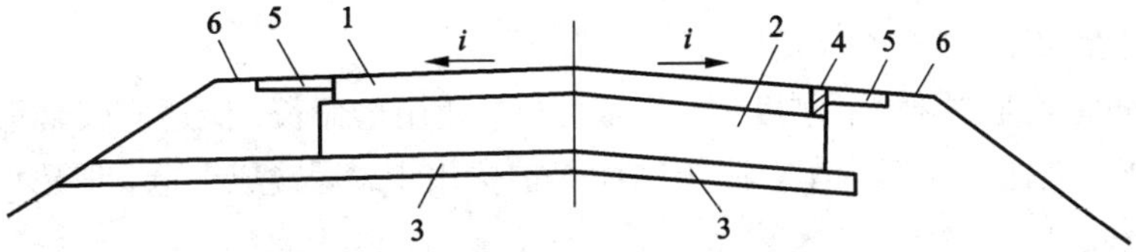

图 5 - 17　路面结构层次划分示意图

1—面层;2—基层(有时包括底基层);3—垫层;4—路沿石;5—硬路肩;6—土路肩

（1）面层

直接与行车和大气接触的表面层次。与基层和垫层相比，承受行车荷载较大的垂直压力、水平力和冲击力的作用，还受降水和气温变化的影响。应具有较高的结构强度、抗变形能力和水温稳定性，耐磨，不透水，表面还应具有良好的平整度和粗糙度。面层材料主要有：水泥混凝土、沥青混凝土、沥青碎（砾）石混合料等。高等级公路及城市道路的面层，通常分两层（分别称表面层、下面层）或三层（分别称表面层、中面层、下面层）铺筑。

（2）基层

主要承受车辆荷载的竖向压力，并把由面层传递下来的应力扩散到垫层和土基，是路面结构中的承重层，应具有足够的强度、刚度和扩散应力的能力以及良好的水稳性和平整度。基层厚度太大时，为保证工程质量，通常分两层或三层铺筑，基层的最下层称为底基层。基层材料主要有：①各种结合料（石灰、水泥、沥青）稳定土或稳定碎（砾）石；②各种工业废渣混合料；③贫水泥混凝土；④各种碎砾石混合料或天然砂砾石。

（3）垫层

介于基层和土基之间，主要作用是改善土基的湿度和温度状况，以保证面层和基层的强度、刚度和稳定性不受土基的水温状况变化造成的不良影响。另一方面是扩散由基层传递来的荷载应力，减少土基变形；同时也可阻止路基土挤入路面基层影响基层结构的性能。通常只在季冻区和水温状况不良路段设置。常用垫层材料有两类：①松散粒料（如砂、砾石、炉渣等）组成的透水性垫层；②水泥或石灰稳定土等铺筑的稳定类垫层。

5.6.3 路面等级

通常按路面面层的使用品质、材料组成类型及结构强度和稳定性，将路面分为高级、次高级、中级、低级四个等级，如表5-5所示。

表5-5 各等级路面所具有的面层类型及其所适用的公路等级

路面等级	面层类型	所适应的公路等级
高级	水泥混凝土、沥青混凝土、厂拌沥青碎石、整齐石块或条石	高速、一级、二级
次高级	沥青贯入碎（砾）石、路拌沥青碎（砾）石、沥青表面处治、半整齐石块	二级、三级
中级	泥结或级配碎（砾）石、水结碎石、不整齐石块、其他粒料	三级、四级
低级	各种粒料或当地材料改善土，如炉渣土、砾石土和砂砾土等	四级

（1）高级路面

高级路面的特点是强度高，刚度大，稳定性好，使用寿命长，能适应较繁重的交通量，路面平整，无尘埃，能保证高速行车。高级路面养护费用少，运输成本低，但建设投资高。

（2）次高级路面

次高级路面与高级路面相比，强度和刚度较低，使用寿命较短，说适应的交通量较小，行车速度也较低，次高级路面的建设投资虽较高级路面低些，但养护费用和运营成本也较高。

（3）中级路面

中级路面的强度和刚度低，稳定性差，使用期限短，平整度差，已扬尘，仅能适应较小的交通量,行车速度低。中级路面的建设投资虽然很低,但是养护工作量大,运输成本也高。

(4)低级路面

低级路面的强度和刚度最低,水稳定性差,路面平整度差,已扬尘,只能保证低速行车,适应的交通量很小。低级路面的建设投资最低,但养护维修的工作量很大,运输成本也最高。

5.7　高速公路

高速公路是专供汽车高速行驶的公路。由于高速公路全线采用中央分隔带分隔对向车流行驶,并设置立体交叉、控制出入口,采用较高的技术标准和完善的交通设施,因此为汽车的高速、安全、便捷的大运量行驶创造了优越的条件。

5.7.1　高速公路的特征

(1)限制交通,汽车专用

高速公路对车种及车速加以限制。规定,凡车速在 50 km/h 以下的车辆不得进入高速公路,我国规定高速公路设计车速一般为 120 km/h。因此,拖拉机及装载特别货物的车辆及非机动车均不得驶入高速公路。

(2)控制交通的出入

为保证高速行车、消除侧向干扰,对于不准车辆进出的路口,均设置分离式立交(下穿路堤的人孔、拖拉机孔或汽车孔)加以隔绝;允许车辆进出的路口,则采用指定的互通式立交匝道连接。对非机动车及人、畜的控制,则主要采取禁入栅、高路堤、护栏等隔离措施将高速公路"封闭",以确保汽车的快速安全行驶。

(3)分隔行驶,安全高速

高速公路采用双幅路横断面的形式,中央设置中间带,将对向车流分隔,从而杜绝对向撞车,既提高车速,又确保安全。对于同向车流,则采用全线画线的方法区分车道,以减少超车和同向车速差造成的干扰。

5.7.2　高速公路的优点

基于上述特征,高速公路具有下列优势:

(1)高速行车

速度是交通运输的主要技术指标。由于高速公路平均车速高达 90～110 km/h,故行驶时间的缩短带来了巨大经济效益和社会效益。德国高速公路每 147 km 平均行驶时间为 1.23 h,比一般国道,其节约时间为 47%,节约燃料为 93%。

(2)通行能力大,运输效率高

一般双车道公路昼夜通行能力为 0.5 万辆,而一条四车道高速公路则为 3.5 万～5.5 万辆/昼夜,六车道和八车道高速公路则高达 8 万～10 万辆/昼夜。可见,高速公路的通行能力是一般公路的几倍至十几倍。通行能力大,运输能力必然提高。如,美国高速公路仅占公路总里程的 1.43%,而其交通量却占总交通量的 21.3%。日本高速公路里程占公路总里程的 0.51%,却承担了 20.2% 的公路总运量。英国高速公路占全公路总里程 0.90%,却承担了全运输量的35%和重型货运量的60%。

（3）交通事故少、安全舒适性好

由于高速公路有严格的管理系统，采用先进的自动化交通监控手段和完善的交通设施，全封闭、全立交，无横向干扰，因此交通事故大幅度下降。据国外资料统计，与普通公路相比，美国高速公路事故率下降56%，英国为62%，日本为89%。另外高速公路的线形标准高、路面坚实平整、行车平稳，乘客不会感到颠簸。

（4）带动沿线地方的经济发展

高速公路的高能、高效、快速通达的多功能作用，使生产与流通、生产与交换周期缩短，速度加快，促进了市场经济的繁荣与发展。实践表明，凡在高速公路沿线，由于交通运输环境改善创造出的有利投资条件，都将很快兴起一大批新兴工业及商贸城市，并使产业结构更趋合理，商品流通费用降低，人民收入增加，这被称为高速公路的"产业信息带"。

5.7.3 高速公路的弊端

（1）占地多，对环境影响大

高速公路用地宽度至少为 30～35 m；六车道为 50～60 m；一座互通式立交用地则高达 4 万～10 万 m^2，高速公路的征地费用约占总投资的1/5。这对于耕地较少的国家，高速公路的修建，对农业造成一定威胁。噪声、废气对环境的污染不可避免。因此，兴建高速公路时，应尽量节约用地。

（2）投资大，造价高

高速公路的投资主要用于征地、筑路、设施等，其中土石方、路面、桥涵及设施等的费用约占80%，征地及赔偿费占20%。

高速公路的平均造价较一般公路高约 10 倍。虽然在今后的运营中可将投资回收，但如果财力所限及筹集资金的困难，只能分步建设。

5.8 高架道路

在现代大城市中，由于交通运输的迅速发展，城市规模的不断扩大，原有街道以及交叉口的日益不相适应，交通成为最突出的问题之一。公共交通在世界许多大城市中以地铁方式开拓地下空间，找到了一些出路。但对于地面交通，除了采取加强旧城道路改造，实施交通管理现代化措施外，在建筑密集、用地紧张、路网加密和道路拓宽难以实现的情况下，也致力于向地上空间发展，因此高架道路便应运而生。

高架道路是用高出地面 6 m 以上（净高加桥梁结构高度）的系列桥梁组成的城市空间道路，与地下道路相比，虽两者均可负担客货运输，能与地面道路衔接，但造价却比地下铁道便宜。现行双向双车道地下道路（如隧道）易撞车，一旦发生交通事故，不安全，难以疏导，地道内空气污染大，并且地下道路难以构成多层互通立交。相比之下，高架道路则视野开阔，空气清新，行车舒适。因此欧美各国在 30 多年前即已开始发展高架道路。日本、中国香港地区也有 20～30 年的经验。我国内地广州于 1987 年 9 月，修建了人民路高架，上海于

1994 年建成内环线浦西段高架道路。

5.8.1 高架道路的优越性

(1)利用现有道路空间增加路网容量

法国有利用不通航的河道上空纵向架起桥墩筑桥成路的实例,我国目前则利用现有道路的中央部分筑起桥墩,在其上空建路,使原四车道的地面道路增至八车道或十车道。高架路占用地面按标准设计,四车道高架占用地面 6 m 宽,六车道高架占用 7 m 宽,六车道高架路起到地面十二车道的作用。

(2)强化快速干线的交通功能,交通分流

高架道路禁止非机动车和行人通行,主要承担经市区的中、长距离过境性客、货交通,它可以从空间上分隔穿越某市区的过境交通与到达某分区的目的地交通(地方交通)。因而得以避免地面道路由于车速差异和转向换车道形成的相互干扰,高架路一般不受红绿灯信号限制(仅在匝道出入地面道路时有红绿灯控制),和其他行驶车辆无干扰,无冲突,是连续运行封闭的汽车专用道路。

(3)提高车速,提高通行能力和运输效率

由于快慢分流,无交叉口横向车流之干扰,设计车速为 60~80 km/h 的高架道路,实际行程速度至少可达 50 km/h,符合快速要求,从而缩短交通时间,提高运输效率。如由上海市区至郊区原来需要 2 h 的,现只需 1 h 可到达。高架快速便捷的交通条件吸引大量车辆上下高架,四车道的高架断面流量达 7 万 Veh/d。

(4)建设周期短、成本低、见效快

相比其他城市快速交通系统如地铁、轻轨来说高架道路具备上述优点。

(5)节约用地,减少对自然环境的破坏

对于高速公路及一般公路的高路堤路段,通过修建高架桥取代高路堤,不仅可以大大节约用地,还可以避免由于填筑高路堤需要大量土石方对沿线自然环境的破坏,其造价也比填筑高路堤便宜。比如填筑 1 km 长 30 m 高的路堤,边坡按 1/1.5 的坡度,路基宽度按 26 m 计,占地宽度不少于 140 m,需填筑的土石方量达 240 万 m³。因此,高架道路不仅广泛用于改善大城市日益拥挤的交通环境,也越来越多的用于高速公路和一般公路的高填方路段。

5.8.2 高架道路的负面影响

(1)景观

高架主线犹如一条灰色的混凝土"龙",纵贯在十分拥挤的交通道路上空,对于其下的行人和车辆产生了压抑感,加之粗短的墩柱体系更令城市空间显得狭隘,破坏了城市干道在空间上的流畅性,虽几经绿化美化,但收效甚微。

因此,建造高架道路对不同城市应有区别,慎重而行,即使需修建也要规划好位置,对于闹市区、商业中心等人流繁忙的路段,则不宜建造。

(2)污染

交通量剧增导致有限空间内机动车行驶所造成的尾气、噪声急剧增加。高架道路下的地面通风不良，废气不易扩散，高架道路开通后，车辆增加，废气量也增加，噪声污染也较无高架道路时严重，地面车辆受高架道路的遮盖，声波折射反射音量加大，而高架道路处由于标高较高，噪音源对高层建筑的距离近，虽然在必要地段设有防音墙，但噪声污染只是对少数层位有所减弱，不能消除。此外高架道路经安装防音墙后，对路边建筑的采光通风有所影响。

思考题

1. 交通运输体系由哪些组成？各有什么特点？
2. 简述道路的分级与分类。
3. 道路的组成部分是哪些？
4. 简述道路交叉类型及各类型交叉的适用条件。

第6章 铁道工程

6.1 铁道的基本组成与发展

铁路是供火车等交通工具行驶的轨道。铁路运输是一种陆上运输方式，以机车牵引列车在两条平行的铁轨上行走。但广义的铁路运输还包括磁悬浮列车、缆车、索道等非钢轮行进的方式，或称轨道运输。

自从1825年英国修建了世界上第一条蒸汽机车牵引的铁路——斯托克顿至达灵顿铁路以来，铁路已有180多年的历史了。铁路的兴起和发展与科学技术和社会的进步密不可分。16世纪中叶，英国开始兴起采矿业，为了将煤炭和矿石运到港口，便铺设了两根平行的木材作为轨道，17世纪时才将木轨换成角铁形的板轨，角铁的一个边起导向作用，以防车轮脱轨，马车则在另一边上行驶。经过多年的不断改进，逐渐形成今日的钢轨。因为现在的钢轨是从铁轨演变而来的，所以世界各国都习惯把它叫做"铁路"。

6.1.1 铁道的基本组成

铁道工程是由轨道、路基、桥梁、隧道构成的异质结构体，将这些结构组成有机整体的是线路。大型桥梁和隧道工程已形成专门的学科领域，铁道工程学科重点研究铁路线路、轨道、路基的设计理论、方法和技术，并研究与桥梁、隧道等基础工程的接口关系。

1. 线路

铁路线路是铁道工程结构体的空间中心定位线，通常用线路平面和纵断面表示。线路平面是指线路中心线在水平面上的投影，表示线路在平面上的具体位置；线路纵断面是沿线路中心线所作的铅垂剖面在纵向展直后，线路中心线的立面图，表示线路起伏情况，其高程为路肩或轨顶高程。铁路线路技术通常是决定列车行车安全、平顺和旅客舒适度的关键因素。

2. 轨道

轨道位于路基、桥梁和隧道等基础设施之上，是直接供列车行驶的部分，包含钢轨、轨枕、道床、道岔等，它直接影响着列车的安全和速度。作为一个整体性工程结构，轨道铺设在路基之上，起着列车运行的导向作用，直接承受机车车辆及其荷载的巨大压力。在列车运行的动力作用下，它的各个组成部分必须具有足够的强度和稳定性，保证列车按照规定的最高速度，安全、平稳和不间断地运行。中国铁路轨道以往主要采用43 kg/m、50 kg/m钢轨，每节钢轨长度为12.5 m或者25 m；现在为了适应提速高速、重载运输的要求，逐步采用了60 kg/m、75 kg/m钢轨无缝线路。

3. 路基

路基，顾名思义就是铁路线路的基础，是为了满足轨道铺设和运营条件而修建的土工构筑物。它承受来自轨道、机车车辆及其荷载的压力，所以必须填筑坚实，经常保持干燥、稳固和完好状态，并尽可能保证路基面的平顺，使列车能在允许的弹性变形范围内，平稳安全运行。所谓"坚实",是指路基土石方要有足够的密实度;而"稳固"则指路基边坡、基床和基底要长期保持固定。

由于天然地面不可能同所需的线路高程相符,这就必须修建路堤、路堑以及支挡结构,并应设置排水系统。路基,以往是用人力来填挖,路堤是依靠常年的自然沉降而渐趋密实,路堑是依靠放缓边坡求稳定。现在,路基施工可以机械化施工,填土也可以用机械压实。支挡结构可以多种多样,铁路若不得已而必须经过软土、膨胀土、黄土、冻土及坍塌、岩堆、岩溶等不良地质地带,需采取相应的加固整治措施。

6.1.2 世界铁路发展简史

铁路是现代文明的一项巨大工业成就,它随科学技术的不断发展而发展。当19世纪20年代世界上随着铁轨和蒸汽机车这两种主要设备的发明及人们将两者配合运用的时候,世界铁路史的第一页被揭开,其发展过程大体上可划分为四个阶段。

1. 初建时期

世界铁路的产生和发展是与科学技术进步和大规模的商品生产分不开的。1804年英国人特雷维西克试制了第一台行驶于轨道上的蒸汽机车。1825年9月27日,世界上第一条行驶蒸汽机车的永久性公用运输设施,英国斯托克顿至达灵顿的铁路正式通车了。铁路及火车一经发明,便以其迅速、便利、经济等优点,深受人们的重视,除了在英国全面展开铁路的铺设工程外,其他欧美比较发达的资本主义国家竞相仿效。世界主要国家铁路相继修通的年份如表6-1所示。从表中可见,铁路在不长的时间内得到了较快发展。自1825年开始到1860年间,世界铁路已修建了10.5万km。

表6-1 世界主要国家铁路通车年份

国名	修通年份	国名	修通年份	国名	修通年份	国名	修通年份
英国	1825	加拿大	1836	瑞士	1844	埃及	1855
美国	1830	俄国	1837	西班牙	1848	日本	1872
法国	1832	奥地利	1838	巴西	1851	中国	1876
比利时	1835	荷兰	1839	印度	1853		
德国	1835	意大利	1839	澳大利亚	1854		

2. 筑路高潮时期

在资本主义国家,铁路是资本家赚钱牟利的工具,形成盲目修建、剧烈竞争的局面。自1870年到1913年第一次世界大战前,铁路发展最快,每年平均修建2万km以上;主要资本主义国家,大部分投资用于修建铁路,大量钢材用于轧制钢轨,如美国从1881年到1890年的10年间,每年平均建成1万km铁路,1887年一年就建成20 619 km铁路。世界铁路营业里程到1870年为21.0万km,1880年为37.2万km,1890年为61.7万km,1900年为79.0万km,1913年为110.4万km。铁路的绝大部分集中在英、美、德、法、俄五国。19世纪末叶,帝国主义为了掠夺和侵略落后国家,开始在殖民地、半殖民地国家修建铁路。

3. 基本稳定时期

第一次世界大战后到第二次世界大战前的 20 多年间，主要资本主义国家的铁路基本停止发展。而殖民地、半殖民地、独立国、半独立国的铁路则发展较快，到 1940 年世界铁路营业里程达到 135.6 万 km。

第二次世界大战中，西欧各国的铁路受到战争破坏，直至 1955 年前后才恢复旧貌。战后，公路和航空运输发展较快，主要资本主义国家的铁路与公路、航空的竞争更为剧烈，铁路客货运量的比重日益减少。很多铁路无利可图、亏损严重。不少国家不得不将铁路收归国有，美、英、德、法、意等国相继封闭并拆除铁路。

自 20 世纪 30 年代到 60 年代初，一方面资本主义世界的铁路营业里程有所萎缩，另一方面亚、非、拉与部分欧洲国家的铁路营业里程有所增长，所以世界铁路营业里程基本保持在 130 万 km 左右。

4. 现代化时期

20 世纪 60 年代末期，世界铁路的发展又开始复苏，特别是 70 年代中期世界能源危机，环境污染等问题的出现，因为铁路能源消耗较飞机、汽车低，噪声污染小，运输能力大，安全可靠，作为陆上运输的骨干地位被重新确认，很多国家都确定以电力牵引作为铁路的发展方向。近 50 年期间，先进技术得到广泛采用，如牵引动力的改革、集装箱和驮背运输的发展。通信信号的改进，轨道结构的加强，以及管理自动化的迅速发展。更值得注意的是高速铁路方兴未艾，重载运输日新月异。

1964 年日本建成东京到大阪的东海道高速铁路新干线，实现了与航空竞争的预期目的，客运量逐年增加，利润逐年提高。对亏损严重的资本主义国家铁路，提供了一种解脱困境、可借鉴的出路。于是自 60 年代末，很多资金充裕、科技先进的国家，纷纷兴建新线和改建旧线，以实现 250～300 km 的时速。

传统的黏着铁路只能达到 450 km 左右的时速，要实现更高的速度需要采用磁悬浮技术。日本和德国的磁悬浮铁路技术比较先进，日本计划在东京至大阪间修建时速为 500 km 的超导磁浮铁路，德国计划于柏林至汉堡间修建时速为 450 km 以上的常导磁浮铁路。我国西南交通大学已于 20 世纪 90 年代研制出载人的常导磁浮车，1998 年与四川省合作计划在都江堰青城山下修建 2.0 km 长的常导磁浮线。

重载铁路近 30 年发展甚快，美国、加拿大、澳大利亚等国，采用同型车辆固定编组，循环运转于装卸点之间，称为单元重载列车。前苏联除积极发展重载列车外，还大量开行两列甚至三列合并运行的组合列车，在不需要普遍延长站线的情况下，提高铁路的输送能力。

据世界银行数据，截至 2010 年年底，世界铁路营业里程已达到 169.27 万 km，铁路营业里程最长的 5 个国家是：美国 22.85 万 km，中国 9.1 万 km(不包括中国香港和中国台湾地区的铁路)，俄罗斯 8.53 万 km，印度 6.40 万 km，加拿大 5.83 万 km。

6.1.3 中国铁路的发展

1. 开创时期(1876—1893)

大约在 1840 年鸦片战争前后，有关铁路信息和知识开始传入中国。当时中国的爱国有志之士林则徐、魏源、徐继畬等人先后著书立说，介绍铁路知识。中国有铁路始于清朝末期，然而清政府腐败、保守、专制，唯祖宗之规是从，不肯接受新生事物。他们把修建铁路、应用蒸汽机车视为"奇技淫巧"，认为修铁路会"失我险阻，害我田庐，妨碍我风水"，因而顽固地拒绝修建铁路。

中国土地上出现的第一条铁路是 1876 年由英国的怡和洋行在华修建的吴淞铁路。5 年后，在清政府洋务派的主持下，于 1881 年开始修建唐山至胥各庄铁路，从而揭开了中国自主修建铁路的序幕。但由于清政府的昏庸愚昧和闭关锁国的政策，到 1894 年，近 20 年的时间里仅修建约 400 km 铁路。

中国第一条自己修筑的铁路是詹天佑主持修建的京张铁路(现京藏铁路)。京张铁路连接北京丰台，经居庸关、沙城、宣化至河北张家口，全长约 201.2 km，于 1909 年建成，是中国首条不使用外国资金及人员，由中国人自行完成，投入营运的铁路。

2. 缓慢发展时期(1894—1948)

1894 年，清政府在中日甲午战争中战败后，八国联军攫取中国的铁路权益。10 000 多 km 的中国路权被吞噬和瓜分，形成帝国主义掠夺中国路权的第一次高潮。随后，它们按照各自的需要，分别设计和修建了一批铁路，标准不一，装备杂乱，造成了中国铁路的混乱和落后局面。在清政府时期(1876—1911)修建铁路约 9 400 km。其中帝国主义直接修建经营的约占 41%；帝国主义通过贷款控制的约占 39%；国有铁路，包括中国自力更生修建的京张铁路和商办铁路及赎回的京汉、广三等铁路仅占 20% 左右。

辛亥革命后，袁世凯在 1912 年宣布"统一路政"，解散了各省商办铁路公司，把各省已经建成和正在兴建的铁路全部收归国有，用以抵借外债，因而形成了帝国主义掠夺中国路权的第二次高潮。从 1912 年到 1916 年各国夺得的路权共达 1.3 万多 km。北洋政府时期(1912—1927)，在关内修了约 2 100 km 铁路。

1928 年，南京国民党政府执政以后，主要是以官僚买办资本与帝国主义垄断资本"合资"方式修建铁路，从而出现了帝国主义掠夺中国路权的第三次高潮。南京国民党政府时期(1928—1948)，在中国大陆上共修建铁路约 1.3 万 km。

3. 抢修和恢复铁路运输生产时期(1949—1952)

1949 年 10 月 1 日中华人民共和国成立后，1949 年一年共抢修恢复了 8 278 km 铁路。到 1949 年年底，全国铁路营业里程共达 21 810 km，客货换算周转量 314.01 亿 t·km。

1952 年 6 月 18 日，满州里至广州间开行了第一列直达列车，全程 4 600 多 km，畅通无阻。到 1952 年年底，全国铁路营业里程增加到 22 876 km，客货换算周转量达 802.24 亿 t·km。

4. 中国铁路网骨架形成期(1953—1978)

从 1953 年开始，国家进入有计划发展国民经济的时期。到 1980 年年底铁路经过了五个"五年计划"的建设，取得了辉煌的成绩。

5. 改革开放新的发展时期(1979 年以来)

中国共产党十一届三中全会以后，国家拨乱反正，出现了伟大的历史转折，国家工作的重点转移到社会主义现代化建设上来，并提出"调整、改革、整顿、提高"方针，铁路工作又逐步恢复和发展，到 1980 年底铁路营业里程达 49 940 km，全国铁路网骨架基本形成，客货换算周转量达 7 087 亿 t·km。

1982 年指出"铁路运输已成为制约国民经济发展的一个重要原因"，提出"北战大秦，南攻衡广，中取华东"的战略。到 1985 年年底，全国铁路营业里程达 52 119 km，客货换算周转量突破 1 万亿 t·km。

2008 年 10 月 31 日，讨论并原则通过了《中长期铁路网规划》的调整，明确了我国铁路网中长期建设目标：到 2020 年，全国铁路营业里程达到 12 万 km 以上，主要繁忙干线实现客货分线，复线率和电气化率分别达到 50% 和 60% 以上，运输能力满足国民经济和社会发展需要，主要技术装备达到或接近国际先进水平。

到 2012 年年底，全国铁路"营业"里程达到 9.8 万 km，居世界第二位，高铁运营里程达到 9 356 km，居世界第一位，一个横贯东西、沟通南北、干支结合的具有相当规模的铁路运输网络已经形成并加快完善步伐。其中中国高速铁路的发展显得尤其耀眼。

6.1.4 铁路运输的地位

20 世纪 80 年代以前，在铁路、公路、水运、民航和管道五种运输方式中，铁路基本处于垄断地位。自 80 年代起，国民经济迅猛发展，交通运输全面紧张，公路和民航发展很快，铁路客运被大量分流，铁路的垄断地位已被削弱。

在综合交通运输体系中，五种运输方式应当发挥各自的优势，协调发展，共同为国民经济持续、稳定、快速发展服务。铁路运输能力大，运输成本低，是中长距离客货运输的主力，在地区间物资交流和大宗货物运输中具有明显优势，是我国陆上运输的骨干。我国应重点发展铁路运输，这是因为：

(1)我国疆域辽阔，人口众多，且处于小康水平，中长距离的出行，需要运力大、运费低的铁路运输。

(2)我国东部工业发达，中西部资源丰富，形成了北煤南运、西煤东运，南粮北调、西棉东调等大宗货物长距离运输的格局，只有铁路才能承担这样繁重的运输任务。

(3)我国还处于社会主义初级阶段和工业化前期，决定了运输物品多为煤炭、矿产品、原材料和粗加工的大宗货物，量大而价低，为了减少销售成本中的运费支出，必将选择运费低廉，安全可靠的铁路运输。

6.2 高速铁路

高速铁路是指通过改造既有线路，使运营速度达到 200 km/h 以上，或者专门修建新的"高速新线"，使运营速度达到 250 km/h 以上的铁路系统。

6.2.1 高铁主要优势

1. 载客量大

高速铁路的优点是载客量非常大。虽然高速铁路的速度比不上飞机，但在距离稍短的旅程(650 km 以下)，高速铁路因为无须到通常较远的机场登机，也不需要候机、行李托运，故仍较省时。由于高速铁路的班次安排可较为频密，其总载客量亦远高于民航。

2. 输送能力大

输送能力大是高速铁路主要技术优势之一。如日本东海道新干线高峰期平均每小时发车达 11 列，两个半小时的运行路程中，每天通过的列车达 283 列，每列车可载客 1 200 ~ 1 300 人，年均输送旅客达 1.2 亿人次。

3. 速度快

速度是高速铁路技术水平的最主要标志，各国都在不断提高列车的运营速度。法国、日本、德国、西班牙和意大利高速列车的最高运营时速分别达到了 300 km，300 km，280 km，270 km 和 250 km。如果做进一步改善，运营时速可以达到 350～400 km。除最高运营速度外，旅客更关心的是旅行时间，而旅行时间是由旅行速度决定的。以北京至上海为例，在正常天气情况下，乘飞机的旅行全程时间（含市区至机场、候检等全部时间）为 5 h 左右，如果乘最快的高速铁路列车，全程旅行时间不到 5 h，与飞机相当。

4. 安全性好

高速铁路由于在全封闭环境中自动化运行，又有一系列完善的安全保障系统，所以其安全程度是任何交通工具所无法比拟的。自日本高速铁路问世 48 年以来，只发生过两次事故。这是各种现代交通运输方式所罕见的。

5. 正点率高

高速铁路自动化控制，可全天候运营，除非发生地震。若装设挡风墙，即使在大风情况下，高速列车也只减速行驶而无须停运。1997 年东海道新干线列车平均晚点只有 0.3 min，高速列车极高的准时性深得旅客信赖。正点率高也是高速铁路深受旅客欢迎的原因之一。

6. 舒适方便

高速铁路一般每 4 min 发出一趟列车，日本在旅客高峰时每 3.5 min 发出一列客车，旅客基本上可以做到随到随走，不需要候车。为方便旅客乘车，高速列车运行规律化，站台按车次固定化等。这是其他任何一种交通工具无法比拟的。高速铁路列车车内布置非常豪华，工作、生活设施齐全，座席宽敞舒适，走行性能好，运行非常平稳。减震、隔音，车内很安静。乘坐高速列车旅行几乎无不便之感，无异于愉快的享受。

7. 能源消耗低

如果以"人/公里"单位能耗来进行比较的话。高速铁路为 1，则小轿车为 5，大客车为 2，飞机为 7。高速列车利用电力牵引，不消耗宝贵的石油等液体燃料，可利用多种形式的能源。

8. 环境影响轻

当今，发达国家对新一代交通工具选择的着眼点是对环境影响小。高速铁路符合这种要求，明显优于汽车和飞机。

9. 经济效益好

高速铁路投入运行以来，备受旅客青睐，其经济效益也十分可观。日本东海道新干线开通后仅 7 年就收回了全部建设资金，自 1985 年以后，每年纯利润达 2 000 亿日元。德国 ICE 城市间高速列车每年纯利润达 10.7 亿马克。法国 TGV 年纯利润达 19.44 亿法郎。

6.2.2 世界高速铁路的发展

自 1964 年日本建成世界上第一条高速铁路——东京至大阪高铁。40 多年来，高速铁路从无到有，迅速发展。高速铁路作为一种安全可靠、快捷舒适、运载量大、低碳环保的运输方式，已经成为世界交通业发展的重要趋势。

1964 年 10 月 1 日，世界第一条高速铁路——日本东海道新干线投入运营，全长 515.4 km，最高运行速度 210 km/h。东海道新干线开创了高速铁路的新纪元，创造了世界上铁路与航空竞争中首次取胜的实例，日本誉之为"经济起飞的脊骨"。

20 世纪 60 年代至 80 年代末，是世界高速铁路发展的初始阶段。在这期间建设并投入运营的高速铁路有：日本的东海道、山阳、东北和上越新干线；法国的东南 TGV 线、大西洋 TGV 线；意大利的罗马至佛罗伦萨线以及德国的汉诺威至维尔茨堡高速新线，高速铁路总里程达 3 198 km。这期间，日本建成了遍布全国的新干线网的主体结构，在技术、商业、财政以及政治上都取得了巨大的成功。

20 世纪 80 年代末至 90 年代中期，由于日本等国高速铁路建设取得了巨大成就，世界各国对高速铁路投入了极大的关注并付诸实践。欧洲的法国、德国、意大利、西班牙、比利时、荷兰、瑞典和英国等最为突出，1991 年瑞典开通了 X2000 摆式列车；1992 年西班牙引进法、德两国的技术建成了 471 km 长的马德里至塞维利亚高速铁路；1994 年英吉利海峡隧道把法国与英国连接在一起，开创了第一条高速铁路国际连接线；1997 年，从巴黎开出的"欧洲之星"列车又将法国、比利时、荷兰和德国连接在一起。在这期间，日本、法国、德国以及意大利对发展和完善高速铁路网也进行了周密和详尽的规划，对原有高速铁路网进行了大规模扩建。

20 世纪 90 年代中期至今，高铁建设涉及亚洲、北美、大洋洲以及整个欧洲，形成了世界交通运输业的一场革命性的转型升级。中国、俄罗斯、韩国、中国台湾、澳大利亚、英国、荷兰等国家和地区都先后开始了高速铁路的建设。为了配合欧洲高速铁路网的建设，东部和中部欧洲的捷克、匈牙利、波兰、奥地利、希腊以及罗马尼亚等国家正在进行既有线铁路改造，全面提速。对高速铁路开展前期研究和初步实践的国家还有土耳其、中国、美国、加拿大和印度等。

据国际铁路联盟最新统计，截至 2011 年年底，世界高铁累计通车里程为 17 166 km，全世界共有 14 个国家和地区分别已开通高铁（包括既有线改造提速至时速为 200 km/h 的铁路），它们分别是日本、法国、西班牙、意大利、德国、荷兰、比利时、英国、瑞典、美国、俄罗斯、韩国、中国和中国台湾省。

英国、荷兰、比利时高铁，均为法国北方高铁（欧洲之星线）的延伸线，分别里程均不到 100 km。瑞典为首都斯德哥尔摩至哥得堡的老线改为摆式后的提速线；俄罗斯在西门子公司支持下，改造提速了莫斯科至圣彼得堡的老线；美国的阿西乐线亦为东北波士顿至华盛顿铁路的改造提速线。中国目前已占全世界高铁通车里程的 57.03%。

6.2.3　中国高速铁路的发展

中国在高速铁路领域的发展较世界上部分发达国家晚，起步较其晚了 20 ~ 30 年，但自 21 世纪以来发展迅速。中国对高速铁路的研究实际始于 20 世纪 90 年代初，当时京沪高速铁路正处于构思阶段。1990 年铁道部完成了《京沪高速铁路线路方案构想报告》并提交全国人大会议讨论，这是中国首次正式提出兴建高速铁路。在第八个"五年计划"期间，也开始着手进行高速铁路的前期研究，但实质性的进展不大。

1998 年 5 月，广深铁路电气化提速改造完成，设计最高时速为 200 km/h，为了研究通过摆式列车在中国铁路既有线实现提速至高速铁路的可行性，同年 8 月广深铁路率先使用由瑞典租赁的 X2000 摆式高速动车组。由于全线采用了众多达到国际先进水平的技术和设备，因此当时广深铁路被视为中国由既有线改造踏入高速铁路的开端。1998 年 6 月，韶山 8 型电力机车于京广铁路的区段试验中时速达到了 240 km/h，创下了当时的"中国铁路第一速"，是中国第一种高速铁路机车。

由于高速铁路具有输送能力大、速度快、运输效率高等特点，而中国铁路此时面临的主要问题是客运速度慢、运输能力严重不足，因此高速铁路越来越受到重视。在中国第九个"五年计划（1996—2000）"期间进行的三次中国铁路大提速的基础上，铁道部随后制定了《"十五"期间铁路提速规划》，正式将高速铁路建设列入规划，《规划》提出：到"十五"末期，初步建成以北京、上海、广州为中心，连接全国主要城市的全路快速客运网，总里程达 16 000 km；客运专线旅客列车最高时速达到 200 km 及以上，实现高速铁路、部分繁忙干线客货分线；而用于高速铁路车辆的交流电传动、动车组技术研究也同步进行，并开展时速 270 km/h 高速动车组（DJJ2）的研制。

然而，中国第一条真正意义上的高速铁路，是在 2002 年建成运营的秦沈客运专线。全线设计时速达到 200 ~ 250 km/h，同年"中华之星"电力动车组在秦沈客运专线创造了当时"中国铁路第一速"的 321.5 km/h，轰动一时。而现在秦沈客运专线已经成为京哈线的区间段。

2004 年 1 月，国务院批准中国第一个《中长期铁路网规划》，正式宣布规划建设里程超过 1.2 万 km 的客运专线，客车速度目标值达到每小时 200 km 及以上，以及三个地区的城际客运系统（环渤海地区、长江三角洲地区、珠江三角洲地区）。自规划实施后，大批高速铁路相继上马开工建设，包括温福铁路、合宁铁路、武广客运专线、京津城际铁路等。

在 2007 年实行的中国铁路第六次大提速，中国首次在各主要提速干线（如京哈线、京广线、京沪线、京九线、陇海线、胶济线等）大规模开行时速高达 200 ~ 250 km/h 的中国铁路高速（CRH）动车组列车，达到了目前世界上既有线提速改造的先进水平。2008 年 8 月，中国首条设计时速达 350 km/h 的高速铁路——京津城际铁路通车运营。此后，石太、温福、武广、郑西、福厦等一系列高速铁路建成通车。

2007 年起铁道部开始对《中长期铁路网规划》调整方案进行研究，并于 2008 年 11 月正式发布《中长期铁路网规划（2008 年调整）》。新方案将客运专线规划目标由 1.2 万 km 调整为 1.6 万 km，并将城际客运系统由环渤海城市群、长江三角洲城市群、珠江三角洲城市群扩展到长株潭城市群、成渝城市群、中原城市群、武汉城市圈、关中城镇群、海峡西岸城市群等经济发达和人口稠密地区。

中国高铁在近几年发展迅速，取得了举世瞩目的成就。高铁缩短了旅客旅行时间，产生了巨大的社会效益；对沿线地区经济发展起到了推进和均衡作用；促进了沿线城市经济发展和国土开发；沿线企业数量增加使国税和地税相应增加；节约能源和减少环境污染。随着中国高铁的相继投入运营，不同城市间的同城效应愈发显现。

6.3　重载铁路

6.3.1　国际重载运输协会

国际重载运输协会（IHHA，International Heavy Haul Association），是一个全球性的非政府科学技术组织，1986 年在美国密苏里州注册成立。国际重载运输协会的成员为国家铁路、地方铁路及私有铁路和铁路组织，现有澳大利亚、巴西、加拿大、中国、印度、南非、俄罗斯、瑞典/挪威和美国 9 个会员国，2001 年以欧洲铁路为主体的国际铁路联盟（UIC）以团体名义加入 IHHA，成为团体理事成员。1982 年 9 月在美国召开的第二届国际重载铁路大会上通过决议，决定成立国际重载运输委员会；1984 年成立了国际重载运输委员会，当时的成员有中国、美国、澳大利亚、加拿大和南非 5 个国家；1986 年在加拿大召开的第三届国际重载铁路大会上，将国际重载运输委员会更名为国际重载运输协会。

国际重载运输协会致力于在重载铁路运营、维护、技术方面，追求卓越化，主张通过重载解决运输能力问题，并推进国际铁路以及其成员之间在重载技术上的合作和交流。国际重载运输协会通用语言为英语，决策机构为协会理事会，理事会由会员国代表组成，理事会选举产生理事会主席、副主席，任命首席执行官及其他工作人员。

国际重载运输协会基本每四年举行一次大会，每两年举行一次专家技术会议，每年举行一次理事会年会。至今已在澳大利亚、美国、加拿大、中国、南非、巴西等国举办了九届国际重载铁路大会，第十届将于 2013 年在印度举办。中国承办了 1993 年第五届和 2009 年第九届国际重载运输大会以及 2000 年国际重载运输理事会。

6.3.2 重载铁路标准

世界各国的铁路由于运营条件、技术装备水平不同，采用的重载列车型式和组织方式也各有特点。国际重载运输协会先后于 1986 年、1994 年和 2005 年制定和修订了重载铁路标准。

1986 年，国际重载运输协会制定重载铁路标准是至少满足下列三个条件中的两项：
①列车重量至少达到 5 000 t；
②轴重 21 t 及以上；
③单线年运量 2 000 万 t 及以上。

1994 年，国际重载运输协会修订的重载铁路标准是至少满足以下三个条件中的两项：
①列车重量至少达到 5 000 t；
②轴重 25 t 及以上；
③在长度至少 150 km 的线路区段上单线年运量至少达到 2 000 万 t。

2005 年，国际重载运输协会又修订标准，对新申请加入国际重载运输协会会员国的重载铁路标准是至少满足下列三个条件中的两项：
①列车重量不小于 8 000 t；
②轴重（计划轴重）在 27 t 及以上；
③在长度至少 150 km 线路区段上单线年运量不低于 4 000 万 t。

目前，我国大秦、朔黄等线路满足国际重载协会 2005 年的第一和第三项标准。京广、京沪、京哈等线路满足 1994 年的第一和第三项标准。

6.3.3 重载列车主要模式

世界铁路重载列车主要有三种模式：
①重载单元列车：列车固定编组，货物品种单一，运量大而集中，在装卸地之间循环往返运行。以北美（美国和加拿大）为代表，包括巴西、澳大利亚和南非等国，在重载运输专线上均开行重载单元列车；我国在大秦线使用 C63，C70，C76，C80 等车辆开行这种重载列车。
②重载组合列车：两列或两列以上列车连挂合并，使列车的运行时间间隔压缩为零。这

种列车以俄罗斯为代表，我国大秦线开行的 $4 \times 5\,000$ t 和 $2 \times 10\,000$ t 列车为这种重载列车。

③重载混编列车：单机或多机重联牵引，由不同型式和载重的货车混合编组而成。列车在运输途中可以根据实际需要进行改编，因此具有更大的通用性。我国京沪、京广、京哈等长大干线开行的 $5\,500 \sim 5\,800$ t 货物列车属于这种重载模式。

6.3.4 世界铁路重载运输概况

铁路重载运输因其运能大、效率高、运输成本低而受到世界各国铁路的广泛重视，特别是在一些幅员辽阔、资源丰富、煤炭和矿石等大宗货物运量占有较大比重的国家，如美国、加拿大、巴西、澳大利亚、南非等，发展尤为迅速。目前，铁路重载运输在世界范围内迅速发展，被国际公认为铁路货运发展的方向。

世界铁路重载运输是从 20 世纪 50 年代开始出现并发展起来的。第二次世界大战后的经济复苏以及工业化进程的加快，对原材料和矿产资源等大宗商品的需求量增加，导致这些货物的运输量增长，给铁路运输提出了新的要求，而大宗、直达的货源和货流又为货物运输实现重载化提供了必要的条件。铁路部门从扩大运能、提高运输效率和降低运输成本出发，也希望提高列车的重量。同时，铁路技术装备水平的不断提高，又为发展重载运输提供了技术保障。

从 20 世纪 50 年代起，一些国家铁路就有计划、有步骤地进行牵引动力的现代化改造，先后停止使用蒸汽机车，新型大功率内燃和电力机车逐步成为主要牵引动力。由于内燃、电力机车比蒸汽机车性能优越，操纵便捷，采用多机牵引能获得更大的牵引总功率，这为大幅度提高列车的重量提供了必需的牵引动力，从而以开行长大列车为主要特征的重载运输开始出现。但这一时期的重载技术尚不配套，长大列车货车间的纵向冲动、车钩强度、机车的合理配置、同步操纵及制动等技术问题都没有得到很好的解决。

20 世纪 60 年代中后期，重载运输开始取得实质性进展，并逐步形成强大的生产力。美国、加拿大及澳大利亚等国铁路相继在运输大宗散装货物的主要方向上开创了固定车底单元列车循环运输方式，而且发展很快。美国 1960 年只有 1 条固定的重载单元列车运煤线路，年运量不过 120 万 t；而到 1969 年，重载煤炭运输专线增加到 293 条，运量占铁路煤炭运量的近 30%。前苏联在 20 世纪 60 年代末为解决线路大修对运输的干扰，在通过能力紧张的限制区段组织开行了将两列普通货车连挂合并的组合列车，这种行车组织方式后来成为提高繁忙运输干线区段能力的重要措施。

南非铁路在 20 世纪 60 年代末开始引进北美重载单元列车技术，并从 70 年代开始在其窄轨运煤和矿石的线路上，逐步把列车重量提高到 5 400 t 和 74 00 t，并不定期开行总重 11 000 t 的重载列车。巴西铁路是从 20 世纪 70 年代中期开始，通过借鉴、引进北美和南非的技术，开行重载单元列车。另外，德国、波兰、瑞典、印度等国，也根据各自国家的具体情况和实际需要，开行了重量和长度都超过普通列车标准的重载列车。

20 世纪 80 年代以后，由于新材料、新工艺、电力电子、计算机控制和信息技术等现代高新技术在铁路上的广泛应用，铁路重载运输技术及装备水平又有了很大提高。特别是在大功率交流传动机车，大型化、轻量化车辆，同步操纵和制动技术等方面有了新的突破，极大地促进了重载运输的发展。

目前，国外重载列车实际运营中的牵引重量一般为 1 万 ~4 万 t，加拿大典型单元重载列车编组为 124 辆货车，牵引重量为 16 000 t；南非锡申—萨尔达尼亚铁矿石运输专线，开行重载列车的平均牵引重量为 25 920 t；澳大利亚纽曼山重载铁路列车的编制通常为 320 辆货车，牵引重量在 37 500 t；2004 年巴西 CVRD 铁矿集团经营的卡拉齐重载铁路上，开行重载列车的平均牵引重量已达 39 000；美国最大的一级铁路公司联合太平洋铁路(UP)经营的铁路里程为 54 000 km，其所有列车的平均牵引重量已达 14 900 t，一般重载列车的牵引重量普遍达到 2 万～3 万 t，其复线年货运量在 2 亿 t 以上。

6.3.5 中国铁路重载运输概况

在相当长的一段时间里，我国铁路运力不足，技术装备总体水平不高，运能与运量持续增长不相适应的矛盾十分突出，严重制约了国民经济的发展。从 20 世纪 80 年代起，我国铁路为扭转运输紧张和滞后的被动局面，瞄准世界铁路科技发展前沿，学习和借鉴国外经验，根据我国铁路运营特点和实际需要，在货物运输方面把发展重载运输作为主攻方向，把研究和采取开行不同类型的重载列车运输方式作为铁路扩能、提效的重要手段。经过近 30 年的努力，我国铁路重载技术水平得到很大提高，已跻身世界先进行列。回顾我国铁路重载运输的发展，大致经历了四个阶段，并相应开行了三种模式的重载列车。

1. 第一阶段(1984—1986)：改造既有线、开行重载组合列车

经国务院批准，1984 年 11 月 7 日，铁道部成立了重载组合列车开行试验领导小组，具体领导和布置重载组合列车的开行工作。首先选择了晋煤外运的北通道——丰沙大线作为试点，以尽快扩大雁北地区煤炭运输能力。1984 年 11 月，北京铁路局在大同—秦皇岛间进行了双机牵引 7 400 t 的重载组合列车的试验，从大同西场出发，直达秦皇岛东站，卸后原列空车返回。车辆使用 C61 缩短型的敞车和装有配套制动技术的新型 C62A 型车辆，并采取了高磨合成闸瓦、闸瓦间隙自动调整、空重车位自动调整、103 型制动阀、液动轴承及 13 号车钩等多项当时的新技术。针对煤炭货源、货流的特点，采取了"五固定"的运输组织方式，即：固定机车、固定车底、固定到发站、固定运行线、固定货物品类(煤炭)，进行循环拉运。通过一系列的运营试验，1985 年 3 月 20 日起正式开行，每日 1 对。从 5 月 1 日开始，每日 5 对。1986 年 4 月 1 日正式纳入列车运行图，每天开行 6 对。

为了扩大重载组合列车的开行范围，1985 年铁道部决定在沈山线试验开行非固定式的重载组合列车(不受车底、车型、钩型及制动机型的限制)。试验成功后，8 月起在山海关至沈阳间下行方向正式开行 7 000 t 的重载组合列车。1986 年 4 月 1 日起纳入列车运行图，每日开行 5 列。1985 年 7 月，北京局与济南局配合，在石太、石德、津浦线(大郭村—济南西站)也试验开行了非固定式的组合列车。试验成功后，于 1985 年 10 月 11 日起每天开行 1 列。郑州局相继在平顶山至武汉(江岸西站)间，隔日开行 1 列双机牵引 6 500 t 的重载组合列车。上海、济南局也相继在徐州北至南京东站间每日开行 1 对双机牵引 7 000～8 000 t 的重载组合列车。

2. 第二阶段(1985—1992)：新建大秦铁路、开行重载单元式列车

为了促进山西煤炭能源基地的开发和建设，增加晋煤的外运通道，扩大"三北"地区煤炭运输的能力，20 世纪 80 年代中期至 90 年代初，我国自行设计和修建了第一条大(同)—秦(皇岛)双线电气化重载运煤专线。

大秦线是我国自行设计和新建的第 1 条双线电气化重载单元列车运煤专线，全长 653 km，是借鉴北美、加拿大、澳大利亚等国开行重载单元列车的经验而修建的。1990 年 6 月 5

日在大秦线上试验开行了第一列由两台 SS3 型电力机车牵引 120 辆煤车、全长 1 630 m、重量达 10 404 t 的重载列车。1992 年 12 月 21 日大秦线全线开通后，基本上采取开行重载单元列车模式，列车重量为 6 000 ~ 10 000 t。2002 年大秦线达到了 1 亿 t 年运量的目标，全年完成煤炭运量 10 340 万 t。

3. 第三阶段(1992—2002)：改造繁忙干线、开行 5 000 t 级重载混编列车

为缓解京沪、京广、京哈等繁忙线的运输紧张状况，铁道部决定从 1992 年起，通过调整机车类型和延长车站到发线有效长至 1 050 m，开行 5 000 t 级重载混编列车。1992 年 8 月，先后在京沪线徐州北—南京东、京广线石家庄—郑州北间试验，成功开行了总重 5 134 t(2 台 ND 5 型机车牵引)和 5 119 t(2 台北京型机车牵引)的重载混编列车。从 1993 年 4 月 1 日起，在京沪、京广线一些区段开行 5 000 t 重载列车正式纳入列车运行图。此后，经过实际运行试验，在 1997 年 4 月 1 日实施的运行图中，京哈线也安排了开行 5 000 t 重载列车固定运行线。至此，我国铁路三大主要繁忙干线都开行了 5 000 t 级重载混编列车。

4. 第四阶段(2003 至今)：大秦线开行 2 万 t 级列车、提速繁忙干线开行 5 500 ~ 5 800t

2006 年 3 月 28 日在大秦线正式开行了 2 万 t 重载组合列车，使我国铁路重载运输技术水平跨入了世界先进行列。大秦线 2 万 t 重载列车长度超过 2.6 km，编组采用"121"模式，具体标准是列车头部有 1 台机车，编组 102 辆货车车辆，中部有一组由 2 台机车组成的重联机车，再编组 102 辆货车车辆(车辆数会随实际情况变化)，列车尾部还有 1 台机车，总共 4 台机车挂载 204 节车辆，其中，列车头部的机车为主控机车，中间和尾部的机车为从控机车。大秦线运量从 2002 年 1 亿 t,2005 年 2 亿 t,2007 年 3 亿 t,2008 年 3.4 亿 t,2010 年 4 亿 t,到 2011 年 4.4 亿 t,不断创造了重载铁路年运量的世界纪录。

我国铁路在不断提高大秦线运输能力的同时，也不断提高繁忙列车的牵引重量。2007 年 4 月 18 日，全国铁路第六次大面积提速后，京沪、京广、京哈等繁忙提速干线将线重载列车牵引重量由 5 000 t 提升到了 5 500 ~ 5 800 t,进一步提高了繁忙干线的运输能力。

6.4 城市轨道交通

6.4.1 国外城市轨道交通发展概况

1863 年英国伦敦建成了世界上第一条地下铁道。19 世纪末 20 世纪初，世界大城市曾经掀起一阵地铁建设热潮。20 世纪上半叶，由于世界经济大萧条和两次世界大战，地铁建设跌入了低谷，莫斯科是第二次世界大战前修建地铁的少数城市之一。第二次世界大战结束后，随着经济复苏，世界各国又出现了新的地铁建设高潮。150 年来，城市轨道交通建设仍能保持持续发展，特别是在汽车越来越多、道路越来越拥堵、环境问题日益严重的今天，建设城市轨道交通已经成为解决大城市交通问题的有效手段，也成为现代化城市的重要标志。

据不完全统计，目前国外 40 多个国家的 127 个城市总共有约 5 243 km 的城市轨道交通运营线路，平均年客运量约 230 亿人次，平均日客运量约 6 000 万人次。东京轨道交通的客运量占公共交通客运量的 94%,伦敦占 89%,维也纳占 88%,纽约占 68%,巴黎占 65%。如表 6 - 2所示，在世界发达国家和地区的大城市中，轨道交通在城市公共交通中名副其实地起到了骨干作用。

6.4.2 我国城市轨道交通发展概况

我国城市轨道交通的建设起步较晚。北京地铁虽然于20世纪50年代就开始筹划，但直到1969年才建成通车，前后用了十几年时间。上海地铁筹划基本上与北京同步，但正式开工建设已是30年后的事了。20世纪90年代继北京、上海之后，广州、南京、深圳、武汉、重庆等城市都获批轨道交通建设。"十二五"期间城市轨道交通的建设规模为2 380 km，总投资约为12 350亿元。目前，长春、大连、武汉、杭州、哈尔滨、苏州、青岛、长沙、无锡、福州、东莞、宁波、济南、厦门、成都、天津、常州、郑州、南昌、南宁、太原、石家庄、兰州、沈阳等城市的城市轨道交通规划获得国家发展与改革委员会批复，处于建设过程中。

表6-2 国外部分大城市和香港的轨道交通承担客运量情况

城市	首条线路 建成时间	数量 （条）	总长 （km）	车站总 座数	客运量 （亿人次/年）	轨道交通 比率（%）	其他公交 比率（%）
莫斯科	1935.05.15	12	278	171	26	49	51
东京	1927.12.30	12	237	196	25	94	6
纽约	1904.10.27	26	421	468	15	68	32
墨西哥	1969.09.04	11	202	—	15	—	—
巴黎	1908.07.19	14	211	380	12	65	35
大阪	—	8	130	122	10	—	—
圣彼得堡	—	4	99	58	8	—	—
伦敦	1863.01.10	12	410	273	8	89	11
汉城	—	9	250	260	8	43	57
柏林	1902	—	—	—	—	54	46
维也纳	—	—	—	—	—	88	12
香港	1979.10.01	9	168	80	6	33	67

6.4.3 城市轨道交通的分类

1. 按运能分类

地铁和轻轨都属于城市轨道交通，其区别在于客运量的大小。

从理论上讲，客运量大，车辆相对长大，车辆的轴重自然较大，则需要用较重的钢轨；反之，客运量小、车辆相对短小、车辆轴重也就较轻，可以用较轻的钢轨，这就是"轻轨"一说的由来。

轻轨轴重一般在14 t以下，地铁的轴重在16 t左右。

根据《城市轨道交通工程项目建设标准》(JB104—2008)，城市轨道交通工程的建设规模按远期单向客运能力（断面运量）划分为三个运量等级和规模，即高运量、大运量和中运量。

高运量——4.5万~7.0万人次/h。

大运量——2.5万~5.0万人次/h。

中运量——1.5万~3.0万或1.0万~2.0万人次/h。

2. 按走行方式分类

城市轨道交通按走行方式可分为：普通轮轨式，磁悬浮式，独轨式，而独轨式又可分为跨座式和悬挂式，如图6-1，图6-2，图6-3，图6-4所示。

图6-1　普通轮轨式

图6-2　中低速磁悬浮

图6-3　跨座式独轨系统

图6-4　悬挂式独轨系统

3. 按敷设方式分类

城市轨道交通线路的敷设一般分为高架、地面和地下三种方式。其中高架线和地下线为全封闭式，地面线一般为半封闭式。

高架线，如图6-5所示，线路敷设在高架桥梁上。如武汉轨道交通1号线、上海城轨3号线都是利用拆除废弃的老铁路，在原路基上修建高架线路。北京城铁13号线大部分采用高架方式。

图 6-5　高架线

图 6-6　地面线

地面线，如图 6-6 所示，线路敷设在地面上，如上海地铁 1 号线的新龙华站以南和北京城铁 13 号线回龙观站以东地段。市郊线和城际线郊外段多采用地面线，以降低工程造价。

地下线，如图 6-7 所示，线路敷设在隧道里。如北京、上海、广州等城市轨道交通线路大部分均为地下线。地下线基本不占用地面空间，不影响城市景观，无噪声污染，但工程造价较高。

图 6-7　地下线（北京奥运支线北土城站和森林站）

城市轨道交通线路采用什么敷设方式，决定于城市道路条件、周围建筑物、人口密度、建设环境和资金情况，应该因地制宜地规划和设计。一般来说，无论轻轨还是地铁，在市区中心宜采用地下线，线路两端靠近郊区可采用高架线或地面线。

6.4.4 城市轨道交通的优越性

1. 城市轨道交通的优越性

(1)安全

城市轨道交通线路或深埋地下，或高架空中，即便行驶于地面也是全封闭的。每条轨道交通线路都采用双线独立运营。因此，其运营十分安全。

(2)正点

由于采取独立运营和立交方式，最大限度地避免了交通事故和交通阻塞，因此能确保行车的正点率在98%以上。

(3)快速

一般城市轨道交通车辆的设计构造速度为80 km/h，旅行速度在35~40 km/h。而地面公交车辆的旅行速度很难确保达到25 km/h。

(4)舒适

车站和车厢里四季如春的小气候、柔和的色彩、明亮的灯光、优雅的环境给人以宾至如归的感觉。

(5)节能

每一单位运输量的能源消耗量，城市轨道交通系统仅为公共汽车的3/5，私人用车的1/6。

(6)环保

现代城市轨道交通是以电为能源，所以在行驶中不排放废气、废液，对周围环境的有害影响小，如表6-3所示。

(7)运能大

一条城市轨道交通线相当于一条16车道道路的旅客输送能力。

(8)用地省

城市轨道交通线路占地仅为公路的1/8。

表6-3 各种交通方式能源消耗和环境污染比较

比较项目	市郊铁路	航空	城市道路	城市轨道交通
能源消耗	1.0	5.3	4.6	0.8
人均CO_2排放量	1.0	6.3	4.6	1.0
人均噪声污染	1.0	1.5	0.7	0.4

2. 城市轨道交通存在的问题

(1)高造价

在众多优点的背后，城市轨道交通潜在的问题是高造价和高投入，以致一般城市在经济上承受不起。20世纪80年代末，上海地铁的造价为6亿元/km(人民币，下同)，到90年代初，广州地铁的造价达到7亿元/km以上。建一条地铁要花上百亿元，费用的30%~40%是用于购买国外的车辆和机电设备。

（2）低效益

城市轨道交通在高投入的同时并不能带来较高的经济效益。城市轨道交通是以社会效益为主的基础设施工程，世界上只有少数几个城市的城市轨道交通是盈利的。其盈利并不在于城市轨道交通的车票收入，而在于与城市轨道交通密切相关的房地产等的综合物业开发。所以在城市轨道交通的早期设计阶段就要做好相关物业的规划，并争取与城市轨道交通建设同步实施。

综观城市轨道交通的优缺点，其"以人为本、服务大众"的优点是主要的，而其缺点将随着新的规划、设计、建设理念的引入，工程技术的创新，先进经营管理体制的建立而得到逐步改善和克服。

6.4.5 城市轨道交通工程的项目组成

城市轨道交通工程项目的组成可分为工程基本设施和运营设备系统两大类。

1. 工程基本设施

城市轨道交通工程基本设施主要包括轨道、路基、隧道、桥梁、车站、主变电站、控制中心和车辆基地八大项。

2. 运营设备系统

城市轨道交通运营设备系统主要包括：车辆、供电、通风、空调、通信、信号、自动扶梯、防灾报警、屏蔽门、自动售检票、监控设施和给排水及消防等。

6.5 磁浮铁路

磁浮铁路也称磁浮轨道交通，是依靠直线电机驱动、磁力悬浮、电磁导向的一种铁路方式。

6.5.1 发展概况

世界上多个国家进行了磁浮铁路的开发、研制工作，但取得实质性成果并得到应用的国家只有日本、德国、英国和中国。

1. 日本

1962年，日本开始磁浮铁路的研究工作。1972年日本国铁推出第一辆短定子直线电机驱动的ML100磁浮试验车，1977年建成第一条7 km长的宫崎试验线，采用长定子直线电机驱动、低温超导技术的ML500试验车创造了517 km/h的当时世界陆路交通最高试验记录。1980年研制成功采用侧壁悬浮方式的MLU001，并开始在改造后的宫崎试验线上运行。1993年山梨磁浮试验线18.4 km先导段建成，1997年MLX01试验车开始进行超高速试验运行，并创造了552 km/h的当时陆路轨道交通最高速度纪录。2003年采用新型试验车（MLX01 - 901）再一次以581 km/h的速度刷新了新的世界纪录，如图6 - 8所示。

在发展高速磁浮技术的同时，日本航空公司自1972年以来一直致力于中低速常导磁浮铁路（HSST）的研究，并于1975年研制成功HSST - 01型磁浮试验车辆。1988年成立中部HSST开发公司后，在1.5 km长的名古屋大江试验线上试验了多种类型车辆，最终选定了应用型HSST - 100系统。1999年，名古屋东部丘陵线开工建设，2005年爱知世博会开幕前投入商业运营，取得了良好的效果，如图 6-9 所示。

图 6-8　日本超导超高速磁浮 MLX 及山梨试验线 　　图 6-9　日本中低速磁浮 HSST 及东部丘陵线

2. 英国

英国于 20 世纪 60 年代末，在英国铁路协会（BR）的支持下开展磁浮铁路研究。1974 年，英国在德比中心 100 m 长的线路上成功地完成了低速磁浮车辆走行试验，试验车辆采用短定子直线电机驱动，长 3.5 m、重 2.7 t。英国在德比建造了一条 620 m 长的磁浮铁路线，于 1984 年投入载客运营。列车采用电磁悬浮方式，运行速度可达 54 km/h，如图 6-10 所示。

伯明翰磁浮铁路曾是世界上第一个投入实际应用的客运磁浮铁路。由于该系统故障率高、备件供应困难、距离短、效益低等原因，伯明翰磁浮铁路于 1996 年关闭停运。英国的磁浮铁路实际上没有发展成为有市场价值的商业应用系统。

3. 德国

1922 年德国工程师赫尔曼·肯佩尔（Hermann Kemper）首次考虑将磁浮技术应用到铁路交通，并于 1934 年获得了制造磁浮铁路的基本专利，次年他以 156 kg 浮力的试验模型证实了电磁悬浮的可行性。

1969 年德国克劳斯—马非 Krauss-Maffei 公司制造了一个重 80 kg、采用短定子直线感应电机驱动的磁浮车辆模型，后来德国把它命名为 TR01（Transrapid 01）。之后该公司研制了 TR02、TR04 两个磁浮试验车。1974 年年底，克劳斯—马非公司和 MBB 航空公司联合起来，于 1979 年在汉堡国际交通展上推出了采用长定子直线同步电机驱动、独立悬浮控制的 TR05 磁浮车辆。1983 年德国研制成功了面向应用的原型车 TR06，并在刚建成的 TR 高速磁浮铁路试验线——埃姆斯兰试验线进行试验。1988 年蒂森—海斯彻 Thyssen-Henschel 公司研制成功面向应用的 TR07 磁浮列车，1993 年 TR07 的载人试验速度达到 450 km/h。1999 年投入试验的 TR08 列车是超高速磁浮准商业运行车型。2002 年 12 月采用德国 TR08 技术的世界上第一条商业运营的超高速磁浮铁路在我国上海正式开通运营，如图 6-11 所示，超高速磁浮列车最高运行试验速度达到 501 km/h，最高运营速度为 430 km/h。

图 6 – 10　英国伯明翰中低速磁浮铁路

图 6 – 11　上海机场线(常导超高速磁浮铁路)

4. 中国

我国磁浮铁路的研究始于 20 世纪 80 年代，开始时主要集中在中低速常导磁浮技术上。北京控股磁悬浮技术发展有限公司与国防科技大学合作，已在唐山机车车辆厂内建成了一条约 2 km 试验示范线并成功运行，如图 6 – 12 所示。

2001 年上海磁浮线首次引进了超高速磁浮铁路技术。上海磁浮线采用了德国 TR08 系统，从浦东国际机场至龙阳路地铁站，全长 33 km。

6.5.2　悬浮、导向原理

磁浮铁路从悬浮机理上可分为电磁悬浮和电动悬浮。

图 6 – 12　唐山中低速磁浮试验线

1. 电磁悬浮

电磁悬浮 EMS(Electro Magnetic Suspension)就是对车载的、置于导轨下方的悬浮电磁铁(或永久磁铁加励磁控制线圈)通电励磁而产生电磁场，电磁铁与轨道上的铁磁性构件(钢质导轨或长定子直线电机定子铁芯)相互吸引，将列车向上吸起悬浮于轨道上，电磁铁和铁磁轨道之间的悬浮间隙(称为气隙)一般约 8 ~ 10 mm。通过控制悬浮电磁铁的励磁电流来保证稳定的悬浮气隙。TR 和 HSST 系统就采用了这种电磁悬浮原理，如图 6 – 13、图 6 – 14 所示。

德国 TR 系统由专门的悬浮和导向电磁铁分别提供列车运行所需的悬浮力和导向力，以保证列车运行轨迹。日本 HSST 系统没有设置专门的导向电磁铁，悬浮电磁铁除提供悬浮力外，利用电磁铁自复位特性提供列车运行所需要的导向力。

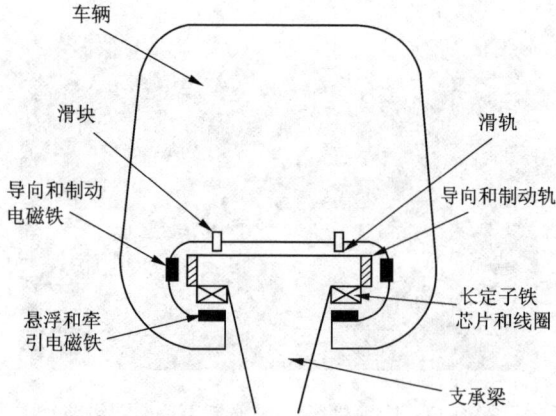

图 6 – 13　德国超高速磁浮铁路 TR 系统原理图

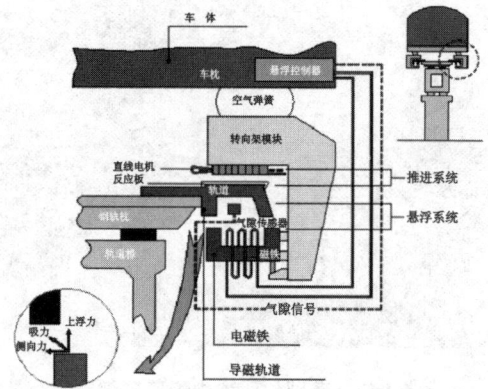

图 6 – 14　日本中低速磁浮铁路 HSST 系统原理图

2. 电动悬浮

电动悬浮 EDS(Electro Dynamic Suspension)就是当列车运动时，车载磁体(一般为低温超导线圈或永久磁铁)的运动磁场在安装于线路上的悬浮线圈中产生感应电流，两者相互作用，产生一个向上的磁力将列车悬浮于路面上一定高度(一般为 10 ~ 15cm)。与电磁悬浮相比，电动悬浮系统在静止时不能悬浮，必须达到一定速度(约 120 km/h)后才能起浮。电动悬浮系统悬浮气隙较大，不需要对悬浮气隙进行主动控制。日本 MLX 超导高速磁浮铁路采用了电动悬浮原理，如图 6 – 15 所示。

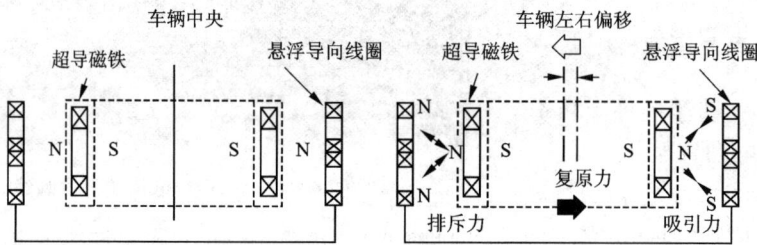

图 6 – 15　日本超导高速磁浮铁路 MLX 悬浮、导向原理图

6.5.3　磁浮铁路主要技术优势

1. 速度高

超高速磁浮列车运营速度可达到 430 ~ 550 km/h，在 1 000 ~ 2 000 km 左右的中远程线路上，乘坐超高速磁浮列车旅行所耗用的时间比乘坐飞机所用的总旅行时间要少，填补了高速铁路与航空运输之间的速度断挡。

2. 选线灵活

磁浮铁路利用电磁作用来实现车辆的起动、牵引、制动以及走行，不受轮轨黏着限制，理论上限制坡度可以达到 100‰。磁浮铁路由于不存在轮轨接触，不会脱轨，也不会对轨道造成磨耗，因而可以采用较大的外轨超高或横向坡度值，从而实现小半径曲线。在困难地段可以使线路较好地适应地形、地物，节省工程造价。

3. 对环境影响较小

磁浮铁路通过无接触方式实现支承、导向、起动、制动和供电，避免了车轨界面的接触，不产生机械噪声。在相同速度下，磁浮铁路的噪声比轮轨铁路噪声要低得多。磁浮铁路的强磁场存在于车辆与线路界面的间隙处，对人体的影响来自从间隙处泄漏的磁通量。采用电磁悬浮系统 EMS 的磁浮铁路(TR、HSST)由于气隙很小，且磁力线通过间隙闭合，故磁通的泄漏量很少，在车内测得的电磁污染远低于家用电器，污染强度非常低。

4. 安全性能好

采用电磁悬浮系统的磁浮列车和轨道梁之间相互抱合，即使较大的超高也不会发生脱轨或脱线。先进的运行控制系统能够保证每一段长定子范围内同方向只有一列车运行，防止了列车相撞和追尾事件的发生。冗余措施能保证在外部电网发生故障时，列车能借助自身动能，在安全制动模式下行驶到下一车站或辅助停车区。

5. 能耗较低

磁浮列车无接触运行，使用现代的大功率电力电子技术，驱动、导向和车上供电方面采用了先进的节能技术，相同速度下，磁浮铁路是低能耗的。随着列车速度提高，能耗主要来源于克服空气阻力做功。根据测试分析结果，在 300 km/h 的相同速度下，德国 TR 磁浮铁路每座位公里能耗比高速轮轨铁路低 1/3，在 400 km/h 时其能耗与高速轮轨铁路 300 km/h 时相当。

6.5.4 日本超导超高速磁浮铁路

1. 线路

日本建成了超高速磁浮铁路试验线——山梨试验线，位于日本首都东京西偏南方向的山梨县附近，试验线拟建总长为 42.8 km，其中中间部分为 12.8 km 的复线先行区间。复线区间由地面段、桥梁段和隧道段构成，进行列车会车、加速、制动等试验。复线区间的两端设有高速道岔、两个变电站及车站，此外还设有车辆基地用的低速道岔。试验线的 80% 为隧道，其中有 40‰ 的大坡度段、半径为 8 000 m 的全线最小曲线半径的曲线段以及高架桥段等。隧道断面比现在的新干线约大 30%，高度达 7.7 m，以缓解车辆超高速通过隧道时产生的空气动力效应。

试验线的线间距为 5.8 m，限制坡度 40‰，最小曲线半径 8 000 m。试验线共有 3 座高架桥及 14 座隧道。

2. 导轨

日本超导磁浮铁路线路采用的 U 形导轨，为预制混凝土结构，采用高电阻率的钢筋(高锰钢)和预埋联结件。U 形槽分段预制，每段长度为 12.6 m。山梨试验线使用的导轨如图 6-16 所示。

U 形导轨的底平面供列车行驶，列车起动加速到 120 km/h 之前利用车轮在导轨底平面凸台行驶，之后，车体悬浮高度逐渐增

图 6-16　山梨试验线的导轨

加，速度约为 150 km/h 时悬浮高度达到 10 cm 而进入稳定悬浮行驶状态。

在 U 形导轨的侧壁设置有驱动绕组、悬浮绕组及导向绕组。在山梨试验线，采用了多种方式将这些绕组安装在导轨侧壁上，其中两种主要的安装方式为梁式安装和自立式安装，如图 6 - 17 所示。

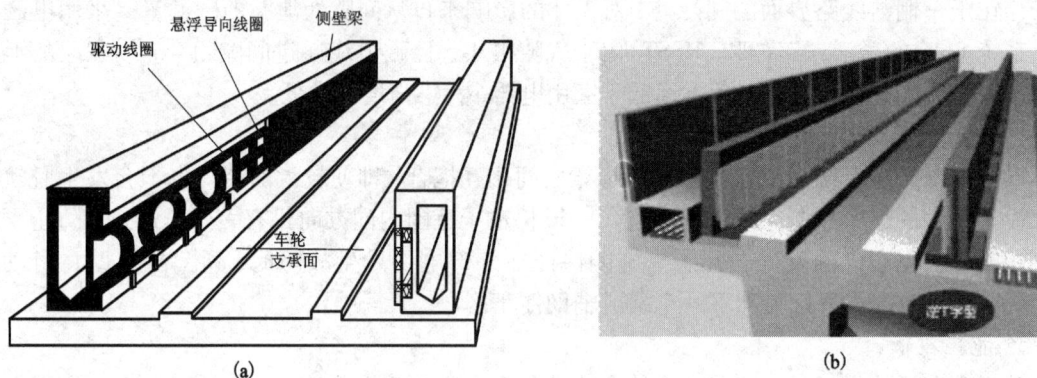

图 6 - 17　MLX 导轨梁及导轨绕组安装方式
(a)梁式安装方式；(b)"⊥"形自立安装方式

3. 道岔

日本超导磁浮铁路的轨道为 U 形，道岔装置规模大。根据使用目的，日本在山梨试验线上使用了 3 种道岔：多关节导轨横移式道岔、侧壁升降式道岔及车辆基地的简易道岔。前两种道岔的转换时间均在 30 s 以内，后者则用在列车进出库的线路上，结构非常简单。

多关节导轨横移式道岔，适用于车辆在正线方向高速悬浮通过、在侧线方向依靠车轮低速通过的转辙地点。在道岔范围内，导轨被分割为多段短的导轨梁，在其连接处安装横向移动动力装置，各节点的移动距离根据道岔转辙需要精确控制。宫崎试验线、山梨试验线均使用了这种道岔，如图 6 - 18 所示。

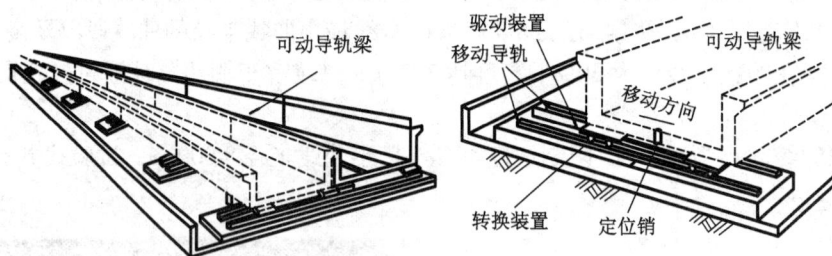

图 6 - 18　MLX 多关节导轨横移式道岔

侧壁升降式道岔铺设在起讫点正线股道及车辆依靠车轮低速侧线通过的线路分岔地点。侧壁升降式道岔装置长 68 m。道岔中部的内侧侧壁上下移动、两端的内侧侧壁左右移动则可完成列车运行方向的转换。如图 6 - 19 所示。

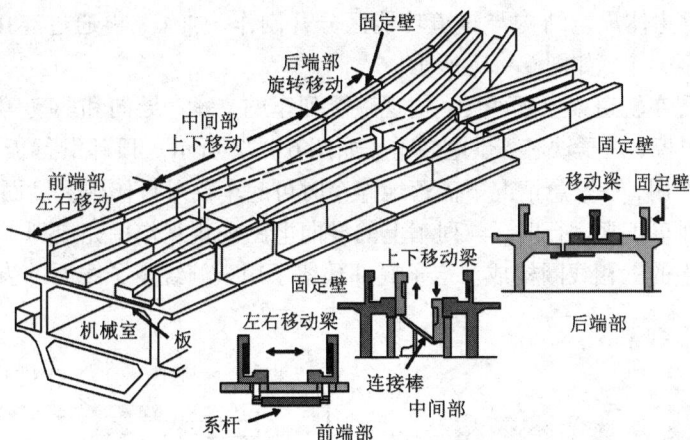

图 6 – 19　MLX 侧壁升降式道岔

6.5.5　上海常导超高速磁浮铁路

1. 线路

上海磁浮示范线项目采用德国常导超高速磁浮铁路技术修建,线路西起浦东新区规划的地铁枢纽龙阳路车站,东至浦东国际机场,正线全长 30 km,并附有 3.5 km 的辅助线路,双线上下行折返运行,设 2 个车站、2 个牵引变电站、1 个运行控制中心(设在龙阳路车站内部)和 1 个维修中心。

线路由三部分构成:一是正线,即 A 线、B 线;二是车辆维修基地维修线和进出线,即 C 线、D 线、E 线;三是渡线,即 F 线、H 线和 G 线,如图 6 – 20 所示。

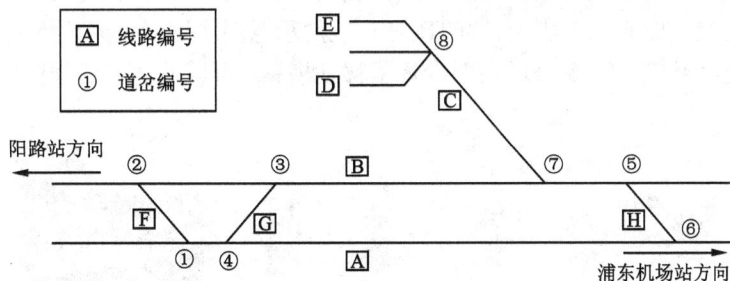

图 6 – 20　线路及配线示意图

2. 轨道梁

超高速常导磁浮铁路 TR 轨道结构一般分为低置轨道、高架轨道等形式。低置轨道建造在平地上或基本上贴着地面建造,轨道顶面距地面高度一般为 1.35 ~ 3.5 m。TR 低置轨道一般采用 6.192 m,12.384 m 等跨径。对高架轨道结构,轨道顶面至地面的高度一般为 2.2 ~ 20 m,一般采用 12.384 m,24.768 m,30.96 m 等多种跨径。

轨道梁一般采用整体梁和复合梁两种结构形式。整体式轨道梁的功能区与梁体整体制作，复合式轨道梁主体承重结构与轨道功能区分开制作、加工，再通过连接机构连成一体。常见钢筋混凝土复合梁，如图 6 - 21 所示。

功能部件布置在轨道梁上部两侧，实现磁浮列车的支承、导向和驱动等功能，包括顶部滑行板、侧面导向板、定子铁芯、供电轨等，如图 6 - 22 所示。顶部滑行板在列车停止状态时对列车起支承作用，在紧急情况下需落地停车时可起车辆滑行作用。侧面导向板使用软磁结构钢，在磁浮列车正常运行时，与列车上的导向电磁铁相互作用完成列车导向功能。定子由铁芯及叠绕其上的三相线圈构成。定子底部预留了用于缠绕定子线圈的齿槽，电缆线圈布置在定子槽内。

图 6 - 21　TR 钢筋混凝土复合梁

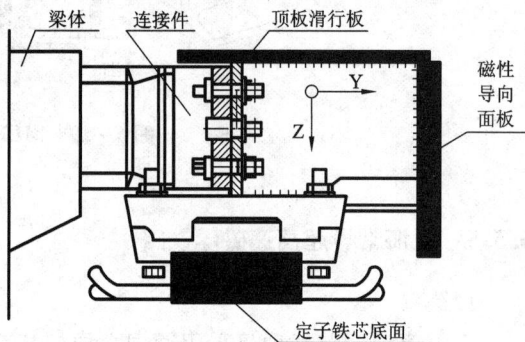

图 6 - 22　TR 功能部件

3. 道岔

高速常导磁浮道岔根据过岔速度不同可分为高速道岔(侧向过岔速度 196 km/h)、低速道岔(侧向过岔速度 98 km/h)、可用于干线分岔特殊地段的超高速道岔(侧向过岔速度可达 400 km/h)。TR 磁浮道岔实际上是一根多点控制的弹性弯曲梁段，各点的移动距离根据道岔转辙需要精确控制。图 6 - 23 所示，为 TR 三开道岔示意图。钢梁下共设置 6 个墩柱，其中 0 号墩柱上设置道岔基座，1～5 号墩柱上设置了移动横梁，可以使道岔沿横梁固定滑轨移动。

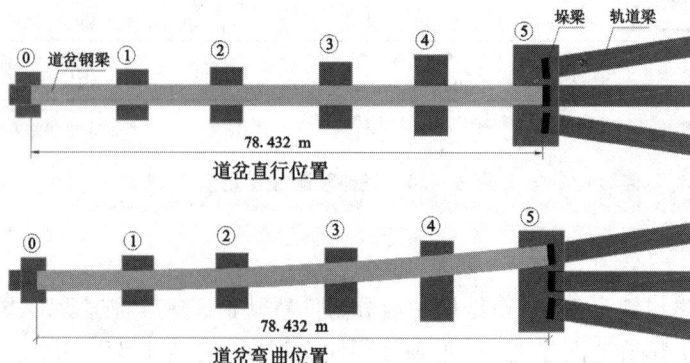

图 6 - 23　TR 三开道岔

思考题

1. 为什么我国应重点发展铁路运输?
2. 高速铁路具有哪些优势?
3. 重载铁路的标准及重载列车模式有哪些?
4. 为什么我国许多城市均在大力发展城市轨道交通?
5. 磁浮铁路有哪些主要技术优势?

第7章 桥梁工程

7.1 桥梁的概念

7.1.1 什么是桥梁

桥梁是人类文明的产物，是人类社会进步与发展的一个重要标志。在人们日常"衣食住行"基本需求中，桥梁是为"行"服务的。其定义通常有以下几种：

①中国大百科全书：桥梁是跨越江、河、湖、海、山谷、既有道路的人工构筑物。

②英国定义：桥梁是用木、石、砖、钢、混凝土等做成的，让道路跨越河流、运河、铁路等的结构。

③茅以升认为：桥梁是架空的道路。

④美国韦氏大词典：桥梁是跨越障碍的通道。

总之，桥梁应该具有跨越各种障碍(江、河、湖、海、山谷、道路、陡崖、软基等)的结构特征和供行人、车辆、渠道、管线等通行的功能。因此，增强桥梁的跨越能力，以克服各种障碍、风雨雪及地震等环境条件是桥梁工作者不断追求的目标。

7.1.2 桥梁含义延伸

从古至今，桥梁与人们的生产、生活紧密相依，息息相关，还与战争、宗教、文化、戏曲、电影以及民俗等有着千丝万缕的联系。

1. 文艺中的桥

①灞桥。汉灞桥位于古长安城东20里灞店；唐灞陵桥位于西安府东25里，元代重修为石桥。相传汉代以来凡送行者多到此桥折柳赠别。《开元遗事》"灞陵有桥，来迎去送，至此黯然，故人呼为销魂桥"；唐代诗人李商隐"灞水桥边倚华表，平时二月有东巡"；唐代诗人岑参"初程莫早发，且宿灞桥头"；唐代诗人王之涣"杨柳东风树，青青夹御河，近来攀折苦，应为离别多"；宋代柳永词"参差烟树霸陵桥，风物尽前朝，衰杨古柳，几经攀折，憔悴楚宫腰"。

②枫桥。位于苏州府城门外7里小石桥，原名封桥。唐代诗人张继《枫桥夜泊》"月落乌啼霜满天，江枫渔火对愁眠"，有人称是指"江桥"和"枫桥"两座桥；唐代诗人杜牧："长洲茂苑草萧萧，暮烟秋雨过枫桥。"

③虹桥。宋代画家张择端的《清明上河图》中的河南开封的"虹桥"，是木结构的拱形伸臂桥，结构奇巧、举世无双。

2. 神话中的桥

①鹊桥。鹊桥是神话中牛郎织女阴历七月初七晚上在银河上相会的地方。当人力不足以克服渡河困难的时候，以丰富的想象力，驱使天上飞的喜鹊，或称乌鹊帮助架桥。《风俗记》

说"七夕织女当河渡，使鹊为桥"；《白帖》云"鸟鹊填河成桥，而度织女"；宋人秦观词云："金凤玉露一相逢，便胜人间无数。"

②蓝桥。在陕西蓝田县蓝溪上，《清一统治》云："传其地在仙窟，即唐·裴航遇云英处。"

③照影桥。在湖北石首，《湖广通志》载："相传有仙人在此照影。"

3. 心灵之桥

桥能满足人们到达彼岸的心理希望。各种无形的心灵之桥、友谊之桥加深了不同地区、不同种族人民之间的感情和理解，可以避免冲突、消除误解、化干戈为玉帛，增强社会和谐。

7.2 桥梁的组成、分类与作用

7.2.1 桥梁的基本组成

以简支梁为例，桥梁主要由上部结构、下部结构、支座和附属结构组成。

上部结构：指桥梁位于支座以上部分(对于有支座桥梁)，即桥跨结构，是直接承受桥上交通荷载、架空的主体结构部分。

下部结构：指桥梁位于支座以下部分，也叫支撑结构，包括桥墩、桥台和基础，是支撑上部结构、向地基传递荷载的结构物。桥台设在桥梁两端，桥墩则分设在两桥台之间。

支座：连接桥跨结构和桥梁墩台，提供荷载的传递路径，适应桥梁的变位要求。

附属结构：指公路桥梁的桥面铺装，铁路桥梁的道砟、道床、枕木、钢轨、伸缩装置，排水防水系统，人行道，安全带(护栏)，路缘石，栏杆，照明，椎体护坡等。是保证桥梁正常、安全运营的必要设施。

结合图 7-1，几个常用的桥梁工程专有名词和技术术语，说明如下：

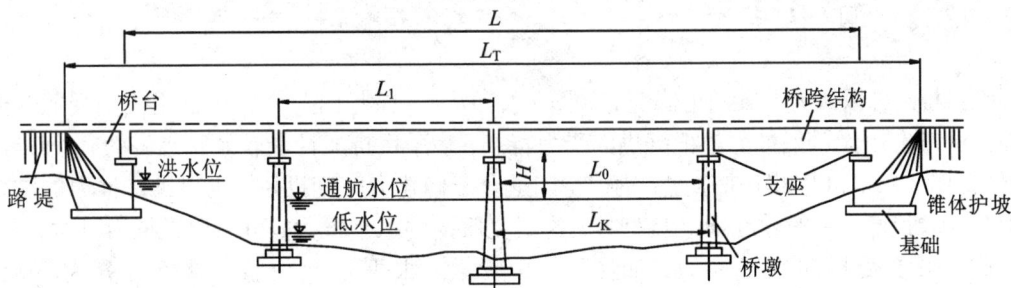

图 7-1 桥梁基本组成

跨度：也叫跨径，表示桥梁的跨越能力。对于多跨桥梁，跨度最大的称为主跨；桥跨结构相邻两支座中心的距离 L_1，称为计算跨径；两桥墩中心线距离或桥墩中线与台背前缘的间距 L_K，称为标准跨径；设计洪水位线上相邻两桥墩(或桥台)间的水平净距 L_0，称为净跨径；各净跨径之和，称为总跨径。

桥长：表示桥梁的长度规模。两桥台侧墙或八字墙尾端之间的距离 L_T，称为桥梁全长。

两桥台台背前缘(对铁路桥,指桥台挡砟墙前墙)之间的距离,称为桥梁总长(铁路)或多孔跨径总长(公路)。

桥下净空高度:桥跨结构最下缘至设计洪水位或设计通航水位之间的距离 H,称为桥下净空高度。

7.2.2 桥梁的分类

桥梁的分类方式有很多种,不同的分类又反映出桥梁不同的特征。

1. 按结构体系分

按结构体系,即结构的受力特征和立面形状来划分,有三种基本体系(梁、索、拱)和组合体系。

(1)三种基本体系

①梁桥:像一条板凳,如图7-2所示,主梁受弯。梁桥是古老的结构体系之一,梁作为承重结构,主要以其抗弯能力来承受荷载的,在竖向荷载作用下,支撑反力也是竖向的。常用的梁桥包括简支梁桥、悬臂梁桥和连续梁桥(图7-3)等。梁桥又可分为实腹式和空腹式,实腹梁的横截面形式多为I形、T形和箱形等;空腹梁主要是指桁架梁。

图7-2　板凳

图7-3　连续梁桥

②拱桥:可以认为是梁向上隆起,如图7-4所示,在竖向荷载作用下主拱圈受压为主,并在拱脚产生较大水平推力。根据拱的受力特点,多采用抗压性能较好且经济的砖、石等圬工材料(图7-5)和混凝土来修建,钢拱桥则适合于修建大跨度拱桥;也因拱是推力的结构,对地基要求很高,一般建在地基良好处;为了克服拱的水平推力,可采用无推力拱桥,利用系杆或梁来承受拱的水平推力,如图7-6所示。根据桥面位置,拱桥可分为下承式(图7-7)、上承式(图7-8)和中承式(图7-9);根据静力学,拱桥又可分为单铰拱、两铰拱、三铰拱和无铰拱。

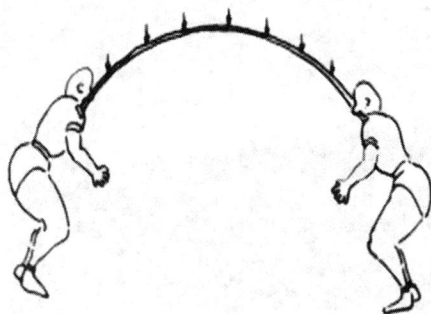

图 7-4 拱是有推力的

图 7-5 石拱桥

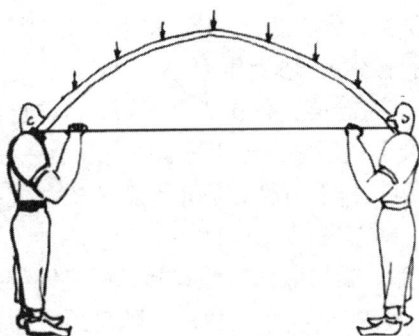

图 7-6 无推力拱

图 7-7 下承式拱桥

图 7-8 上承式拱桥

图 7-9 中承式拱桥

③悬索桥(吊桥):由主缆、塔、锚碇和加劲梁等组成,是目前跨越能力最大的一种桥型。在竖向荷载作用下,主缆受拉,塔受压为主。根据主缆锚固方式的不同,悬索桥可分为地锚式(图7-10)和自锚式(图7-11)两种。地锚式悬索桥主缆是通过锚碇锚固在大地,是目前悬索桥的主体,适用于超大跨度,目前最大跨度已经超过3 000 m;自锚式悬索桥的主缆是直接锚固在主梁(加劲梁)上,跨度受限,一般适用于软弱地区的小跨度桥梁。

图 7 - 10　地锚式悬索桥

图 7 - 11　自锚式悬索桥(长沙三汊矶大桥)

(2)组合体系

①斜拉桥:斜拉索是索和梁、塔的组合,也叫斜张桥,是指锚固在塔、梁上的斜索吊住梁跨结构的桥。在竖向荷载作用下,斜索受拉(故称为斜拉索),塔受压为主,梁受弯为主。由于拉索多点的弹性支撑作用,梁高减小、跨度增大,其跨越能力仅次于悬索桥,目前已经突破 1 000 m 大关。斜拉桥因造型优美,形式多样,分类形式很多。近年来,还出现了一种"矮塔斜拉桥",亦称"部分斜拉桥",意思是部分表现出斜拉桥的特性,是介于斜拉桥和混凝土箱梁桥之间的一种新结构。

②钢架桥、钢构桥:钢架桥是梁与墩柱的组合体系,梁与墩柱刚性连接,形成钢架。在竖向荷载作用下,主梁、墩柱承受弯矩、轴力和剪力,连接处产生负弯矩。随着预应力技术的发展和跨度的增加,出现了具有钢架形式和特点的刚构桥。刚构桥又有 T 形钢构、连续钢构等形式,虽然刚构桥墩、梁固结,实际上仍表现出梁桥的受力特点,也常作为梁桥来考虑。

③梁、拱组合体系:即同时具备梁受弯和拱受压的特点。组合形式可以柔性拱钢性梁,也可以是钢性拱柔性梁(称为系杆拱桥)。其主要特点是利用系杆或梁部受拉来承受和抵消拱的水平推力。

④其他组合体系桥:包括斜拉体系与梁、拱和索的组合。如斜拉体系与拱的组合(图 7 - 12),斜拉体系与悬索桥的组合(图 7 - 13),以及矮塔、斜拉索与变截面连续梁或连续刚构的组合等。

图 7 - 12　斜拉体系与拱的组合(湘潭湘江四桥)

图 7 - 13　斜拉体系与悬索的组合(贵州乌江大桥)

2. 按用途分

按用途划分，有公路桥、铁路桥、公路铁路两用桥、人行桥、运水桥（渡槽）、城市桥、公园桥、军用桥、农用桥以及其他专用桥梁（如通过管路、电缆等）等。

3. 按材料分

按用途划分，有木桥、钢桥、圬工桥（包括砖、石）、钢筋混凝土桥、预应力钢筋混凝土桥、玻璃钢桥、竹桥、结合梁桥、铸铁和锻铁桥（已不修建）等。

4. 按大小分

按大小划分，有特大桥、大桥、中桥和小桥等。

5. 按跨越方式

按跨越方式划分，有固定式的桥梁、开启桥、浮桥、漫水桥等。

7.2.3　桥梁的地位和作用

1. 人类生活必需

古罗马人投入巨大人力、物力修建的加尔德输水桥，如图 7-14 所示，是为了灌溉和向城市供水需要。桥梁的修建，跨越了天险，缩短了距离，也使人们摆脱多次摆渡的烦劳，提高了人们的生活质量和水平。

图 7-14　古罗马加尔德输水桥

图 7-15　美国金门大桥

2. 一个城市或地区的标志

一座优美、雄伟的大桥往往是一个城市、一个地区甚至一个国家的标志和名片。如美国旧金山的 Golden Gate（金门）大桥（图 7-15）、英国泰晤士河上优美典雅的伦敦塔桥、澳大利亚宏大刚劲的悉尼海湾大桥等这些经常出现在电视画面的桥梁已经形成了所在地区或国家的名片与象征，代表了那个时代人们的生活激情和征服自然的能力。

3. 各种道路工程的关键节点

大型桥梁常常是公路、铁路等道路工程的关键节点和控制性工程，具有里程短、施工难度大和造价高等特点。其建设质量、工期等对整个工程影响很大。

4. 城市立体交通的主要构成

桥梁的存在使城市立体交通成为可能。城市立交桥、高架桥大大增强了城市道路的通行能力和效率，有效缓解了城市拥堵的问题。

5. 交通咽喉和军事要塞

大型桥梁经常是交通咽喉和军事要塞。1935 年红军长征至大渡河时飞夺天险泸定桥，为红军打开了继续前进的通道，毛主席写下了"金沙水拍云崖暖，大渡桥横铁索寒"壮丽诗句。很多大桥，如武汉长江大桥、南京长江大桥等都在桥两端建立了桥头堡，并有驻军把守，确保大桥的通行安全。

6. 经济发展的助推器

桥梁的建设，缩短了空间距离，节省了时间，提高了效益，推动了地区经济的发展。如上海浦东，在修建上海南浦、杨浦大桥后，沉睡了 100 多年后成为中国经济发展的龙头。同时，桥梁等基本设施就建设也是拉动内需、加速经济发展的重要手段。

7.3　桥梁的起源

人类历史以前，大自然的鬼斧神工，就已经形成现在所谓的梁桥、拱桥和索桥的原形。

1. 横木为梁

横木为"梁"，大树为风吹倒，即形成所谓的"梁桥"，如图 7 - 16 所示。现在很多农村边远地区还可见横跨小溪的"横木为梁"小木桥。

图 7 - 16　横木为梁　　　　　　　　　　图 7 - 17　猴桥

2. 天然石拱

水穿石隙成孔，逐渐扩大，孔上石层磨成圆形而形成现代所谓的"拱桥"。世界上著名的天然石拱桥有：法国阿尔代什峡谷天然石拱桥、长 119.5 m 的美国犹他州国家公园天然石拱桥、长 80 m 的四川涪陵小溪天然石拱桥和贵州水城干河天生桥等。

3. 猴桥

有些地区还流传猴子造桥的故事。一群猴子过河，一个先上树，第二个上去抱住它，第三个又抱住第二个，首尾相连抱成一长串，尾端猴子甩向对岸抱住大树，形成"猴桥"供其他猴子通过，如图 7 - 17 所示。

天然生长的藤蔓植物纤维具有一定的柔性和强度，相互缠绕在一起，给原始人类攀缘而过提供了可能，形式上就是现在所谓的"悬索桥"或称"吊桥"。

中国最早的桥梁建于何时何地？是什么样子？一直是人们探求的问题。考古研究推断，中国最早的桥梁应该出现于新石器时代中晚期（距今约 4000—7000 年）。因为在这时期，人类经过集群，原始部落已遍及长江、黄河流域与北京、内蒙古、山东和云南等地，并日益壮大，母系氏族进入繁荣阶段。人类当时的生活、生产、防御及战争等都急切需要跨越河流、山谷、沟渠等障碍，桥梁的出现就是必然。

7.4 我国桥梁的发展

7.4.1 古代

1. 古代桥梁形式

古代桥梁因地制宜、就地取材，多以天然石料、木料和藤索为主。早在远古时期，人类为了生存，终年跋山涉水，狩猎觅食。当遇到有天然石头、倒搁在溪涧的树木或隔溪悬挂的藤萝时，便可利用它们越过障碍。久而久之，便从中学会搭建简单的桥梁了，如索桥（图 7-18）、西藏墨脱藤桥（图 7-19）、汀步桥（图 7-20）和木桥（图 7-21）等。

图 7-18 索桥

图 7-19 西藏墨脱藤桥

图 7-20 汀步桥

图 7-21 木桥

2. 我国古代四大名桥

（1）河北赵州桥

赵州桥，又名安济桥，建于隋大业（595—605）年间，由著名匠师李春监造。桥长64.40 m，跨径37.02 m，是当今世界上跨径最大、建造最早的单孔敞肩型石拱桥，如图7-22所示。1991年9月，被美国土木工程师学会（ASCE）选定取为第十二个"国际土木工程里程碑"，被誉为"国际土木工程历史古迹"。

图7-22 河北赵州桥

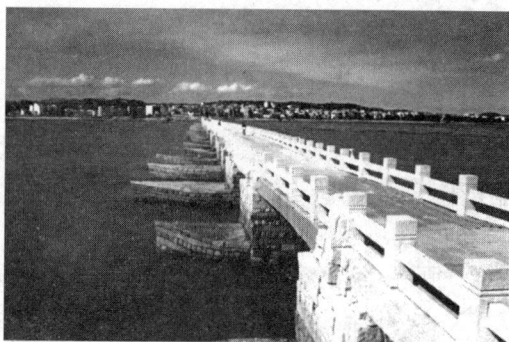

图7-23 福建万安桥

（2）福建万安桥（洛阳桥）

万安桥，又称洛阳桥，是我国现存最早的跨海梁式大石桥，如图7-23所示，是世界桥梁筏形基础的开端。宋代泉州太守蔡襄主持建桥工程。从北宋皇佑五年（1053）至嘉祐四年（1059），前后历七年之久，耗银1 400万两。现桥长731.29 m、宽4.5 m、高7.3 m，有44座船形桥墩、645个扶栏、104只石狮、1座石亭、7座石塔。万安桥在施工上创造了"筏形基础"和"激浪以涨舟，悬机以弦丝牵"的奠基法和桥板浮运法，为桥梁技术开辟了新纪元。

图7-24 广东湘子桥

图7-25 北京卢沟桥

（3）广东湘子桥（广济桥）

湘子桥，又称广济桥，始建于1169年，全长517.95 m，东岸桥墩13座，西岸桥墩11座。由于"中流警湍尤深，不可为墩"，中间只能用18只梭船并排构成一列横队，用铁索连成浮桥,如图 7-24 所示。每遇洪水或要通船,可解掉系船铁索,移开梭船,变成开闭式浮梁桥。湘子桥奇特别致的结构,集梁桥、拱桥、浮桥等形式于一体,凝结了古代劳动人民的智慧和血汗,是广东潮州八景之一。

(4)北京卢沟桥

卢沟桥,卢沟桥始建于 1189 年,1444 年曾重修。在北京市西南约 15 km 处,因横跨卢沟河(即永定河)而得名,是北京市现存最古老的石造联拱桥。卢沟桥全长 266.5 m,宽 7.5 m,最宽处可达 9.3 m。有桥墩十座,共 11 个桥孔,整个桥身都是石体结构,关键部位均有银锭铁榫连接,为华北最长的古代石桥,如图 7-25 所示。两侧石雕护栏各有 140 条望柱,柱头上均雕有石狮,形态各异,据记载原有 627 个,现存 501 个。石狮多为明清之物,也有少量的金元遗存。该桥因 1937 年"七七卢沟桥事变"而更加闻名于世。

7.4.2 近代

1. 近代桥梁形式

近代桥梁则以金属材料和混凝土代替了天然材料(木、石、藤、竹等)。1760 年开始的英国工业革命,使钢材等金属材料性能研究得到发展,为桥梁工程的结构种类和施工机械的革新创造了基本条件。1779 年英国工程师 Abraha 和 Darby(1750—1790)设计建造的第一座跨度 30.65 m 的铸铁拱桥——Coalbrookdale 桥(图 7-26)问世,标志着西方木石建桥时代的终结。

1883 年由移居美国的德国工程师 John Roebling(1806—1869)设计建造的纽约 Brooklyn (布鲁克林)桥(图 7-27);由英国工程师 Sir Benja 和 Baker(1840—1907)与 John Fowler (1817—1898)设计建造的苏格兰福思湾桥——主跨 520 m 的铁路悬臂刚桁架桥;1932 年,澳大利亚工程师 John J. C. Bradfield 设计建造了跨度 503 m Sydney Harbourbridge(悉尼港湾大桥)(图 7-28),享誉世界。

1867 年发明的钢筋混凝土逐步从房屋建筑领域应用到桥梁建设中。1875 年法国人莫尼埃建成了第一走跨度为 16 m 的钢筋混凝土梁桥;1930 年由瑞士工程师 R. Maillart(1872—1940)设计的镰刀形上承式拱桥——Salginatobel(萨尔基那山谷桥)(图 7-29)是了不起的混凝土拱桥成就。

图 7-26　英国 Coalbrookdale 铸铁拱桥

图 7-27　美国纽约 Brooklyn 桥

图 7 - 28　澳大利亚悉尼港湾桥

图 7 - 29　瑞士 Salginatobel 桥

2. 清末

清朝统治后期，西方列强侵略中国。它们力图控制交通线，争夺交通(特别是铁路)的建造和运营权，以达到其军事和政治控制、经济掠夺和文化渗透的目的。这一时期，中国的铁路和桥梁几乎全由洋人投资、主持设计和施工。如：郑州黄河大桥是比利时人造的；济南黄河大桥是德国人造的；哈尔滨松花江大桥是俄国人造的；蚌埠淮河大桥是英国人造的；沈阳的浑河大桥是日本人造的；云南河口人字桥是法国人造的；1888 年建成的鲍运河桥，被誉为中国第一座现代铁路桥梁，由英国工程师金达(C. W. Kinder)主持设计，比利时公司施工。

1903—1905 年间，全国各地爆发了"拒俄抗法"、"收回路权"等爱国运动，对自办铁路起到了积极作用。1905 年，清政府批准修建京张(北京至张家口)铁路，詹天佑为会办兼总工程师，于 1909 年 9 月提前两年建成通车。京张铁路全长 197 km，所经之处，山峦起伏，河谷迂回，共修建钢梁桥 121 座，计 1 951 m；石拱桥 40 座，计 178 m；木桥 3 座，计 32 m。全线最长的桥梁为怀来桥，全桥由 7 孔 30.5 m 的上承式简支钢桁梁组成。

19 世纪末 20 世纪初，欧美各国发明了汽车，修筑了早期公路，这种现代化的交通形势也随着上海、天津和广州等口岸城市的租界特权而逐渐引入中国。如上海苏州河外白渡木桥(1873—1906)，1907 年重建的外白渡钢桥，两跨全长 104.39 m；天津金汤桥，1906 年建成，跨度布置为 20.3 m + 20.4 m + 35.3 m，其中，较小两跨为平转开启桥。

3. 民国

辛亥革命的胜利，结束了几千年的封建帝制，但政权很快被北洋军阀篡夺。大部分桥梁建设仍然由帝国主义控制。自国民党政府成立，到 1937 年抗日战争爆发，中国桥梁建设进展缓慢，而且资金和技术大部分仍仰仗外国。第一次世界大战爆发后，一些外籍工程技术人员纷纷回国，一直由洋人把持的铁路桥梁管理养护开始由我国技术人员接替，为我国桥梁建设的发展提供了机会。

茅以升主持修建了浙赣铁路杭州钱塘江公铁两用大桥，为中国桥梁技术人员在国际上争得了一席之地。浙赣铁路杭州钱塘江大桥，如图 7 - 30 所示，为公铁两用桥(公路在上层，铁路在下层)，全长 1 453 m，正桥由 16 孔 65.8 m 的简支钢桁梁组成。钱塘江大桥由著名桥梁专家茅以升亲自设计和领导建设，大桥于 1937 年 9 月 26 日建成，11 月 17 日通车。为阻拦日军，1937 年 12 月 23 日茅老亲自炸毁大桥。真是"殚精竭智千日功，通车之日却炸桥"，钱老非常痛心并下决心复桥："斗地风云突变色，炸桥挥泪断通途，五行缺火真来火，不复原桥不丈夫。"抗战胜利后，1948 年 5 月，在茅以升的亲自主持下，钱塘江大桥又成功地被修复，兑现了他"抗战必胜，此桥必复"的誓言。

抗日战争期间，随着湘桂、黔桂和宝天铁路的建设，克服了当时钢材、水泥极端缺乏的困难，修建了独特的湘桂线柳州柳江钢轨桥，黔桂龙江木拱桥；1933 年建成广州海珠桥（图 7 - 31），跨度布置为 73 m + 53 m + 73 m，该桥于 1949 年 10 月被国民党政府炸毁，于 1951 年修复完成，恢复通车。解放战争时期，内外交困，桥梁建设无所成就。

图 7 - 30　钱塘江大桥

图 7 - 31　广州海珠桥

7.4.3　现代

1. 现代桥梁形式

现代桥梁则以计算机和信息技术为标志。第二次世界大战后，世界进入了相对和平的建设时期，土木工程也进入了以计算机为标志的"现代土木工程"新时期。经过一段时间的战后恢复期，欧美各国于 20 世纪 50 年代陆续开始实施高速公路建设计划，出现了许多作为现代桥梁工程标志的新技术。

1955 年德国工程师 Finsterwalder 首创了无支架悬臂挂篮施工技术；1956 年德国工程师 Dishinger 在瑞典成功建造了第一座现代斜拉桥——主跨 182.6 m 的 Stromsund 桥（图 7 - 32）；1956—1962 年，德国 Leonhardt 教授发明了顶推施工法和斜拉桥的"倒退分析法"；20 世纪 60 年代，由英国 Free 米 an & Fox 公司的总工程师 Wex 所设计的主跨 988 m 的 Severn 桥，开创了英国式流线形箱梁桥面悬索桥；1979 年瑞士 Menn 教授创造并建成了世界上第一座预应力混凝土连续刚构桥（瑞士 Fegire 桥），1980 年又设计建造了世界上第一座矮塔斜拉桥——主跨 174 m 的瑞士 Ganter（甘特）桥（图 7 - 33）；1995 年建成的法国 Normandy（诺曼底）大桥（图 7 - 34），主跨达 856 m；1998 年日本建成最大跨度悬索桥——主跨 1 991 m 的明石海峡大桥（图 7 - 35）。

图 7-32　瑞典 Stromsund 桥

图 7-33　瑞士 Ganter 桥

图 7-34　法国 Normandy 大桥

图 7-35　日本明石海峡大桥

2. 新中国建设初期(1949—1976)

新中国成立后，随着国民经济和交通事业的兴起，桥梁建设得到了蓬勃发展。在原苏联专家的帮助下，1955 年 9 月开工建设，1957 年 10 月建成了万里长江第一桥——武汉长江大桥，如图 7-36所示。大桥的建成使之形成完整的京广线，是国家南北交通的重要经济命脉。毛主席更是吟诗赞美："一桥飞架南北，天堑变通途。"武汉长江大桥全长 1 670 m，其中正桥 1 156 m，由 3 联 3×128 m 的连续钢桁梁组成。下层为双线铁路桥，宽 14.5 m；上层为公路桥，宽 22.5 m。

图 7-36　武汉长江大桥

图 7-37　南京长江大桥

1960 年开工建设,1968 年建成的南京长江大桥,如图 7-37 所示,是长江上第一座由我国自行设计和建造的公铁两用桥梁,因 1959 年中苏关系恶化,援化专家全部撤回,全靠自身力量建成,因此在中国桥梁史上具有重要意义,同时是国家南北交通的重要经济命脉,连接津浦线与沪宁线两条铁路干线。南京长江大桥上层公路桥长 4 589 m,下层铁路桥长 6 772 m,其中正桥由 1 孔 128 m 简支钢桁梁和 3 联 3×160 m 连续钢桁梁组成,主桁采用带下加劲弦杆的平行弦菱形桁架。下层为双线铁路桥,宽 14 m;上层为公路桥,宽 19.5 m。

这一时期,由于三年自然灾害,加上 10 年"文革",资金和钢材相当匮乏,桥梁建设也只能在时断时续中慢慢实践和探索。石拱桥成为这一时期的主要桥型,双曲拱桥在这一时期得到迅速发展,并开始引入国外的薄壁箱梁、T 形刚构和斜拉桥技术。

无锡苏松源发明的双曲拱桥是这一时期的主流桥型之一,如 1968 年建成中国最大跨度的双曲拱桥——河南嵩县前河桥,主跨达 150 m;1972 年建成长沙湘江一桥(现橘子洲大桥),由 8 孔 76 m 和 9 孔 50 m 的双曲拱组成。薄壁箱梁和 T 形刚构是从国外引进的新技术,1964 年建成的南宁邕江大桥,开辟了我国采用钢筋混凝土箱梁的道路。1968 年建成的主跨 124 m 的柳州柳江大桥,则是预应力混凝土 T 形刚构桥的典型代表。上海、四川等地开始试建斜拉桥,如 1975 年建成了主跨 54 m 的上海新五桥和主跨 75.8 m 的四川云阳汤溪河桥。

3. 改革开放初期(1976—1990)

1976 年"文革"结束,1978 年正式进入改革开放后,全国经济开始复苏,交通建设得到了政府的重视,桥梁界同仁更是摩拳擦掌,决心大干一场。在 20 世纪 70 年代成功建造斜拉桥的基础上,开始了斜拉桥的推广应用,设计建造更大跨度的斜拉桥,如 1980 年建成主跨 128 m 的三台涪江桥;1981 年建成了我国第一座预应力混凝土斜拉桥——主跨 96 m 的来宾红水河铁路桥;1982 年建成的主跨 220 m 的济南黄河大桥,如图 7-38 所示;1987 年建成主跨 260 m 的天津永和桥;1988 年建成主跨 175 m 的广州海印桥;1990 年建成主跨 210 m 的长沙湘江北大桥(现银盆岭大桥);1988 年动工,1991 年建成主跨达 423 m 的上海南浦大桥,更是树立了中国桥梁人的信心,提高了志气,对中国桥梁的发展具有重要的战略意义。

图 7-38 济南黄河大桥

图 7-39 广州番禺洛溪大桥

在广东省的带动下,各省都在开始修建大跨度连续梁桥和连续钢构桥。如 1984 年建成的广东顺德容奇桥,为五孔一联(73.5 m + 3×90 m + 73.5 m)的预应力混凝土连续梁桥;1986 年建成的湖南常德沅水桥,为五孔一联(84 m + 3×120 m + 84 m)的预应力混凝土连续梁桥；如1988年建成的广东番禺洛溪大桥，是我国第一座预应力混凝土连续刚构（65 m + 125 m + 180 m + 110 m），如图7-39所示。城市立交桥也开始在一些大城市得到发展。

4. 经济起飞时期（1990—2000）

在南浦大桥（图7-40）顺利建成的鼓舞下，全国各地纷纷计划建造400 m以上的斜拉桥。加上中国社会经济的起飞，基础设施建设资金逐渐充裕，造就了90年代中国桥梁建设的高潮。大跨度斜拉桥得到快速发展，如1993年建成主跨602 m的上海杨浦大桥；1999年建成主跨518 m的广东汕头礐石大桥；2000年建成主跨618 m的武汉白沙洲大桥。开始尝试矮塔斜拉桥和多塔斜拉桥。

矮塔斜拉桥（部分斜拉桥），如1985年建成的湖南桃江县马迹塘桥，是一座试验性的三跨连续板拉桥，主跨60 m，塔高4.8 m；2000年建成的芜湖长江公铁两用特大桥，主跨312 m，塔高33 m。多塔斜拉桥，如1998年建成的香港汀九桥，为三塔四跨（127 m + 475 m + 448 m + 127 m）结合梁斜拉桥；2000年建成的湖南岳阳洞庭湖大桥，为三塔四跨（130 m + 310 m + 310 m + 130 m）混凝土斜拉桥。

现代悬索桥逐渐兴起，如1994年建成中国第一座现代悬索桥——主跨452 m的汕头海湾大桥（图7-41）；1996年建成主跨900 m的西陵长江大桥；1997年建成主跨888 m的虎门大桥；1999年建成主跨1 385 m的江阴长江大桥，是中国第一座千米级悬索桥。

图7-40　上海南浦大桥　　　　图7-41　汕头海湾大桥

钢管混凝土拱桥异军突起，如1997年建成主跨200 m的广东南海三山西桥；2000年建成主跨360 m的广州丫髻沙大桥；1997年建成主跨420 m的重庆万县（现万州）长江大桥，采用五片钢管混凝土拱肋为劲性骨架的箱形拱，创造了钢管混凝土拱桥的实际纪录。

连续刚构桥得到推广，如1991年建成主跨140 m的湖南沅陵沅水桥；1993年建成主跨240 m的贵州六广河桥；1995年建成主跨168 m的攀枝花金沙江铁路桥；1997年建成主跨88 m的南昆铁路喜旧溪大桥，墩高达60 m；1997年建成主跨270 m的虎门大桥辅航道桥，居中国同类桥梁之首。

5. 21世纪初期

经过几十年的跟踪学习、探索提高与自主实践，中国现代桥梁在20世纪末期取得了令世人惊叹的进步和成就。2000年后，中国桥梁建设更是实现了跨越式发展，进入一个创新和超越的新时期。超大跨度桥梁和跨海大桥不断涌现。

图 7 - 42 苏通长江大桥

图 7 - 43 舟山西堠门大桥

超大跨度斜拉桥,如 2008 年建成的主跨 504 m 的武汉天心洲大桥,是公铁两用斜拉桥的一个突破;2008 年建成的主跨 1 088 m 的苏通长江大桥(图 7 - 42),首次突破斜拉桥千米大关,创造了新的世界纪录;2009 年建成的主跨 1 018 m 中国香港地区昂船洲(Stonecutters)大桥,同样赢得了世界的赞誉。

超大跨度悬索桥,如 2005 年建成主跨 1 490 m 的润扬长江大桥;2009 年建成主跨 1 650 m 的舟山西堠门大桥(图 7 - 43);2012 年建成主跨 1 176 m 的湖南矮寨大桥(跨峡谷 330 m),并开始探索多塔悬索桥。

超大跨度钢拱桥,如 2003 年建成主跨 550 m 的上海卢浦大桥,2008 年建成主跨 552 m 的重庆朝天门大桥(图 7 - 44),均名列世界同类桥梁之首。

跨海大桥,如 2005 年建成 25.5 km 的上海东海大桥;2008 年建成 35.67 km 的杭州湾跨海大桥(图 7 - 45);2009 年建成舟山跨海大桥(舟山大陆连岛工程);2011 年建成 36.48 km 的青岛胶州湾跨海大桥;2012 年建成 11.7 km 的厦漳跨海大桥;在建的港珠澳大桥,达 49.968 km,琼州海峡公铁两用跨海大桥,达 80 km;100 多 km 的烟(台)大(连)通道,正在规划,200 多 km 的中国台湾海峡大桥,更是我们的梦想。

图 7 - 44 重庆朝天门大桥

图 7 - 45 杭州湾跨海大桥

7.5 我国桥梁的现状和未来

7.5.1 我国桥梁的现状

到目前为止,我们国家桥梁建设和发展取得了举世瞩目的成就,桥梁跨度不断突破,创造了很多世界纪录,桥梁数量更是世界第一,是名副其实的桥梁大国,但并非桥梁强国。

现在存在的主要问题有:桥梁相关产业发展滞后;体质先天不足,肌体后天失养,生存环境恶劣;违反科学的"长官意识"、不规范的"业主行为";施工人员(民工)素质有待提高;频繁的桥梁安全事故等。

特别是近年来频繁的桥梁垮塌事故,已经引起全社会的高度关注,作为桥梁人更深感痛心。桥梁垮塌事故原因非常复杂,如外部环境因素:风吹、船撞、超重、洪水及地震等;结构本身设计缺陷;施工质量低劣;运营期的管养缺失等。

7.5.2 我国桥梁的未来

我国桥梁的未来可以说是前景光明,责任重大。随着我国交通基础设施建设的不断发展,桥梁规模和数量还将不断增加,桥梁建设与管理维护的任务仍然繁重。桥梁技术的发展趋势主要体现在:桥跨结构继续向大跨发展;新桥设计理论与旧桥评估理论更趋完善;建桥材料向高强、轻质和多功能方向发展;信息技术在桥梁工程中的应用更趋广泛,提出信息化桥梁概念;日益重视桥梁美学、建筑造型和景观设计;更加重视既有桥梁的管理和养护等。整体向着"安全、适用、经济、美观、环保、耐久"的基本目标发展。

要真正成为桥梁强国,同其他科学技术一样,我国桥梁的根本出路在于自主创新。关于桥梁的创新,邓文中院士认为创新可以简单地定义为"有意义的改进"。所谓"有意义"必须是价值的增加,而不只是为了"不同"而改变。我们一定不能满足于规模大、速度快的成就,而应该在创新、质量和美学上狠下工夫,抓住机遇,努力进取。同时,学好外语,要提高国际交流活动能力,加强对国外桥梁技术发展动态的关注和比较,积极参与国际竞争。只有真正的创新技术才能得到国际同行的尊重,才能树立自己的品牌,才能提高中国桥梁的国际地位。

思考题

1. 概述桥梁的主要分类。
2. 结合材料科学和交通技术的发展,讨论桥梁的演变过程。
3. 比较桥梁长度、跨度、主跨和计算跨度的含义。
4. 简述桥梁的地位和作用。
5. 分析桥梁事故的主要原因。

第 8 章　隧道工程

8.1　隧道工程的基本概念

隧道(tunnel)是一种修建在地下,两端有出入口,供车辆、行人、水流及管线等通过的工程建筑物。1970 年国际经济合作与发展组织(OECD)召开的隧道会议综合各种因素,对隧道所下的定义为:"以某种用途、在地面下用任何方法按规定形状和尺寸修筑的断面积大于 $2\ m^2$ 的洞室。"

隧道及地下工程(tunnel and underground engineering)的泛指有两方面的含义:一方面是指从事研究和建造各种隧道及地下工程的规划、勘察、设计、施工和养护的一门应用科学和工程技术,是土木工程的一个分支;另一方面也指在岩体或土层中修建的通道和各种类型的地下建筑物。

在修建隧道时,一般先在地层内挖出具有一定几何形状的"坑道",如圆形、矩形、马蹄形等,由于地层被挖开后,容易变形、塌落或是有水涌入,所以除了在极为稳固的地层中且没有地下水的地方以外,大都要在坑道的周围修建支护结构,或称之为"衬砌",以保证使用安全。衬砌的形状和尺寸,应能使结构受力状态最为合理,既不浪费又能稳固。

8.2　隧道的种类

隧道的种类繁多,不同角度有不同的分类方法。从隧道所处的地质条件来分,可以分为土质隧道和石质隧道,从埋置的深度来分,可以分为浅埋隧道和深埋隧道;从隧道所在位置来分,可以分为山岭隧道、水底隧道和城市隧道。分类比较明确的还是按照它的用途划分,可以有以下的分类:

8.2.1　交通隧道

这是隧道中为数最多的一种。它们的作用是提供运输的孔道。其中有:

(1)铁路隧道

我国有许多地势起伏、山峦纵横的山区。铁路穿越这些地区时,往往会遇到高程障碍。而铁路限坡平缓,无法拔起需要的高度,同时,限于地形又无法绕避,这时,开挖隧道直接穿山而过最为合理。它既可使线路顺直,避免许多无谓的展线,使隧道缩短;又可以减小坡度,使运营条件得以改善,从而提高牵引定数,多拉快跑。所以,在山区铁路线上修建隧道的范例是很多的。川黔线上的凉风垭隧道,成昆线沙木拉达隧道,大秦线军都山隧道,西康线秦岭隧道,朔黄线长梁山隧道以及兰新复线乌鞘岭隧道等都是著名的越岭隧道,而成昆线的关村坝隧道,衡广复线大瑶山隧道等都是河谷地段截弯取直的良好范例。宝成线宝鸡至秦岭一段 45 km 线路上就设有 48 座隧道,蜿蜒盘旋于秦岭崇山峻岭之中。

（2）公路隧道

公路的限制坡度和最小曲线半径都没有铁路那样严格。所以，以往的山区公路为节省工程造价，常常是宁愿绕行，多延长一些距离，而不愿修建费用高昂的隧道。因此，过去公路隧道为数不多。但是，随着社会生产的发展，高速公路逐年增多。它要求线路顺直、平缓、路面宽敞，于是在穿越山区时，也常采用隧道方案。此外，在城市附近，为避免平面交叉，利于高速行车，也常采用隧道方案。这类隧道在改善公路技术状态和提高运输能力方面起到很好的作用。

以上铁路与公路隧道按长度的分类如下表 8-1 所示。

表 8-1　铁路与公路隧道按长度分类

隧道分类	特长隧道	长隧道	中隧道	短隧道
铁路隧道（m）	>10 000	10 000~3 000	3 000~500	≤500
公路隧道（m）	>3 000	3 000~1 000	1 000~250	≤250

（3）地下铁道

地下铁道是解决大城市中交通拥挤、车辆堵塞问题，而又能大量快速输送乘客的一种城市轨道交通运输设施。它可以使很大一部分地面客流转入地下而不占用地面面积。它没有平面交叉，而各走上下行线，因而可以高速行车，且可缩短车次间隔时间，节省了乘车时间，便利了乘客的活动。在战时，还可以起到人防的功能。随着我国经济发展和国民收入的持续增加，城市小汽车的拥有量在迅猛增加，以致许多城市干道的交通堵塞状况日益严重，很多路口交通负荷度已经饱和，因此，建设大容量快速轨道交通包括地铁和轻轨运输是缓解交通紧张状况的有效途径，尤其是在市内，建设地下铁道，向地下发展是今后城市发展的一种趋势。迄今为止，我国绝大多数省会城市都已有地下铁道在营运或正在修建地下铁道，它们为改善城市交通状况、减少交通事故起到了积极的作用。

（4）水底隧道

当交通线需要横跨河道时，一般可以架桥或是轮渡通过。但是，如果在城市区域内，河道通航需要较高的净空，而桥梁受两端引线高程的限制，一时无法抬起必要的高度时，就难以克服这一矛盾，此时，采用水底隧道就可以解决。它不但避免了风暴天气轮渡中断的情况，而且在战时不致暴露交通设施的目标，是国防上的较好选择。我国上海横跨黄浦江，全长 2 793 m 的越江水底隧道，把黄浦江两岸的交通连接起来。1993 年建成的广州珠江水底隧道，属我国第一条采用沉埋法修建的隧道（地铁与公交、市政管道共用，长 1.23 km），1995 年又在宁波甬江建成了第二条沉管水底隧道（高速公路，长 1.019 km）。2010 年建成的武汉长江公路隧道为长江上的首座隧道，总长 3 630 m，采用盾构法施工，双洞 4 车道。长沙于 2011 年通建成了第一条穿越湘江的营盘路水下隧道。

（5）人行地道

城市闹市区中，行人众多，往来交错，而且与车辆混行，偶有不慎便会发生交通事故。在横跨十字路口处，即便有指示灯和人行横道线，但快速的机动车，也不得不频频地减速，甚至要停车避让。为了提高交通运送能力及减少交通事故，除架设街心高跨桥以外，也可以修建人行地道。这样可以缓解地面交通互相交叉的繁忙景象，也大大减少了交通事故。

8.2.2　水工隧道

水工隧道(也称为隧洞)是水利枢纽的一个重要组成部分，根据其用途又可分为如下几种。

(1)引水隧洞

它把水引入水电站的发电机组，产生动力资源。引水隧道有的全部充水因而内壁承压，有的只是部分过水因而内部承受大气压力和部分水压，分别称之为有压隧道和无压隧道。

(2)尾水隧洞

它是发电机组的排水通道。

(3)导流隧洞或泄洪隧洞

它是水利工程中的一个重要组成部分，可起疏导水流或水库容量超限后的泄洪通道。

(4)排沙隧道

它可用来冲刷水库中淤积的泥沙，把泥沙裹带送出水库。有时也用来放空水库里的水，以便进行库身检查或修理建筑物。

8.2.3　市政隧道

市政隧道是城市中为安置各种不同市政设施而修建的地下孔道。由于城市不断发展，工商业日趋繁荣，人民生活水平逐步提高，对公用事业的要求也越来越高。许多城市不得不利用地下空间，把市政设施安置在地下，既可不占用地面面积，又不至扰乱高空位置和影响市容。按市政隧道的用途，可有如下几种分类。

(1)给水隧道

城市自来水管网遍布市区，必须有地下孔道来容纳安置这些管道，它既不占用地面，也可避免遭受人为的损坏。

(2)污水隧道

城市污水需要引入到污水处理厂以净化返用，条件不充分时仍有部分污水还要排放到城市以外。这都需要有地下的排污隧道。这种隧道可能是本身导流排送，此时隧道的形状多采用圆形；也可能是在孔道中安放排污管，由管道排污。一般排污隧道的进口处，多设有拦渣隔栅，把漂浮的杂物拦在隧道之外，不致涌入造成堵塞。

(3)管路隧道

城市所供煤气、暖气、热水等，一般都是把管路放置在地下的孔道中，经过防漏及保温措施，把这些能源送到居民家中。

(4)线路隧道

城市中，输送电力的电缆以及通讯的电缆，都安置在地下孔道中。既可以保证不为人们的活动所损伤或破坏，又免得悬挂高空，有碍市容观瞻。这些地下孔道多半是沿着街道两侧敷设的。

也有将以上四种隧道合建成一个大隧道，称之为"共同沟"。

(5)人防隧道

为了战时的防空目的，城市中需要建造人防工程。在受到空袭威胁时，市民可以进入安全的蔽护所。人防工程除应设有排水、通风、照明和通信设备以外，在洞口处还需设置各种防爆装置，以阻止冲击波的侵入。同时，并要做到多口联通、互相贯穿，在紧急时刻，可以随时找到出口。

8.2.4　矿山隧道

在矿山开采中，常设一些隧道(也称为巷道)，从山体以外通向矿床。

(1)运输巷道

向山体开凿隧道通到矿床，并逐步开辟巷道，通往各个开采面。前者称为主巷道，是地下矿区的主要出入口和主要的运输干道。后者分布如树枝状，分向各个采掘面。此种巷道多用临时支撑，仅供作业人员进行开采工作的需要。

(2)给水巷道

送入清洁水为采掘机械使用，并将废水及积水通过泵抽，排出洞外。

(3)通风巷道

矿山地下巷道穿过许多地层，将会有多种地下气体涌入巷道中来，再加上采掘机械不断排出废气，还有工作人员呼出气体，使得巷道内空气变得污浊。如果地下气体含有瓦斯，在含量达到一定浓度后，将会发生危险，轻则致人窒息，重则引起爆炸。必须及时把有害气体排除出去，因此需要设置通风巷道，用通风机把污浊空气抽出去，并把新鲜空气补进来。

8.3　隧道结构组成与建造方法

8.3.1　隧道结构的组成

隧道结构可分为主体建筑物和附属建筑物。前者是为了保持隧道的稳定，保证隧道正常使用而修建的，由洞身支护结构及洞门组成，在隧道洞口附近容易坍塌或有落石危险时则需要加筑明洞。附属建筑物指保证隧道正常使用所需的各种辅助设施，例如铁路隧道供过往行人及维修人员避让列车而设的避车洞；公路隧道为了保证车辆正常运行而设置的照明设施；为了排除隧道内渗入的地下水而设置的防水设备及排水设备；为了净化隧道内车辆所排出的烟尘和有害气体而设置的机械通风系统等；为了供火灾等紧急情况下使用的消防疏散通道及其必要的消防、报警装置等。

8.3.2　洞身衬砌结构

隧道衬砌的构造与隧道所穿越地层的地质条件和施工方法是密切相关的。从断面形状上可分为：矩形、马蹄形和圆形三种形式。

(1)整体式混凝土衬砌

它是指就地灌筑混凝土衬砌，也称模筑混凝土衬砌。其工艺流程为：立模—灌筑—养生—拆模。模筑衬砌的特点是：对地质条件的适应性较强，易于按需要成型，整体性好，抗渗性强，并适用于多种施工条件，如可用木模板、钢模板或衬砌台车等。因此，在我国隧道工程中被广泛采用。

这种类型的衬砌大多采用明挖法建造。它又可以分为两种大的类型：一种是属于城市铁道的区间隧道，通常采用矩形钢筋混凝土框架结构，如图 8 - 1 所示；由于两座分开的单跨单线结构的工程量大于一座双线双跨结构，因此除非受既有条件限制，如存在大型地下管道，或特殊的地质条件等，一般都采用双线双跨隧道结构。另一种是修筑在山岭交通隧道的进出口处，其隧道断面形式多为马蹄形(又称拱形)，如图 8 - 2 所示；它是隧道洞口或线路上起防护作用的重要建筑物，在铁路和公路上均使用较多。

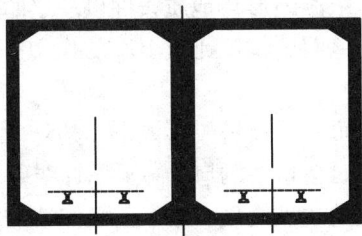

图 8 - 1　矩形框架地铁区间隧道结构图

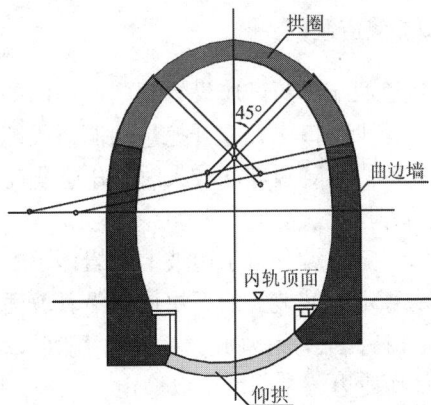

图 8 - 2　整体式拱形衬砌结构图

（2）复合式衬砌

采用暗挖矿山法施工的隧道断面形式为马蹄形(又称拱形)，一般采用复合式衬砌结构。衬砌分为内外两层：外层(与围岩接触)可以为锚喷支护，内层为整体式素混凝土或钢筋混凝土衬砌，两层之间加设防水层。复合式衬砌具有支护及时、能有效抑制围岩变形、充分发挥围岩自承能力、能适应隧道建成后衬砌受力状态变化等显著优点，如图 8 - 3 所示。

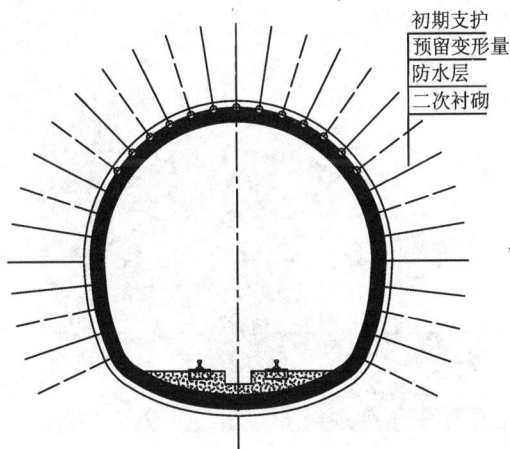

图 8 - 3　复合式衬砌结构示意图

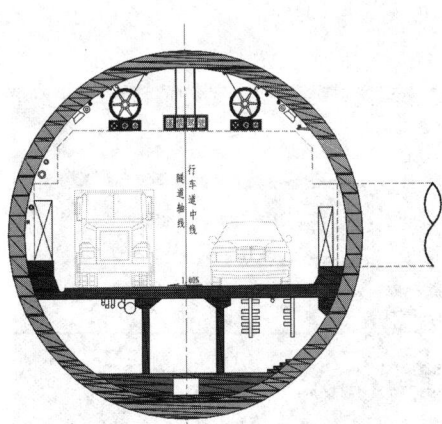

图 8 - 4　盾构法隧道构造图

（3）装配式衬砌

采用盾构法施工的地铁区间隧道中，由于圆形结构受力合理，推进阻力小，故被广为采用。

采用的结构形式通常为装配式衬砌，这种衬砌结构是在专门的工厂预制成构件后，再运输至隧道内由机械拼装而成(在地铁中这种预制构件通称管片，图8-4)。装配式衬砌具有施作后能立即承载、施工易于机械化等特点，由于在工厂预制，能保证较高的质量要求。因此在我国当前的地铁区间隧道施工中被广泛应用。国内于2011年年底建成的广深港客运专线狮子洋隧道是第一座采用大断面盾构法建造的装配式衬砌结构水下高速铁路隧道。

8.3.3 隧道洞门

隧道两端洞口处应设置洞门。洞门的作用有以下几方面：

①减少洞口土石方开挖量。洞口段范围内的路堑是依照地形与地质条件以一定的边坡而来开挖的。当隧道埋深较大时，开挖量就很大。设置隧道洞门，起到挡土墙的作用，可以减少土石开挖量。

②稳定边坡。由于边坡上的岩体不断受到风化，坡面松石极易脱落滚下。边坡太高，难于自身稳定。仰坡上的石块也会沿着坡面向下滚落。有时会堵塞洞口，甚至破坏线路轨道或路面，对行车造成威胁。建造洞门就可以减少引线路堑的边坡高度，缩小正面仰坡的坡面长度，从而使边坡及仰坡得以稳定。

③引离地表流水。地表流水往往汇集在洞口，如不予以排除，将会浸及线路，妨碍行车安全。修建洞门，可以把流水引入侧沟，保证了洞口的正常干燥状态。

④装饰洞口。洞口是隧道唯一的外露部分，是隧道正面的外观。修建洞门也可以是一种装饰。在城市附近的隧道，尤其应当配合城市的美化，予以艺术处理。

洞门的形式有以下几种：

(1)环框式洞门

当洞口石质坚硬而稳定(Ⅰ级)围岩，地形陡峻而又无排水要求时，可以设置一种不承载的简单洞口环框。它能起到加固洞口和减少雨后洞口滴水的作用，并对洞口做出简单的装饰。如图8-5所示。

图8-5 环框式洞门

图8-6 端墙式洞门

(2)端墙式洞门

端墙式洞门(图8-6)适用于地形开阔，岩质基本稳定的Ⅰ~Ⅲ级地区。端墙的作用在于支护洞口仰坡，保持其稳定，并将仰坡水流汇集排出。这种洞门只在隧道口正面设置一面能抵抗山体纵向推力的端墙。它的作用不仅仅是起御土墙的作用，而且能支持洞口正面上仰坡，并将从仰坡流下来的地面水，汇集到排水沟中去。

(3)翼墙式洞门

当洞口地质较差，山体纵向推力较大时，可以在端墙式洞门以外，增加单侧或双侧的翼墙，称为翼墙式洞门，如图 8-7 所示。翼墙与端墙共同作用，以抵抗山体纵向推力，增加洞门的抗滑动和抗倾覆的能力，故适用于Ⅳ级及以下的围岩。

图 8-7　翼墙式洞门

图 8-8　柱式洞门

(4)柱式洞门

当地形较陡，地质条件较差，仰坡有下滑的可能性。而又受地形或地质条件限制，不能设置翼墙时，可以在端墙中部设置两个断面较大的柱墩，以增加端墙的稳定性。如图 8-8 所示。这种洞门墙面有凸出线条，较为美观，适宜在城市附近或风景区内采用。对于较长大的隧道，采用柱式洞门比较壮观。

(5)台阶式洞门

当洞门处于傍山侧坡地区，洞门一侧边坡较高时，为减小仰坡高度及外露坡长，可以将端墙一侧顶部改为逐步升级的台阶形式，以适应地形的特点，减少仰坡土石方开挖量。这种洞门也有一定的美化作用。如图 8-9 所示。

图 8-9　台阶式洞门

图 8-10　削竹式洞门

（6）削竹式洞门

当隧道洞口段有一节较长的明洞衬砌时，由于洞门背后一定范围内是以回填土为主，山体的推滑力不大时，可采用削竹式洞门，其名称是由于结构形式类似竹筒被斜向削砍断的样子，故得其名，如图 8 - 10 所示。这种洞门结构近些年在公路隧道的建造中被普遍使用。削竹式洞门的特点是，洞口边仰坡开挖量少，有利于山体的稳定，减少对植被的破坏和有利于保护环境；各种围岩类别均能适用。但其使用条件是：地形相对比较对称和不太陡峻。

（7）喇叭式洞门

对于高速铁路，高速列车进入隧道后，会在隧道出口产生微气压波效应，引起空气压力变化和噪声，对洞口建筑物的安全产生影响，为解决微压波问题，隧道洞门需修建缓冲结构，如采用喇叭口形式来逐渐扩大洞口断面，如图 8 - 11 所示。

图 8 - 11　喇叭式洞门

8.3.4　隧道主要建造方法

隧道建造方法可以归纳为：矿山法、明挖法、机械法、沉管法、顶进法等。

（1）矿山法

矿山法因最早应用于矿山开采而得名，由于在这种方法中，大多数情况下都需要采用钻眼爆破进行开挖，故又称为钻爆法。习惯上将凡是采用钻爆法施工的方法都称为矿山法。自20 世纪 60 年代，新奥法（新奥地利隧道施工方法——New Austria Tunneling Method）正式问世以来，矿山法有了长足的发展。从发展趋势来看，矿山法仍将是今后山岭隧道最常用的开挖方法，而这主要是指新奥法。

（2）明挖法

明挖法是先在露天的路堑地面上，或是在敞口的基坑内，先修筑结构物，然后再回填覆盖土石。明挖法适合于浅埋隧道、地下铁道和市政隧道施工。

（3）机械法

又可分为盾构法和掘进机法两种方法。①盾构法指采用机械式盾构开挖的方法，主要应用于城市地下铁道的土质地层中施工（图 8 - 12），尤其适用于软土、流砂、淤泥等特殊地层。②掘进机法指采用大型隧道掘进机开挖的方法，大多数情况下主要用于山岭隧道的岩石地层（图 8 - 13）。一般也将机械式盾构法和掘进机统称为掘进机法。

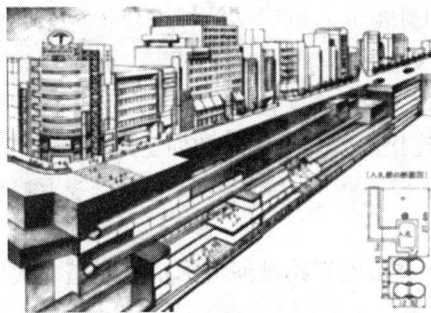

图 8 – 12　盾构法建造的城市地下铁道

图 8 – 13　掘进机与建造的山岭隧道

(4)沉管法

沉管法施工时，先在隧址以外的预制场(干船坞或船台设备)制作隧道管段，两端用临时封墙密封，制成后拖运到隧址指定位置上。待定好位后，灌水压载，使管段沉放到预先挖好的水底沟槽中，然后与先沉放的邻接管段进行水下连接，全部沉放和连接好后，再覆土回填，完成隧道的修建。沉管法主要用于修建跨越江河湖海的水底隧道(图 8 – 14)。

(5)顶进法

顶进法即采用机械顶推完成隧道建造

图 8 – 14　沉管法建造的水下隧道

的方法。主要用于城市地下人行通道和城市市政工程中小型管道的敷设等。

隧道施工方法的选择并不是唯一的，在同样的条件下，可供选择的方法往往不止一种。因此，隧道工作者必须科学地全面考虑各种因素，优化选择施工方法，力争以较小的成本获得较大的效益。

8.4　隧道工程的发展概况

8.4.1　世界隧道工程的发展简况

早在上古年代，人们就已经会利用天然洞穴作为栖身之所了，并且逐步会在平原地区自己挖掘类似天然洞穴的窑洞来居住。公元前 2180—前 2160 年前后，在古巴比伦城幼发拉底河下修筑的人行隧道，是迄今已知的最早用于交通的隧道，为砖砌构造物，长 190 m，它是奴隶在极危险的作业条件下完成的。公元前后的古罗马时代，利用棚架支护和卷扬提升方法，开挖了数量较多的军用隧道和水工隧道，开挖方法是火烧开挖面，烧热后急速泼冷水使岩石开裂而形成。

现代隧道开挖技术的产生是在火药的发明和 19 世纪的产业革命后出现的，尤其是铁路的出现对隧道建造起到了很大的推动作用；第一座隧道用蒸汽机车牵引的铁路隧道是1826—1830 年在英国利物浦至曼彻斯特的铁路线上，全长 1 190 m。以后又陆续修建了更多的铁路隧道。火药的改进和钻眼工具的创制，促使隧道的修建技术有了显著的提高，其中比较有影响的是 1898 年建成了穿越阿尔卑斯山的辛普郎隧道。在该座隧道中，第一次应用了 TNT 炸药（硝化甘油）和凿岩机。1857—1871 年间，建成了连接法国和意大利的仙尼斯山隧道，长为 12 850 m；1989 年意大利又修建了辛普伦隧道，长达 19 700 m，1971 年日本新干线上修建了大清水隧道，全长 22 230 m。

除了山区的铁路隧道以外，又发展修建了一些在城市附近跨越河海的水底隧道。美国修建了宾夕法尼亚东河水底隧道，长为 7 190 m；日本修建了新关门隧道，长达 18 675 m。1980 年代又建成了自本洲青森至北海道的函馆间的青函海底隧道，长达 53 850 m，海底部分就有 23 300 m。这是目前世界上最长的水底隧道。此外，比较著名的还有 1991 年建成通车的英法海峡隧道，长 50.50 km。

由于欧洲运输量急剧增长，迫切需要扩大公路网，因而随之出现了不少的公路隧道。奥地利修了阿尔贝格公路隧道，长为 13 980 m；瑞士修了圣哥达公路隧道，长为 16 285 m。

自从城市发展以来，城区交通繁忙，车辆拥挤，人车混行，安全难保。又因新开挖工具——盾构的出现，地下铁道随之兴起。1863 年英国伦敦修筑了第一条地下铁道。截至 20 世纪末期，全世界共有 43 个国家的 117 座城市建有地铁，总运营里程接近 6 000 km。地铁线路长度超过 100 km 的城市有 13 座，其中纽约和伦敦均超过 400 km，巴黎超过 300 km，莫斯科和东京超过 200 km。而且把地上、地下的交通连接起来，成为城市中的立体交通网。地下铁道的建筑，也一天比一天规模宏大、雄伟壮观。德国慕尼黑地下铁道的卡尔广场车站建筑就上下深达六层：第一层是人行通道及商店餐厅；第二层做为货场及仓库；第三、第四层为地下停车场，可同时容纳 800 辆汽车；第五、第六层才是车站集散厅及车道。华盛顿的地下铁道已经用电脑指挥和控制列车运行。时速高的是旧金山的地下铁道，平均时速为 80 km/h，最高可达 120 km/h。最大客运量是莫斯科地下铁道，1977 年统计年运送 21.6 亿人次。

1964 年日本铁路新干线的运营，标志着铁路高速技术进入实用化阶段。高速铁路的发展，必然伴随大量隧道工程的出现，这主要是因为线路的标准必须大大提高，如最小曲线半径在多数情况下都需大于 4 000 m，线路坡度必须比较平缓等。像日本正在建设的 5 条新干线中，隧道的工程量便相当可观。北陆新干线轻井—长野段，长 83.6 km，隧道约占 44%；东北新干线宫内—八户段，长 60.0 km，隧道约占 85%；九州新干线八代—西鹿儿岛段，长 1211.2 km，隧道约占 70%。在这些线路上也出现了几座长隧道，如岩手隧道长 25.8 km，紫尾山隧道长 10.0 km 等。德国于 1980 年代初期动工修建的从汉诺威兹堡新干线，长 327 km，隧道总延长达 118 km，占线路长度的 37%。另一条从曼海姆到斯图加特线路，长 100 km，隧道约占 30%。

丹麦大海峡隧道（8.0 km）等，已经引起世界各国的关注。目前，许多国家都在进行海峡隧道的研究和筹建，如白令海峡（俄罗斯—美国）隧道、直布罗陀海峡（西班牙—摩洛哥）隧道、连接意大利本土和西西里岛的墨西拿海峡隧道。表8－2列出了世界已建、待建长度大于 20 km 的隧道。

表 8 - 2　世界已建、待建长度大于 20km 隧道

排名	隧道名称	国家	隧道长度 (km)	始建时间	建成时间	隧道形式
1	新圣哥达	瑞士	57	1996	2017	双线，单洞
2	布雷纳	奥地利—意大利	55.6	2010	2025	单线，双洞
3	青函	日本	53.85	1971	1987	海底隧道，双线，单洞
4	里昂—都灵间 Ambin	法国—意大利	52.11	2006	2015	单线，双洞
5	英吉利海峡	英国—法国	51.81	1986	1990	海底隧道，三条平行隧道
6	新勒奇山	瑞士	34.6	1994	2005	单线，双洞
7	新关角	中国	32.6	2007	2012	单线，双洞
8	兰渝线西秦岭	中国	28.236	2008	2013	双线，单洞
9	太行山右线	中国	28.848	2005	2007	双线，单洞
10	太行山左线	中国	28.839	2005	2007	单线，双洞
11	戴云山	中国	28.79	2008	2010	进口双线，单洞，出口单线，双洞
12	瓜达马拉	西班牙	28.4	2002	2007	单线，双洞
13	八甲田	日本	26.455	1999	2005	复线双向 200
14	岩手一户	日本	25.8	1991	2000	双线，单洞
15	维也纳森林	奥地利	23.84	2004	2009	东段双线，单洞，西段单线，双洞
16	大清水	日本	22.228	1971	1981	双线，单洞
17	哈达铺	中国	22.1	2009	2011	双线，单洞
18	青云山	中国	22.06	2008	2010	单线，双洞
19	高盖山	中国	21.05	2008	2010	双线，单洞
20	吕梁山	中国	20.75	2006	2009	双线，单洞
21	乌鞘岭	中国	20.06	2003	2006	双线，单洞

8.4.2　我国隧道工程的发展

（1）隧道工程的历史

我国春秋时代的古籍《左传》中，曾有"隧而相见"的记载，说明当时已经有过通道式的隧道了。三国时期的"官渡之战"中，曹操采用挖掘地道的方式进攻袁绍。封建时期各个朝代的帝王坟墓陵寝均修在地下，如河北满城的汉代王陵、唐朝的帝王墓都是依山为陵；明朝的定陵更是壮丽堂皇，成为今人游览的名胜。17 世纪初宋应星所著《天工开物》是我国有关地下工程方面的最早的书籍，它详细记载了竖井采煤法。最早用于交通的隧道为"石门"隧道，位于今陕西省汉中县褒谷口内，建于东汉明帝永华九年。

19 世纪以来,西方列强争相在我国修建铁路,于是出现了铁路隧道。第一座铁路隧道是清朝在台湾修建的狮球岭隧道,建造时间为1887—1891 年,轨距1 067 mm,长261.4 m,最大埋深61 m,位于台北—基隆线上。1903 年在滨州线建成兴安岭隧道,按双线断面施工,铺设单线,长3 077 m,是我国第一座长度超过3 km 的铁路隧道。

1908 年,詹天佑主持修建的京张铁路,是我国自行设计、施工的第一条铁路,在关沟段建成有4 座隧道,总延长1 645 m,其中最长的八达岭隧道(1 091 m),建成于1908 年,是我国自力修建的第一座越岭铁路隧道。1939 年为增建滨绥二线修建的杜草隧道,长3 840 m。

民国时期(1912—1949),我国共兴建铁路隧道427 座,总长度达113.881 km。这一时期隧道大部分分布在东北(包括热河省在内)地区的线路上。这些隧道的兴建培养造就了一批中国自己的隧道建设人才和专家,为日后中国内地大规模的隧道建设事业创造了条件和积蓄了力量。

(2)建国以来隧道工程的发展和成就

20 世纪50 年代初期。铁路隧道修建依旧以人工开挖为主。1958 年以后,掀起了一个以小型机具和机械代替人工施工的热潮。其中,宝成铁路的秦岭隧道在施工中首次使用了风动凿岩机和轨行式矿车,成为我国隧道修建中从人力开挖过渡到机械开挖的标志。这一时期建成隧道较多的铁路主要有宝成、天兰、丰沙Ⅰ线、石太复线、鹰厦、川黔、太焦等线。共建成隧道1 005 座,总延长306 km。10 年建成隧道的数量比此前60 年增长近1 倍。

60 年代,西南铁路建设中,建成一批隧道较多的山区铁路,隧道建设在停建、发展、延滞的曲折前进中取得了成就。相继建成贵昆、成昆、京原以及东川、嫩林、盘西、水大、渡口等干支线,这一时期共修建隧道1 113 座,总延长660 km。总延长为50 年代的2 倍多。

70 年代,由于铁路路网迅速扩展,进行大规模铁路建设,完成了较多的隧道工程,主要是焦枝、枝柳、襄渝、京通、阳安、湘黔等线,这都是路网中隧道较多的山区铁路干线,工程非常艰巨。这一时期共建成隧道1 954 座,总延长1 035 km,在规模、速度和数量上,又大大超过五六十年代,是中国铁路隧道建设史上建成隧道较多的时期。

80 年代,由于改革开放的需要,为改变铁路运输的紧张状态,旧线改造和新线建设重点放在加强晋煤外运通道和改造既有铁路能力不足的"瓶颈"上,加速了衡广、沪宁、沪杭、浙赣等复线建设和修建京秦、大秦、兖石、新菏等铁路。这一时期共建成隧道319 座,总延长199 km,从数量上看虽然比六七十年代大为减少,但建成的长隧道特别是双线长隧道增加了许多。其中衡广复线大瑶山隧道(14.295 km)是我国当时已建成的最长双线隧道。大秦铁路的军都山(8.46km)、白家湾(5.06 km)等双线隧道也都是在这一时期建成的。从70 年代末,中国内地开始了解和接受新奥法的施工理念,并率先在修建大瑶山隧道中采用。大瑶山隧道使用重型机械进行综合机械化施工,它的建成标志着我国隧道设计、施工技术和科学研究开拓了一个新领域,跃升至一个新的阶段,已跻身于世界长隧道之林。

同一时期,北京地铁复兴门折返线引入军都山隧道在洪积、冲积地层浅埋矿山法施工的经验,逐渐开始了在城市地铁中采用浅埋矿山法修建区间隧道及各种跨度车站的新时代。由于解决了在城市环境条件下,不拆迁、不扰民的问题,大大提高了施工进度,因此这一方法在1987 年8 月25 日被定名为"浅埋暗挖法"。在明挖法、盾构法不适应的条件下,浅埋暗挖法显示了巨大的优越性。根据多年的工程实践,目前浅埋暗挖法已有自己全套的设计、施工理论作为建设部命名的国家级工法,并已被国内外所采用。

到 90 年代，铁路干线隧道工程浩大，长隧道多，工程地质极其复杂，铁路隧道建设技术水平提高很快，隧道施工方法逐渐呈现出多样性。开挖方法由单线隧道的台阶法施工演变为大跨度的单侧壁、双侧壁导坑法，CD 法，CRD 法修建 3 线、4 线等大跨度的铁路隧道及车站。1993 年，成功采用沉管法修建了穿越珠江的公铁两用隧道，标志中国沉管法建造技术的成熟。另有许多著名的隧道，如南昆线米花岭隧道和家竹箐隧道、西康线秦岭 I 线隧道、京九线五指山隧道以及朔黄线长梁山隧道等均在这一时期建成。1998 年 1 月，全长 18 km 的西康线秦岭隧道 I 线隧道，采用技术先进的敞开式全断面 TMB 建成，标志着我国铁路隧道机械化施工跨入了世界隧道建造的先进行列，整体上代表了我国现阶段铁路隧道工程的新水平。90 年代共建成隧道 1 822 座，总延长 1 311 km，是我国建成铁路隧道总延长最多、隧道平均长度最长的时期。

进入 21 世纪以来，中国铁路进入新一轮的发展高峰，许多隧道工程向过去的隧道修建禁区发展，出现了大量的岩溶区高水压隧道，穿越煤层的高瓦斯地区隧道。高海拔多年冻土隧道、长距离跨海隧道、长度超过 30 km 以上的高速铁路隧道。大量新建铁路干线隧道多达百座以上，长度占全线的 37% ~52%，而施工工期却大大缩短。渝怀线全长约 645 km，共有隧道约 190 座。总长约 241 km，占线路总长的 37%。宜万线全长约 386 km，共有隧道约 127 座，总长约 200 km，占线路总长的 52%。另外横穿琼州海峡连接大陆与海南岛的海底隧道也正在研究之中，厦门和胶州湾海底隧道就是一个积极的准备。随着更大量的公路隧道、城市地铁的建设，毫无疑问，我国正在由世界隧道大国步入世界隧道建造技术强国的行列。

近 20 多年来，随着我国的高速公路或高等级公路建设的快速发展，公路隧道的建造也取得了迅猛发展，每年几乎都有数十座以上的隧道建成。至 2008 年为止，我国已建成 5 426 座公路隧道，总长度 3 186 km，长度超过 5 000 m 以上的已有 20 多座（不包括在建隧道）。其中，比较著名的有：秦岭终南山隧道，长 18 020 m 多，是我国目前最长的公路隧道；上海至瑞丽高速公路湖南境内的邵阳至怀化段的雪峰山隧道，长 6 951 m，于 2007 年建成；川藏公路的二郎山隧道，长 4 160 m，海拔标高达 2 200 m，是目前我国已建成的海拔最高隧道。

在许多城市的地下铁道建造中，已普遍开始使用机械化盾构。

在隧道工程的理论方面，分析结构内力的方法，早已经从传统的结构力学计算转到以矩阵分析方式的电子计算机计算，并进一步用有限元方法进行分析；从把地层压力视为外力荷载，到把围岩和支护结构组成受力统一体系的共同作用理论；从过去认为地层岩体为松散介质，进而考虑岩体的弹性、塑性和黏性，以及各种性质的转变，拟出各种能进一步体现岩性的模型，进行受力的分析。

(3)我国典型隧道工程简介

在已建成的众多铁路隧道中，堪称为里程碑的重要隧道共有 6 座，分别是大瑶山隧道、秦岭隧道、乌鞘岭隧道、太行山隧道、狮子洋隧道和关角隧道。

大瑶山隧道(图 8 – 15)，长 14.294 km，双线断面。隧道埋深为 70 ~910 km。隧道位于广东大瑶山地区。洞身穿过的岩层以变质砂岩、板岩为主，中部班古坳地区，穿过白云质灰岩、泥灰岩及砂岩。隧道处于多雨地区，地下水丰富。断层破碎地带地下水较集中。9 号断层每天涌水量达 4 万 m^3，为国内外隧道所罕见。隧道从 1980 年 8 月开始施工，1988 年 12 月 16 日建成通车。从勘察到竣工，前后历时近 10 年。大瑶山隧道是我国第一条全断面机械化，按照新奥法原理设计、施工的铁路隧道。

图 8-15　大瑶山隧道

图 8-16　秦岭隧道

　　秦岭隧道(图 8-16),长 18.456 km,单线断面,双洞,分Ⅰ线和Ⅱ线两座平行隧道,隧道中线间距 30 m。隧道埋深大于 1 000 m 的地段长约 3.8 km,最大埋深约 1 600 m。隧道位于陕西北秦岭地区。穿过的岩层主要为混合片麻岩和混合花岗岩,石质坚硬。秦岭Ⅰ线隧道是我国首次采用 TBM 施工的铁路隧道,两台直径 8.8 m 开敞式掘进机,于 1997 年 9 月进入工地,完成了组装、调试后,分别于 1998 年 1 月和 2 月,在进、出口开始正式掘进。掘进至隧道中部长约 7.6 km 特别坚硬完整的围岩段时,改用钻爆法开挖,于 1999 年 8 月 29 日贯通,2000 年 5 月竣工。秦岭Ⅱ线隧道大断面导坑隧道用钻爆法于 1995 年 1 月 18 日开工,1998 年 3 月 10 日贯通。最终建成于 2003 年。秦岭隧道修建中创造了一系列新技术、新突破,特别是在 TBM 施工技术方面的重大跨越,标志着我国在铁路隧道工程建设规模和总体水平上已进入世界先进国家行列。

　　乌鞘岭隧道(图 8-17),长 20.050 km,单线断面,双洞,隧道两线间距 40 m。隧道埋深 400~1 100 m,洞身在海拔 2 400 m 以上。隧道位于甘肃省祁连山脉东北部地区,所经地层岩性复杂,其中泥岩、页岩和千枚岩等岩体,岩质软弱,其变形有明显的随时间缓慢增长的特性。特大型活动性断层、极高地应力和软岩大变形等问题是困扰隧道施工的主要地质难题。乌鞘岭隧道全部采用钻爆法施工,Ⅱ线隧道先期作为平行导坑,为Ⅰ线隧道施工探明地质并辅助Ⅰ线隧道施工,Ⅰ线隧道贯通后,再将Ⅱ线平行导坑扩挖成型。全隧道除在 4 个正面掘进施工外,Ⅰ线隧道设 8 座斜井,Ⅱ线隧道设 5 座斜井及 1 座竖井,共 14 个辅助坑道,增辟多个工作面,实施"长隧短打",加快施工进度。隧道于 2004 年初进场施工,2006 年 3 月 30 日Ⅰ线隧道开通,2006 年 8 月 12 日Ⅱ线隧道开通,隧道施工仅用了约 2.5 年的时间。乌鞘岭隧道修建中技术上的新突破和建设管理上的新经验,为我国今后大规模铁路隧道建设提供借鉴和起到指导作用。

　　太行山隧道(图 8-18)长 27.8 km,单线断面,双洞,两线间距 35 m。最大埋深为 445 m,设计速度目标值 250 km/h。隧道位于石太客运专线小寨车站和盂县车站之间太行山山脉越宵山地区。区域地表覆第四系松散堆积层、冲洪积层黄土,下伏白云岩、石灰岩、灰岩、花岗片麻岩和泥岩。隧道穿越高地应力及膨胀性围岩、突水突泥、坍塌冒落等不良地质较多。太行山隧道全部采用钻爆法施工。于 2005 年 6 月 11 日开工,2007 年 12 月 22 日全部贯通,实际施工为 30 个月。隧道采用 9 座施工斜井,斜井总长 11 120 m。太行山隧道为我国第一座特长高速铁路隧道,除了施工难度大以外,首次设计实施了考虑高速铁路空气动力学效应的特殊结构和包括"紧急救援站"在内的一整套防灾救援系统。

图 8 – 17 乌鞘岭隧道

图 8 – 18 太行山隧道

狮子洋隧道(图 8 – 19),长 10.800 km,单线断面,双洞。设计速度目标值为 350 km/h。隧道位于广深港客运专线东涌站—虎门站区间,穿越珠江口狮子洋河段,其中狮子洋水面宽 3 300 m,水深达 26.6 m,为珠江航运的主航道,设计水压达 0.67 MPa。这是国内第一座水下及高速铁路隧道,也是世界上速度目标值最高的水下隧道。隧道引导敞开段长 310 m,明挖暗埋段(含缓冲结构)1 104 m,盾构段 9 340 m,工作井段 46 m。盾构隧道段结构内径9.8 m,外径 10.8 m,管片厚度 50 cm,采用"7 +1"分块方式。全隧道共设置左右线之间的连接横通道 23 处,其中盾构段 19 处。盾构段采用 4 台泥水平衡式盾构施工,左右线各 2 台,是国内首次在软硬不均岩层中采用大直径泥水盾构进行长距离掘进的实践。盾构机分别从入口工作井和出口工作井始发,在狮子洋河床下进行地中对接。单台盾构最大掘进长度约 4 800 m。隧道于 2006 年 5 月开工,于 2010 年年底建成。

图 8 – 19 狮子洋隧道

图 8 – 20 关角隧道

关角隧道(图 8 – 20),长 32.645 km,单线断面,双洞,线间距 40 m。隧道位于青海省天峻县和乌兰县境内,海拔高度 3 324 m 以上,是世界上最长的高原隧道。关角隧道地处青藏高原,地层岩性复杂多变,沉积岩、岩浆岩、变质岩三大岩类均有出露,伴随十几条区域断裂或次级断裂,地下水发育,涌水量变化较大,恶劣的施工环境给工程建设带来极大的困难。施工中克服了冲积细砂地层支护、软弱围岩大变形控制、岩溶裂隙水的防止和处理等多项技术难题。工程于 2007 年 11 月开工。采用 10 座斜井、18 个施工横通道及局部平导来铺设正洞施工。建设总工期为 5 年。关角隧道的建成将既有线路缩短了 36.837 km。

8.4.3 隧道工程的未来发展趋势

(1)地下空间将成为可持续发展的重要战略资源

隧道工程的近期发展，除了以交通为目的以外，已扩大到其他多方面用途的地下工程。由于地下建筑物不占地面面积，具有抗震稳定性，国防上有隐蔽性等优点，于是充分利用地下空间的途径逐渐为人们所重视。在工业方面建成了许多地下仓库，地下工厂、地下电站、地下武器库、地下停车场、地下粮仓等。在人民生活方面，建造了形成网络的防空洞、地下影院、地下招待所、地下游乐场、地下体育中心、地下街、地下餐厅、地下会堂、地下战备医院和地下养殖场等。到目前为止，地下工程发展已经渗透到国民经济的各个部门中，成为人们活动的又一层世界。

进入 21 世纪以来，世界出现了人口爆炸，土地退化，资源短缺，生态变坏、气候反常等问题，人类赖以生存的地球已不堪重负，因此，各国都顺应时代潮流把地下空间开发当成一种新型国土资源来看待。国际隧道工程协会(International Tunnelling Association，ITA)早在 1980 年年初提出"大力开发地下空间，开始人类新的穴居时代"的倡议，得到广泛的响应。日本由此提出了利用地下空间把国土扩大 10 倍的设想。加拿大的最大城市蒙特利尔，也早已提出了在 21 世纪的前 20 年内以地下铁道车站为核心，建造联络城市 2/3 设施的地下街网络的宏伟规划。

目前我国有关研究机构正在开展 21 世纪中国城市地下空间开发利用战略及对策、城市空间开发利用立法和管理体制，控制性规划、地下空间开发利用设计、施工技术综合分析，防灾技术综合分析，地下空间内部环境控制技术综合分析专题研究。

(2)修建跨海或越江隧道将成为必然发展趋势

我国自 1981 年在上海的黄浦江建成第一座水下隧道以来，已建成了数十座水底隧道，尤其是近几年先后建成了在世界上都具有一定影响力的一些水底隧道，如厦门与青岛的海底隧道、武汉的首座跨越长江的水下隧道等。预计未来的 20 年内我国的城市水底隧道将进入全兴时期。尤其是随着国家整体经济实力的不断提高，连接雷州半岛至海南岛的琼州海峡隧道无疑将会正式列入国家重大工程项目的议事日程中。

如上所述，目前世界各国的跨海或越江水底道路隧道的建造，大多数采用比较经济、合理的沉管法。与此同时，一种代表跨越水道新概念的水中悬浮隧道已经进入某些跨海隧道的规划设计阶段。这种隧道和传统观念上的隧道区别在于：它既不是搁置于地层上，也不是从地层中穿凿，而是依靠它本身的结构浮力及其必要的支撑或固定系统来保持于水中。因此有人将其形象地比喻为沉入水中的桥梁。悬浮隧道与其他的海底隧道相比的最大优点是建造费用低(相当于同等规模的悬索桥)。采用这种方案正在进行规划设计的工程实例主要有连接西西里岛至意大利本土的墨西拿海峡隧道和挪威赫格峡湾水下隧道。

(3)新的技术将会导致施工方法的革新

在长大隧道和重点地下工程中，推行施工综合机械化，将成为一个重要发展方向，尤其是隧道掘进机的采用将会彻底改变隧道开挖的钻爆方式。此外，据文献报道，应用高压水的射流破岩技术已经过关，这种技术能以很快的速度在坚硬岩层中打出炮眼，再在隧道周边用高压水切槽，然后爆破破岩。其优点是减少超挖，可以开凿任意断面形状的隧道，保护围岩，降低支护成本，并能增加自由面以降低炸药消耗和炮眼数量。但目前还需解决消耗功率较大，设备成本较高的缺陷，可以预计，在未来的 20 年内，将会正式在隧道工程中应用。

（4）全面采用可靠度理论进行隧道结构设计

隧道结构所处的环境条件极为复杂，很多作用机理人们还没有充分认识，许多因素都不是定值而是随机变量，它们的离散性和随时空的变异性也较地面结构更为突出，计算模式的不定性尤为明显。因此，应用结构可靠度理论和推行概率极限状态设计法，制定与隧道结构相适应的结构设计标准，是当前国内外发展的必然趋势。目前采用可靠度理论进行铁路与公路隧道结构设计的规范正在修订之中，可望在 5～10 年内正式启用。

（5）人工智能将在隧道与地下工程中发挥重要作用

人工智能是近 20 年伴随计算机发展起来的一门科学。它要求计算机所做的不是按既定的数学模型和求解方法进行具体的数字运算，而是根据数据库中已存储的"知识"进行一系列的逻辑推理，最后得出应有的结论。人工智能中的专家系统即是遵循上述途径求解问题，因而它适合解决具有复杂性、某些不确切性和模糊性的问题。

我国在大量的隧道与地下工程的工程实践和试验研究中，已经积累了很多宝贵的、定量的、定性的和经验资料。如果把已经积累的资料，包括各种理论或计算模型得出的有用规律，分门别类地组成有关知识库和数据，采取人工智能方法求解有关隧道工程问题的方法和工具，用以减少工程中的失误，提高工程的设计施工水平，取得实际的经济效益。目前我国在这方面已取得一定的成果。

思考题

1. 隧道按使用功能分类时有哪些？
2. 交通隧道的主要功能与特点是什么？
3. 隧道结构的组成可分为哪几个主要部分？
4. 隧道的断面可分为哪几种基本形式？

第9章 防灾减灾工程

9.1 防灾减灾学概述

长期以来，灾害对人类社会造成了巨大损失。防灾减灾学是人类在与灾害的斗争中不断研究总结形成的一门新的科学，它以防止灾情为目的，综合运用自然科学、工程力学、经济学等多种科学理论和技术，为社会安定与经济可持续发展提供可靠保障。

9.1.1 灾害概述

1. 灾害的含义

那些由于自然的、人为的或人与自然综合的原因，对人类生存和社会发展造成损害的各种现象，即是灾害。尽管"灾害"一词在人们日常生活中已经普遍使用，但如果要追根问底，对灾害的定义还尚未统一。世界卫生组织对灾害的定义为：凡是任何引起经济严重损失、人员伤亡、健康状况、卫生条件恶化及设施破坏的事件，如其规模已超出事件发生社区的承受能力而不得不向社区外部寻求专门救援时，都可称其为灾害。联合国"国际减轻自然灾害十年"专家组对灾害所下的定义为：灾害是指自然发生或人为产生的，对人类和人类社会造成危害后果的事件与现象。值得指出的是，"灾害"是从人类的角度来定义的，必须以造成人类生命、财产损失的后果为前提。一次灾害发生，既要有诱因，又要有灾害的承载体，即人类社会。例如，一次火山发生在荒无人烟的小岛，并无人员伤亡，甚至无人知晓，则不会称作灾害。但是如果火山发生在人员聚集的城镇，导致人员伤亡、环境污染、房屋倒塌、农田被掩埋等，这就构成灾害事件。

值得一提的是，除了如地震火山喷发这种纯自然灾害，还有具有一些人类行为活动影响的"人为自然灾害"，温室效应、酸雨、雾霾、气候异常都是受人为因素影响而造成的自然灾害。2013年1月，我国中东部地区陷入严重的雾霾和污染天气，给了人们深刻的教训，虽然大气空气气压低，空气不流动是造成此次灾害性天气的主要原因，但是人类燃煤、机动车、工业这些污染源排放量大，也是造成本次严重污染的根本原因。另外人类的滥砍滥伐、围湖造田、过度抽水等等也破坏了生态平衡，造成了水土流失，泥石流、地面塌陷等地质灾害频发。以前是大雨成灾，现如今却成了中雨就成灾。这些人为自然灾害是大自然不断地变化和人类社会破坏环境的行为活动相互作用，共同造成的结果，正所谓"三分天灾，七分人祸"。

2. 灾害的类型

目前，研究灾害现象、灾害形成的环境以及对灾害产生的国家进行统计，以便能够正确地反映灾害的特性及其作用的规律是对灾害进行分类的目的。由于灾害的种类繁多，故其分类方法也不同，从灾害发生的原因可将灾害分为自然和人为灾害两大类。自然界中由于物质的变化或运动造成的灾害即是自然灾害。人为灾害则是由人为因素引发的灾害。以下对这两种灾害进行了具体分类：

（1）主要的自然灾害包括以下种类

表 9-1 灾害分类

灾害种类	具体分类
地质灾害	地震、火山爆发、山崩、滑坡、泥石流、地面沉陷等
气象灾害	暴雨、洪涝、热带气旋、冰雹、雷电、龙卷风等
生物灾害	病虫害、森林火灾、沙尘暴、急性传染病等
天文灾害	天体撞击、太阳活动异常等
其他	海啸、鼠害等也属于自然灾害

（2）主要的人为灾害包括以下种类

表 9-2 灾害分类

灾害种类	具体分类
生态环境灾害	烟雾与大气污染、温室效应、水体污染、水土流失、气候异常等
工程事故灾害	岩土工程塌方、爆炸、人为火灾、核泄漏、有害物失控（毒气、物、有害病菌等）、水库溃坝、房屋倒塌、交通事故等
政治社会灾害	战争、集团械斗、人为放毒、社会暴力与动乱、金融风暴等

从灾害发展过程的特性来划分，灾害又可分成以下四种类型：

①突变型。这种类型的灾害的特征是发生常常缺乏先兆，一般是突然发作的，且发生的过程时间短暂，但破坏性很大，并且在一定时期内可能重复发作。如地震、泥石流、燃气爆炸等。

②发展型。这种类型的灾害对比突发型，它有一定的先兆，它往往体现的是正常自然过程积累的结果，它们的发展也很迅速，但相对突变型灾害要缓慢一点，因此其发展过程具有一定的可估计性。如暴雨、台风、洪水等。

③持续型。这种类型的灾害持续时间相对较长，可由几天到半年甚至几年。如旱灾、涝灾、传染病、生物病灾害等。

④环境演变型（或简称演变型）。这种类型的灾害是一种长期的自然过程，其主要是由自然环境的演变或人类不当的行为引起，其进程缓慢，常常会被人们忽视而不能立即采取措施，而且这些灾害不能靠单方面的能力来控制和减轻，它需要世界不同国家共同合作来防治，如沙漠化、水土流失、海面上升、海水侵入、冻土、地面下沉以及区域气候干旱化等由于环境演变发生的自然灾害。

从危害性上分析，4 种类型的自然灾害存在不同程度的差异；突变型和发展型，两者有时被称为骤发性灾害，都是缺少征兆的自然灾害，且其发作快，对人类和动物的生命危害最大。相对而言，持续型自然灾害持续的时间较长，影响范围一般也相对较大，进而这种类型的灾害一旦发生往往会造成极大的经济损失。而演变型自然灾害则是一种漫长的自然过程，它在一定程度上破坏了人类的生存环境，而且不易纠正，因而它产生的影响最大，长期潜在的损失也最大。

（3）灾害的分级

迄今，不同灾害对其规模的描述都很不一样，不同的灾种有不同的分级方法与之对应，它们相互之间很难统一。如崩塌、泥石流则是以土方量来衡量；植物病虫害是以受害面积来划分；森林火灾是以过火面积来划分；而地震则是以释放的能量来分级。但不论何种灾害其造成的人员伤亡和财产（经济）损失是不可避免的，所以可根据这项标准来对灾害进行分级。目前，我国将灾害分为以下四个等级：

表9-3　灾害分类

等级	死亡人数	经济损失
巨灾	10 000人以上	超过1亿元人民币
大灾	1 000 ~ 10 000人	1 000万 ~ 1亿元人民币
小灾	10 ~ 100人	10万 ~ 100万元人民币
微灾	10 ~ 0人	10万元人民币

（4）灾害对人类社会的主要危害

自然灾害是人类依赖的自然界中所发生的异常现象，自然灾害对人类社会所造成的危害往往是触目惊心的。它们之中既有地震、火山爆发、泥石流、海啸、台风、洪水等突发性灾害；也有地面沉降、土地沙漠化、干旱、海岸线变化等在较长时间中才能逐渐显现的渐变性灾害；还有臭氧层变化、水体污染、水土流失、酸雨等人类活动导致的环境灾害。

自然灾害对人类社会的影响至深至远。在古代，灾害甚至可导致整个城市毁灭，例如，公元79年，古罗马帝国最繁荣的城市庞贝因维苏威火山爆发而在18 h之后消失；而17世纪末，水灾导致了我国江苏省泗州城陷入了洪泽湖底。各种自然灾害和人为灾害仍然肆虐在经济相当发达、科学技术十分先进的现代社会，成为人类的生存和发展的隐患。例如，2008年发生在四川的汶川地震，则造成了约46万人的伤亡，直接经济损失达8 451亿元人民币；2011年3月11日，日本东北部海域发生里氏9.0级地震并引发海啸，并导致了核电站泄漏事故，造成重大人员伤亡和财产损失，并造成了严重的核污染；此外，目前我国发生地面沉降灾害的城市超过50个，最严重的是长江三角洲、华北平原和汾渭盆地，由于地面沉降，有的城市甚至被预言会在几十年后消失。

自然灾害对人类的危害主要表现在以下三个方面。

①破坏公共设施和公私财产，造成严重经济损失。自然灾害对房屋、桥梁、隧道、公路、铁路、电力工程设施、水利工程设施、通信设施、城市公共设施以及农作物、家庭财产、机器设备等常常造成严重破坏，产生巨大的经济损失。

②威胁人类正常生活，危及人类生命和健康。

③破坏资源和环境，威胁国民经济的可持续发展。灾害和环境变化，除了在直接影响人类生产、生活活动的同时，还深远地影响着人类生存所必需的生物资源、水土资源、矿产资源、海洋资源等，例如，生物病虫害、森林火灾等直接破坏生物资源；海水污染、石油泄漏则

严重破坏了海洋资源和海洋生物资源；干旱、风沙、泥石流、洪水及与之密切相关的水土流失、土地盐碱化、土地沙漠化等自然灾害，破坏水土资源和生物资源；而一个物种灭绝后，就永远消失不会再生。灾害与环境具有密切的作用与反作用关系：环境恶化可以导致自然灾害，自然灾害又反过来促使环境进一步恶化。因此，自然灾害对资源与环境的破坏，后果是相当严重的。

人为灾害对人类社会的破坏作用也十分巨大，它可以是某些人有意识、有目的、有计划地制造出来的，也可能是出于无知、疏忽，或者是出于没有按照预先已经制定的防止灾害的规章制度办事，结果造成灾害的。如 1991 年海湾战争期间，萨达姆故意向波斯湾倾倒多达 100 万加仑（约合 3 785.4 m³）的石油，发生了世界上最大的原油泄漏，造成当地鸟类和鱼类的大量死亡。2001 年 9 月 11 日，美国世贸大厦因恐怖分子袭击而倒塌，造成 3 000 余人死亡。人为纵火或无意失火而造成森林火灾，也是举不胜举，造成了严重的损失。

（5）我国灾害的特点

我国是世界上自然灾害最为严重的国家之一，灾害有以下特点：种类多、分布地域广、发生频率高、造成损失重。我国特殊的自然地理环境是产生以上灾害特点的主要原因。

①我国领土南北跨纬度很广，跨热带、亚热带和温带，气候多变，同时地形复杂，西部为世界上地势最高的青藏高原，东部濒临太平洋，陆海大气系统相互作用，使得天气异常多变，台风、洪水等各种气象与海洋灾害几乎每年都会发生。

②我国位于欧亚与环太平洋两大地震带之间，地壳活动剧烈，这使得大陆地层多而地质灾害异常严重。

③我国的地势西高东低，西北还有黄土高原以及塔克拉玛干等大沙漠，降雨时空分布不均，易形成大范围的洪、涝、旱灾以及沙尘暴等，而黄土高原在泥沙冲刷下，发生水土流失、淤塞江河、河床抬高等一系列问题，也易导致洪涝灾害。

④我国适合多种病、虫、鼠害的滋生与繁殖，随着环境污染加重或气候暖化，生物灾害也在不断地加剧。

我国还有的其他可能的灾害：大气污染、噪声污染、水污染、光污染、电磁污染、核泄漏、雷电灾害等。另外，随着经济的高速发展及大规模的开发活动，也加重了这些灾害发生的频率和危害程度。

9.1.2　防灾减灾学科

（1）防灾减灾基本概念

① 灾害监测：通过测量与灾害有关的各种自然因素的变化数据，进而通过分析和研究，认识灾害的发生规律，并进行预报，如监测煤矿内瓦斯的浓度，可以预测瓦斯爆炸是否可能发生；监测河流、水库的水位变化，可以预报洪涝灾害的发生。

灾害监测主要针对的是自然灾害，其监测方式主要有：深部或地下孔点监测、水面和水下监测、地面台风监测、卫星与航空监测、政府部门与群众哨卡监测等。

② 灾害预报：指根据灾源的形成特点、致灾因素的演变和作用、灾害载体的运移规律、灾害的发生与发展趋势、灾害的周期性与重复性特征、灾害间的相关性以及灾害前兆信息和经验类比，对未来灾害发生的可能性进行判断。包括长期、中期、短期以及警报警渐进式预报。例如，根据森林火灾统计、最高气温、最小相对湿度、最大风力等参数，对不同地区、不

同月份森林火险等级的预报等。

③ 防灾：防灾是在灾害发生前采取的预防措施，其主要措施包括规划性防灾、工程性防灾(如工程加固以及建设避灾空地和避灾通道等)、非工程性防灾和转移性防灾等。

表9-4 防灾措施

规划性防灾	进行设计规划和工程选址时尽量避开灾害的危险区
工程性防灾	工程建设，充分考虑灾害因子的影响程度进行设防
非工程性防灾	通过灾害与减灾知识教育、灾害与防灾立法、完善灾害组织等手段达到防灾目的
转移性防灾	在灾害预报和预警的前提下，在灾害发生之前把人、畜和可移动财产转移至安全地方

表9-4给出了几类不同的防灾措施，例如建筑防火设计，即为规划性防灾，而消防法律法规的制定和完善，则为非工程性防灾。

④ 抗灾：抗灾是指根据长期或中期预报，采取有必要的工程加固备灾预案的适当行动，是人类对自然灾害的挑战做出的反应，如：抗火、抗震、抗风、抗洪以及抗滑坡等工程性措施。一般来说，不管灾害预报是否准确，防灾措施都必须在工程上有所体现。

⑤ 救灾：救灾是灾害已经发生后采取的减灾措施。包括救灾队伍、救灾物资、救灾设备、救灾通讯、救灾运输以及救灾策略等，构成了一个严密的救灾系统，需要严密的计划和严密的组织，例如在扑灭一场大型森林火灾时，往往要动员迈万人的扑救队伍，而在进行SARS灾害的战斗中，几乎动员了全国、甚至国际社会力量。救灾的效率和减灾的效益是直接关联的，灾害可能发生的危险区域，应在灾害发生前，根据灾害特点和发生发展的趋势，制定好救灾预案，防患于未然，以便能够获得最佳的救灾效益。

⑥灾后重建与恢复生产：灾后重建是指遭受毁灭性的灾害后，在特殊情况下的建设。例如地震、洪水等之后开展的重建工作；恢复生产是指在灾害发生后所进行的各种生产活动，它是减轻灾害损失，保证人民生活正常和社会秩序稳定的重要措施，是灾后重建的重要环节。

(2)防灾减灾学科的发展

自然灾害会使许多人的生活遭到极大的破坏：舒适的生活完全被不适、严重剥夺和身体疲惫所取代，长时间的清理、灾后重建家园、照顾伤病的家庭成员、安葬死去的亲人，使人心力交瘁。受害者对前途感到渺茫，害怕可能再次发生类似的事件，从而影响了他们解决问题和决策的能力。为此，需要积极的推进防灾减灾学科建设，培养相应的高级专业人才。

防灾减灾学科的发展是以灾害可以防治的认知为基础的，即灾害在个体上具有偶然性和地区局限性的，但在总体上，它们则存在相关性和规律性，因此可以运用预测、预报以及相关工程措施来研究灾害的规律。总而言之，现代防灾减灾科学主要体现在以下几个方面：

① 自然科学：主要是用于研究灾害的成灾机理、发生发展过程，寻找灾害的预测规律，然后用于灾害的预测预防。

② 工程科学：主要是用于研究防灾规划、工程抗灾技术、灾后建筑物构筑物修复技术。灾害的预测预报系统，仪器仪表都有很好的发展前途。

③ 社会学：主要的研究领域包括灾害预报、灾害临测、灾害发生时的政策制定、灾害时

间的应急预案、灾害时保持社会稳定、灾害时人的心理行为研究等。

④ 经济学：主要是用于物资储备、灾害损失评估、灾害保险、灾害对生产发展的影响等方面。

（3）土木工程防灾减灾学科的主要内容

土木工程防灾减灾是防灾减灾内容中的一部分，其主要内容包括：土木工程规划性防灾，工程性防灾，工程结构抗灾，工程技术减灾，工程结构灾后监测与加固。而防灾减灾工程及防护工程则是土木工程学科中的边缘学科，对我国实施可持续发展战略有着重要作用，其研究的主要内容：

① 土建工程防灾规划。

② 土木工程减灾技术。

③ 土木工程结构抗灾理论及应用。

④ 土木工程结构防灾、抗灾技术及应用。

⑤ 土木结构在灾后的检测与加固。

⑥ 高新技术在土木工程防灾减灾中的应用。

灾害的研究所涉及的学科较多，由于具有边缘学科的特点，研究队伍组成具有很强的学科交叉特色，研究领域偏重于前沿性、基础性问题。

随着社会的发展，一方面，土木工程防灾减灾学其研究内容也是需要不断的扩展，并进一步发展和完善。另一方面，现如今的科学研究具有多学科交叉的特色，这些学科可以在交叉中互促互进，寻求突破，而灾害研究的内容与手段均涉及多种其他学科，这也为多种学科的发展提供了新机遇。

9.2 地质灾害及其防治

地质灾害是指在自然或者人为因素的作用下形成的，对人类生命财产、环境造成破坏的损失的地质作用（现象）。自然的变化和人类行为都能对地质环境和地质体的变化产生影响，最后导致地质灾害给人类社会带来严重的危害，包括地壳活动灾害：如地震、火山喷发、断层错动；斜坡岩土体运动灾害：如崩塌、滑坡、泥石流；地面变形灾害：如地面沉降、地面塌陷、地裂缝；矿山与地下工程灾害：如煤层自燃、洞井塌方、偏帮、冒顶、鼓底、岩爆、高温、突水、瓦斯爆炸；特殊岩土灾害：如黄土湿陷、膨胀土胀缩、冻土冻融、沙土液化、淤泥触变；河、湖、水库地质灾害：如塌岸、淤积、浸没、渗漏、溃决；城市地质灾害：如建筑地基与基坑变形、垃圾堆积；海岸带灾害：如海平面上升、海水入浸、海岸侵蚀、海港淤积、风暴潮；海洋地质灾害：如水下滑坡、潮流沙坝、浅层气害；土地退化灾害：如水土流失、土地沙漠化、盐碱化、潜育化、沼泽化；水土污染与地球化学异常灾害：如地下水质污染、农田土地污染、地方病；水源枯竭灾害：如河水漏失、泉水干涸、地下含水层疏干等。

9.2.1 地质灾害的类型及危害

（1）地质灾害的类型

地质灾害的分类，从不同的标准和不同的角度可以分成不同类型。按灾害的成因，地质灾害可以分为以下几种类型：

①主要由人为作用而导致的地质灾害，例如，因采掘矿产资源预留矿柱少，造成采空坍塌，山体开裂，继而发生滑坡；而修建公路、依山建房等建设中，由于开挖边坡，形成人工高陡边坡，造成滑坡；以及采石放炮、堆填加载、乱砍乱伐，也可导致地质灾害的发生。

②主要由自然变异而引发的地质灾害，在地球内动力、外动力作用下，地球发生异常能量释放、物质运动、岩土体变形位移以及环境异常变化等，像地震、火山爆发、地顶塌陷等。

③由于气候条件变化而诱发的地质灾害，像台风、暴雨事件的增多，会导致洪水、崩塌、滑坡、泥石流等灾害的加剧。

其中，自然地质灾害发生的地点、频度和规模，受自然地质条件控制，不以人类历史的发展为转移；而人为地质灾害则受人类工程开发活动制约，常随社会经济发展而不断增多。

另外，就地质环境和地质体变化的速度而言，地质灾害可分为缓变性与突发性两大类。缓变性地质灾害包括土地沙漠化及沼泽化、水土流失、土壤盐碱化等，这些也称为环境地质灾害；突发性地质灾害包括滑坡、地震、崩塌、火山爆发、泥石流、岩土工程事故等，这类灾害发生和发展速度快，给予人员的疏散、应急救灾的时间短，往往容易造成大量人员伤亡。

(2)地质灾害的危害

地质灾害是在自然灾害中属于破坏力较强的。我国的地质面貌复杂多样，其中2/3为山地，而且地质灾害具有分部广、类型多、发生频度高、强度大等特点，近来，各种地质灾害对我国的危害日益严重，每年都会造成众多人员伤亡和严重的经济损失。据统计，由地质灾害造成的损失占自然灾害总损失的35%左右。而目前灾害造成的损失一半以上是由滑坡、崩塌、泥石流及人类活动等诱发的浅表层地质灾害所造成的。而2012年全国共发生地质灾害1.4万起，特大型地质灾害72起，直接经济损失高达52.8亿元。

地质灾害除了威胁到城镇村庄等一般的建筑物的安全外，还对铁路、公路、水电站、水库等土木工程基础设施有着巨大的威胁。在我国的铁路线路中，分布着有1万多处的大中型滑坡，1 300多条泥石流沟，国家每年要花上亿元来整修这些滑坡、泥石流沟。全国现今存在上千座废弃的水电站和几百座水库也曾受到了泥石流、滑坡、崩塌等地质灾害的破坏。

9.2.2　滑坡灾害及其防治

(1)滑坡灾害基本概念

滑坡是指斜坡上的土体或者岩体，受河流冲刷、地下水活动、雨水浸泡、地震及人工砌坡等因素影响，在重力作用下，沿着一定的软弱面或者软弱带，整体地或者分散地顺坡向下滑动的自然现象。滑坡是公路、铁路、水库和城市建设中经常会遇到的地质灾害，它可以摧毁农田、房舍、伤害人畜、毁坏森林、道路、堵塞河道、破坏厂矿以及水利水电设施等，导致交通中断、停电、停水，有时甚至掩埋整个村庄或城镇，造成毁灭性的后果。

(2)滑坡灾害的防治

滑坡的防治主要是以防为主、整治为辅，防治结合，查明影响因素，进行综合治理。防治滑坡的工程措施可分为排水、力学平衡及改善滑动面(带)土石性质三类。

目前工程中常用治理滑坡的措施有地表、地下排水，减重及支挡工程等。滑坡的治理要根据滑坡的成因、性质以及其发展变化的具体情况来确定：①排水。排水能够减少进入滑体内的水流量并且能够疏干滑体内的水，从而减小滑坡下滑力。排水又分为排除地表水及地下水两项。②力学平衡。在滑坡体上修建支挡建筑物来增加抗滑力，使得岩土体保持稳定。除此之外，采取减重反压法，对坡顶挖方减压来减少滑坡推力。③改善滑动面或滑动带的岩土性质。通过改善土体的性质，使之坚固程度达到抗剪强度的要求。但是这种方法在国内应用较少，一般也是作为辅助的方法。

图 9-1 滑坡

图 9-2 崩塌

9.2.3 崩塌灾害及其防治

（1）崩塌的基本概念

崩塌是属于斜坡破坏的一种，是指斜坡上的岩土体，由于裂缝根部空虚，在重力的作用下，突然产生折断压碎或者局部滑移失去稳定，发生倒塌的现象。斜坡上的岩块滑落给坡底的道路和建筑带来威胁，阻断交通甚至造成人员伤亡。

（2）崩塌的防治

崩塌的防治措施也采用"以防为主，整治为辅，防治结合"的办法。在采取措施之前，要分析崩塌发生的条件及其直接诱发因素，然后采取相应的措施。中国防治崩塌的主要工程措施有：①遮挡。即遮挡斜坡上部的崩塌物。这种措施常用于中、小型崩塌或人工边坡崩塌的防治中，通常采用修建明洞、棚洞等工程进行，在铁路工程中较为常用。②拦截。对于仅在雨后才有坠石、剥落和小型崩塌的地段，可在坡脚或半坡上设置拦截构筑物。如设置落石平台和落石槽以停积崩塌物质，修建挡石墙以拦坠石；利用废钢轨、钢钎及纲丝等编制钢轨或钢钎棚栏来拦截这些措施，也常用于铁路工程。③支挡。在岩石突出或不稳定的大孤石下面修建支柱、支挡墙或用废钢轨支撑。④护墙、护坡。在易风化剥落的边坡地段，修建护墙，对缓坡进行水泥护坡等。一般边坡均可采用。⑤镶补沟缝。对坡体中的裂隙、缝、空洞，可用片石填补空洞，水泥砂浆沟缝等以防止裂隙、缝、洞的进一步发展。⑥刷坡、削坡。在危石孤石突出的山嘴以及坡体风化破碎的地段，采用刷坡技术放缓边坡。⑦排水。在有水活动的地段，布置排水构筑物，以进行拦截与疏导。

9.2.4 泥石流灾害及其防治

（1）泥石流的基本概念

泥石流是指在山区或者其他沟谷深壑，地形险峻的地区，因为暴雨、暴雪或其他自然灾害引发的山体滑坡并携带有大量泥砂以及石块的特殊洪流。泥石流具有突然性以及流速快，流量大，物质容量大和破坏力强等特点。发生泥石流常常会冲毁公路、铁路等交通设施甚至村镇等，造成巨大损失。

（2）泥石流的防治

泥石流的防治采取"预防与治理相结合，工程措施与生物措施相结合，灾害治理与资源利用相结合"的方法，根据防护地区的具体条件，采取相应的措施。工程上常采用的方法有：①跨越。在可能会产生泥石流地段处的铁路、公路线路，采用桥梁、隧道、涵洞、渡槽等方式跨越泥石流。②排导。主要是修建排导工程如修筑排导沟、急流槽、导流堤等，以便将泥石流顺利排走。③拦挡。通过在泥石流的沟中修筑一系列的谷防坝。以便拦截部分泥沙石块，大大减弱泥石流的规模；同时固定泥石流沟床，在一定程度上减弱下切作用和谷坡坍塌；最终达到减缓流速的作用。④拦截。主要目的是通过将泥石流固体物质在指定地段停淤，这样就能减弱下泄物质总量及洪峰流量，如修筑拦淤库和储淤场等。⑤水土保护。工程措施和生物措施是水土保护的两种方法。其中工程措施主要是通过修筑挡土墙、护坡坝等来使山体免于崩塌。而生物措施则是通过恢复、培育草被和森林的方式，抑制山坡的侵蚀，同时减缓岩石的风化速度，避免坡面冲刷。

图9-3　泥石流

图9-4　地面沉降

9.2.5　地面沉降及其防治

（1）地面沉降的基本概念

地面沉降是指在自然力的因素下，如地壳下降、火山活动、溶解、蒸发作用等，或者是在人类工程经济活动的影响下，由于地下松散地层固结压缩，导致地壳表面标高降低的一种局部的下降运动(或工程地质现象)。地面沉降能够导致地面建筑物、交通设施和市政管道等城市基础设施的损坏。在沿海地区还能引起海水入浸、使土壤和地下水盐碱化等不良后果。

（2）地面沉降的防治

造成地面沉降的自然因素是地壳的构造运动和地表土壤的自然压实，而人为的过量地抽取地下水和油气资源是主要因素，所以预防和控制地面沉降主要方法是要合理开发地下资源，保证地下水位处于一个合理的位置，达到动态平衡。现在采取的主要措施是：减少地下水的使用量，增加地面水补给；随时正确监测地面和地下水位沉降，并提供标准的数据；进行地下水人工补给,建立均衡开采模式。除此之外,还应当采取一些必要的防治性工程措施来应对受地面沉降危害的工程设施以及可能产生的灾害性活动,这些措施能够在一定程度上降低地面沉降活动的危害,像加固建筑物能够防止地面不均匀沉陷等。

9.3 火灾及建筑防火

火灾是指在时间和空间上失去控制的燃烧所造成的灾害。在各种灾害中,火灾是最经常、最普遍地威胁公众安全和社会发展的主要灾害之一。人类能够对火进行利用和控制,是文明进步的一个重要标志,所以说人类使用火的历史与同火灾作斗争的历史是相伴相生的,人们在用火的同时,不断总结火灾发生的规律,尽可能地减少火灾及其对人类造成的危害。

9.3.1 火灾的概况

(1)火灾的分类

按火灾损失的严重性,可分为:

①特别重大火灾。指造成30人以上死亡,或者100人以上重伤,或者1亿元以上直接财产损失的火灾。

②重大火灾。指造成10人以上30人以下死亡,或者50人以上100人以下重伤,或者5 000万元以上1亿元以下直接财产损失的火灾。

③较大火灾。指造成3人以上10人以下死亡,或者10人以上50人以下重伤,或者1 000万元以上5 000万元以下直接财产损失的火灾。

④一般火灾。指造成3人以下死亡,或者10人以下重伤,或者1 000万元以下直接财产损失的火灾。

按燃烧的对象划分,根据国际通用原则,结合我国国情制定的火灾分类标准为A,B,C,D,E和F类。

①A类火灾。指含碳固体可燃物质火灾,一般在燃烧时能产生灼热的余烬,如木材、棉、毛、麻、纸张燃烧的火灾等。

②B类火灾。指易燃、可燃液体火灾,可熔化的固体火灾,如汽油、煤油、原油、乙醇、沥青、石蜡火灾等。

③C类火灾。指易燃、可燃气体火灾,如煤气、天然气、氢气、甲烷、乙烷、丙烷等火灾。

④D类火灾。指可燃金属火灾,如钾、钠、镁、铝镁合金等火灾。

⑤E类火灾。指带电火灾,物体带电燃烧的火灾。

⑥F类火灾。指烹饪器具内的烹饪物(如动植物油脂)火灾。

根据火灾发生地点又可将火灾分为:地上建筑火灾、地下建筑火灾、水上火灾、空间火灾等。地上建筑火灾是指建筑物在地表之上发生的火灾,可以分为民用建筑火灾、工业建筑火灾和森林火灾三大类。地下建筑火灾是指建筑物在地表之下发生的火灾,矿井、地下砌场、地下车库、地下停车场和地下铁道等地点发生的火灾都属于地下建筑火灾。地下建筑由于其空间结构比较复杂,属于受限空间,而且特定的风流作用使火灾中的烟气蔓延较快,消防救援人员需要逆流进行救援,给救援工作带来很大的困难。水上火灾是发生在水面上的火灾,比如江、河、湖、海上航行的客轮、货轮和油轮发生的火灾。

（2）火灾的危害

在各种灾害中，火灾是最经常、最普遍的威胁公众安全和社会发展的主要灾害之一，而且火灾也往往是其他灾害如地震、雷灾、核电事故等常见的次生灾害，它会把人们的物质财产燃烧殆尽，影响人们正常生活，威胁人们的生命安全，给受灾群众带来不可磨灭的心理创伤。同时，火灾（特别是森林火灾）中所产生的有毒有害气体还会污染大气，破坏生态环境。

据统计，全世界发达国家每年的火灾经济损失可达整个社会生产总值的 0.2%，我国的火灾次数和损失虽比发达国家要少，但损失也相当严重。统计表明，我国火灾每年直接经济损失：20 世纪 50 年代平均为 0.5 亿元；60 年代平均为 1.5 亿元；70 年代为 2.5 亿元；80 年代为 3.2 亿元；进入 90 年代，火灾的损失更为严重，其前 5 年平均每年已达 8.2 亿元；而今 21 世纪后，随着经济的高速发展，火灾形势更为严峻，单单 2010 年全国发生火灾 13.2 起，财产损失达 17.7 亿元。根据国外的统计，火灾间接损失是直接损失的 3 倍左右，由此可见火灾造成的损失是非常惊人的，其危害丝毫不亚于地震和洪水的危害。近年来，在深圳、广州、上海、长沙等地都发生了重大火灾事故，造成了严重的后果，给了人们不可磨灭的痛苦。

9.3.2 建筑火灾的燃烧特性

火灾的本质是一种燃烧，即物体快速氧化，伴随着放热、发光等现象的化学反应。物质要发生燃烧需要有可燃物、助燃物和点火源三个要素。

①可燃物是能够与氧气或其他氧化剂发生剧烈化学反应的物质，如：木材、酒精等。

②助燃物是能够与可燃物发生剧烈化学反应支持燃烧的物质，如氧气、氯气等。

③点火源是具有一定能量，能导致物质燃烧的引燃能源。如明火、高温物体、电火花等。

物质燃烧三要素可燃物，助燃物和点火源只是燃烧的必要条件，但是要真正发生燃烧，这三要素还要达到一定的量，并相互作用。

另外，根据连锁反应理论，游离基（自由基）也是燃烧过程中不可缺少的条件，它是维持燃烧链式反应的中间载体。以上要素可以用着火三角形或四面体表示，如图 9－5 所示。

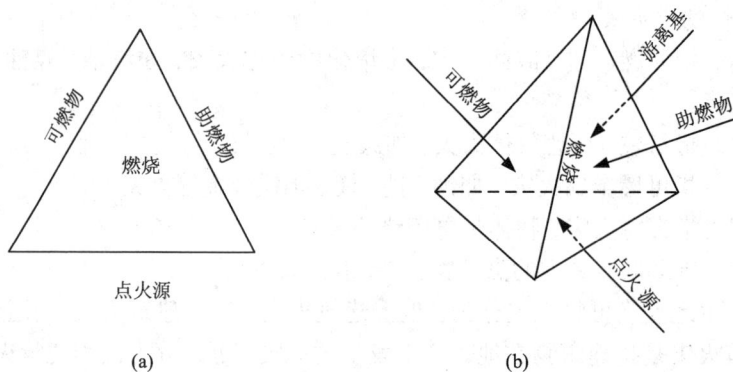

（a）　　　　　　　　　　　　　（b）

图 9－5　着火三角形和着火四面体

9.3.3 火灾烟气

烟是燃烧产物中一类特殊的物质，它是由燃烧或热解作用所产生的悬浮于大气中能被人们看到的固态或液态悬浮微粒。高层建筑发生火灾时，会产生大量的有毒烟气，烟气不但会遮挡人们的视线，还会让吸入烟气者中毒从而丧失逃生的能力，而且烟气也阻碍救援行动。

烟是火灾事故中导致人员死亡的主要因素之一。通过对大量火灾事故统计表明，火灾中因 CO 中毒窒息死亡或其他有毒烟气致人死亡的死者一般占火灾总死亡人数的 40% ~ 50%，而在被烧死的人数当中，大多数人也是因为先中毒窒息晕倒而丧失行动能力后才被火烧死的。火灾烟气的危害性主要包括两个方面，一个是烟气的高温危害；一个是烟气的毒性。

烟气高温危害：刚刚离开起火点的烟气温度可达到 800℃ 以上，随着离开起火点距离增加，烟气温度逐渐降低，但通常在许多区域的烟气能维持较高的温度，足以对人员构成灼烧的危险。人员对烟气高温的忍受能力与人员本身的身体状况、人员衣物的透气性和隔热程度、空气的温湿度等因素有关。同时，高温烟气在途径走廊、楼梯进入其他房间的过程中把热量传递给可燃物，使可燃物被点燃，致使火势蔓延扩大。尤其是密闭建筑物火灾，着火房间内产生的未完全燃烧的可燃烟气(含大量的 CO)温度能够达到 600 ~ 700℃ 以上，当房门打开后，这些烟气与流入的新鲜冷空气相遇会产生爆炸，进而对建筑物产生严重的破坏作用。

烟气的毒性：随着社会的现代化的进程，高层民用建筑内的可燃装饰、陈设较多，甚至有相当多的高层建筑使用了可燃塑料装修材料、化纤地毯和用泡沫塑料填充的家具，这些可燃物都是在火灾中燃烧能够产生大量有毒烟气的，而且会消耗大量的氧气，给人员生命构成严重的威胁。例如烟中丙烯醛的允许浓度为 0.1 ppm(百万分率)，当其浓度达到 5.5 ppm 时，便会对上呼吸道产生刺激症状；10 ppm 以上时，就能引起肺部的变化，数分钟内即可死亡。

因此，研究高层建筑火灾中的烟气性质、测量方法、流动规律和控制扩散方法是消防研究课题中非常重要的一个课题。

9.3.4 建筑构件的火灾性能

建筑结构的基本构件是支撑建筑物的骨架，支撑着建筑物的正常使用。因此，增加它们的防火、耐火性能，能够在一定程度上阻碍火势蔓延，为人员逃生和救援工作争取宝贵时间。一般情况下、承重构件都是选用不可燃的材料，非承重的门、窗、隔墙有时候也会采用可燃材料，但无论构件本身可燃与否，在火灾中均会受热而发生物理化学变化。

建筑构件的耐火性能的评判标准，通常是根据构件的燃烧性能和耐火极限(即抵抗火焰燃烧的时间)来评定的，可据此分为非燃烧构件、难燃烧构件和燃烧构件。

9.3.5 建筑防火

建筑防火设计是为了防止火灾的发生和减少火灾对人们的生命财产造成危害。建筑防火包含两部分内容：灾前预防和灾时措施。灾前预防主要是确定建筑构件的耐火等级，控制可燃物和分隔易着火区域；灾时措施主要是划分防火分区，布置疏散设施，设计排烟、灭火系统等。建筑防火设计主要有：

① 总平面防火。它是在设计总平面的时候，根据建筑物的使用性质，火灾危险性，建筑物周围的地形地势、风向等因素来进行总的规划布局，尽可能地避免由于一处建筑物的火灾

或者爆炸而威胁到相邻建筑物,从而造成严重的后果。而且要为消防车顺利扑救火灾提供最便利的条件。

② 建筑物耐火等级。建筑耐火等级的划分在建筑设计防火规范中有着明确的规定,也是防火设计中最基本的措施。耐火等级是衡量建筑构件的耐火程度,也就是说构件在火灾中的持续高温作用下,一定的时间内不发生破坏、不传播火灾,减缓火灾的蔓延,从而为人员疏散、救援活动、火灾扑灭和灾后结构修复创造条件。

③ 防火分区和防火分隔。建筑的防火设计中采用耐火性能较好的材料,然后把建筑物分割成若干个小区域,当某个区域发生火灾时,这些分隔物就会阻止火势的进一步扩大。

④ 防烟分区。防烟分区的设计中,采用挡烟构件(如挡烟梁、挡烟垂壁、隔墙等),能够将火灾中产生的烟气控制在一定范围内,以便排烟设施尽快将烟气排出,从而方便人员及时疏散。

⑤ 室内装修防火。建筑防火设计中,根据建筑物的使用性质和规模,对于不同的装修部位采用相应符合燃烧性能要求的装修材料。室内装修的材料要尽量使用不燃或者难燃材料,减少火灾发生的可能性和阻碍火势的蔓延。

⑥ 安全疏散。完善的安全疏散设施能够为建筑火灾的受困人员创造良好的疏散条件,尽快让受困人员撤离,以免造成更大的人员伤亡。

⑦ 工业建筑防爆。有些工业建筑,在作业过程中会产生一些可燃气体、蒸汽、粉尘等物质,在遇到火源时会发生爆炸,爆炸产生的巨大能量会损坏建筑物及生产设备,甚至造成工作人员的伤亡。为了防止爆炸事故发生的可能性,减少爆炸事故造成的严重后果,要从建筑平面与空间布置、建筑构造和建筑设施等方面采取防火防爆措施。

9.4 地震灾害与防震减灾

地震是地壳快速释放能量过程中造成的震动,全世界每年发生的有感地震约有五万次。地震灾害可分为直接灾害和次生灾害两种,直接灾害又称为一次灾害,如地表裂缝、工程结构破坏、房屋倒塌等;次生灾害又称为二次灾害,包括由地震引起的山体崩塌、滑坡、泥石流、火灾、海啸以及核电事故等。此外,地震引起的社会混乱、疾病流行、停工、停产,甚至城市瘫痪,常被称为三次灾害。

9.4.1 地震的类型

地球内部岩层破裂引起震动的地方称为震源。震中是指震源在地球表面的投影。震中距是指地球上某一地点到震中的距离。震中区是指震中附近地区,极震区通常指破坏最为严重的地区,震源深度是指震源到震中的垂直距离。

地震按照震级大小可分为七类,如表 9 - 4 所示。

表 9 - 4　地震按震级的分类

类 型	震 级	类 型	震 级
超微震	震级 < 1	强烈地震	6 ≤ 震级 < 7
弱震和微震	1 ≤ 震级 < 3	大地震	震级 ≥ 7
有感地震	3 ≤ 震级 < 4.5	巨大地震	震级 ≥ 8
中强地震	4.5 ≤ 震级 < 6		

按成因可将地震分为诱发地震和天然地震两类。由于爆破、矿山开采、水库储水、深井注水等原因所引发的地震叫做诱发地震，这种地震强度较小，影响范围也相对较少。天然地震又包括火山地震和构造地震。由于火山爆发、岩浆猛烈冲击地面引起的地震叫做火山地震；而由于地壳构造运动使得深部岩石的应变超过容许值，岩层发生断裂、错动而引起的地面震动叫做构造地震，构造地震发生的次数多，影响范围广，占地震发生总数的 90% 以上。一般所指的地震主要就是构造地震，它是地震工程和工程抗震的主要研究对象。

按照震中距大小可分为地方震、近震和远震。地方震是指震中距在 100 km 以内的地震；近震是指震中距在 100 ~ 1 000 km 之间的地震；远震就是震中距大于 1 000 km 的地震。

按震源深度，地震可分为浅源地震、中源地震和深源地震。震源深度在 60 km 以内的称为浅源地震，约占地震总数的 70% 左右。震源深度在 60 ~ 300 km 之间的称为中源地震，约占地震总数的 25% 左右。震源深度在 300 km 以上的称为深源地震，约占地震总数的 5% 左右。目前最深震源的记录为 720 km。地震震源较深时，其释放的能量长距离传播过程中大部分被岩层吸收，因此其破坏程度就相对较小，波及范围较大，而大小相同，震源较浅时，其破坏程度较大，而波及的范围则较小。

9.4.2　地震的危害

地震造成的灾害首先是破坏建筑物和房屋，如 1976 年中国河北唐山地震中，70% ~ 80% 的建筑物倒塌，人员伤亡惨重。而 2008 年汶川地震造成了 530 多万间房屋倒塌，两千多万间房屋受损，直接经济损失 8 451 亿元人民币，人员伤亡 46 万，其中遇难约 7 万人，此次地震破坏地区超过 10 万 km²，地震波及大半个中国及多个亚洲国家。同时，地震也将导致桥梁断落、水坝开裂、铁轨变形等；地震也会对自然

图 9 - 6　地震

界景观有很大影响，导致地面出现断层和地震裂缝，对地面造成破坏，如地裂、塌陷、砂土液化和喷砂冒水等；破坏山体等自然物，如山崩、滑坡，并可能形成泥石流和堰塞湖，进而对下游人员构成了严重的威胁。海底地震还有可能引发海啸、其引起的巨大海浪，对沿海地区造成破坏。地震引起的次生灾害还有火灾、爆炸、毒气蔓延、水灾、瘟疫等。而地震的发生还会导致社会秩序混乱、生产停滞、生活困苦、家庭破坏和人们心理的损害，而这些伤害远大

于地震直接造成的损失。

9.4.3 工程结构的抗震设防

(1)抗震设防的目的和要求

工程结构抗震设防的基本目的是在经济允许的条件下,最大程度地限制和减轻地震对工程结构的破坏,避免人员的伤亡,减少经济的损失。为了实现这一目的,近年来许多国家和地区的工程结构抗震设计的基本准则为"小震不坏、中震可修、大震不倒"。我国《建筑抗震设计规范》(GB 50011—2001)明确提出了抗震设防三个水准的要求,具体如下:

第一水准:当遭受的是多遇的地震,其烈度低于本地区设防烈度时,建筑物应满足一般不受损害或不需修理仍可继续使用的要求;

第二水准:当遭受的地震达到本地区设防烈度时,建筑物可能损坏,但经一般修理即可恢复正常使用;

第三水准:当遭受的是罕遇的地震,其烈度高于本地区的设防烈度时,建筑物应满足不致倒塌或发生危及生命安全的严重破坏的要求。

(2)建筑抗震设防分类和设防标准

地震对于不同的建筑物破坏后果不同,因此应该合理的根据建筑物的不同用途采取不同的设防标准。我国《建筑抗震设计规范》(GB 50011—2001)按用途的重要性将建筑物分为四类:

甲类建筑:指地震时可能发生严重次生灾害的建筑和重大建筑工程。这类建筑的破坏后果会很严重,其确定须由国家规定的权限批准。

乙类建筑:指地震时不能中断使用功能或需尽快恢复的建筑。例如城市抗震生命线工程的核心建筑。城市生命线工程一般包括供水系统、供电系统、交通系统、消防系统、通信系统、救护系统、供气系统和供热等系统等。

丙类建筑:指一般建筑,包括除甲、乙、丁类建筑外的一般工业建筑与民用建筑。

丁类建筑:指次要建筑,包括人员较少的辅助建筑物、仓库等。

各抗震设防类别建筑设防标准有如下要求:① 甲类建筑,地震作用应比本地区抗震设防烈度的要求高,应按批准的地震安全性评价结果确定它的值;当抗震设防烈度为6~8度时,抗震措施应比本地区抗震设防烈度提高一度,当为9度时,应比9度抗震设防更高;② 乙类建筑,地震作用应和本地区抗震设防烈度的要求相符;一般情况下,当抗震设防烈度为6~8度时,抗震措施应比本地区抗震设防烈度提高一度,当为9度时,应比9度抗震设防更高。对较小的乙类建筑,当其结构类型抗震性能较好时,抗震措施仍应根据本地区抗震设防烈度的要求进行设置;③ 丙类建筑的地震作用和抗震措施均应与本地区抗震设防烈度的要求相符;④一般情况下丁类建筑,地震作用仍应与本地区抗震设防烈度的要求相符;抗震措施可比本地区抗震设防烈度适当降低,但抗震设防烈度为6度时不可降低。抗震设防烈度为6度时,可不对乙、丙、丁类建筑进行地震作用计算,《建筑抗震设计规范》(GB 50011—2001)有具体规定的除外。

(3)建筑抗震设计方法

建筑抗震设计要满足上述三个水准的抗震设防要求。我国通过简化的两阶段设计方法进行设计。具体来说就是:

①首先采用第一水准烈度的地震动参数，计算出弹性状态下的结构的地震作用效应，组合重力、风等荷载效应，并引入承载力抗震调整系数，设计构件截面，从而满足第一水准的强度要求；第二步计算结构的弹性层间位移角时需采用同一地震动参数，保证其不超过规定的限值；为保证结构相应的延性、变形能力和塑性耗能能力需采用相应的抗震构造措施，以满足第二水准的变形要求。

②采用第三水准烈度的地震动参数，计算满足规定要求的结构弹塑性层间位移角，并采取必要的抗震构造措施以满足第三水准的防倒塌要求。

9.5 风灾害与抗风设计

9.5.1 风的类型

空气从气压高的地方向气压低的地方流动形成风。风会造成大风、大浪、风暴潮以及园林绿化设施、城市生命线工程、海岸护坡破坏等破坏等灾害。自然界中常见的风可分为有热带气旋，季风和龙卷风几种类型。

①热带气旋。热带气旋是热带或副热带海洋上发生的低气压系统，是在海洋面上强烈发展起来并形成急速旋转的大气涡旋，在北半球逆时针方向旋转，在南半球顺时针方向旋转。热带气旋是主要的灾害性天气之一，所经地方伴有狂风暴雨，造成生命财产的巨大损失。按风力和风速大小，可分为：热带低压、热带风暴、强热带风暴、台风或飓风。

②季风。由于海陆间热力环流的季节变化，使得内陆和海洋空气存在温度差，从而在大陆和海洋之间形成的大范围的、风向随季节有规律改变的风。它是一种最为频繁的大气流。

③龙卷风。龙卷风是一种非常猛烈的小尺度天气系统，风力极强，中心气压很低，具有近垂立轨的强烈涡旋。在强对流云内活动范围小、时间过程短，风速极快，往往达到每秒一百多米，破坏力非常大，往往造成严重灾情。

④其他风灾。有雷暴大风、"沙尘暴"等。

9.5.2 风灾的危害

强风，尤其是强热带风暴具有很大的破坏作用，所造成的灾难在各类自然灾害中排行在前 3 位，它可能对建筑物、构筑物本身造成破坏；大风袭来可能会对城市

图 9-7 风灾

市政设施、通信设施、电力设施以及交通设施等造成破坏，造成停电、断水及交通中断等；而大风吹落高空物品易造成人员的伤亡事放；此外，大风如引发风暴潮，将会抬高沿海沿江水位，使得潮水漫溢、海堤溃决、淹没沿海城镇农田，造成房屋和各类建筑设施的损坏，导致大量人员伤亡和财产损失。

风对建筑物、构筑物主要有以下几个方面的破坏作用：

①破坏房屋建筑

②破坏大跨度柔性桥梁。

③破坏生命线工程。

④破坏广告牌、标志牌等附属建筑。

9.5.3　工程结构的抗风设计

（1）风对结构的作用

高层建筑和高耸结构由于高度较高、横截面相对较小，使得其水平方向的刚度较柔，因此，水平风荷载可引起结构的较大反应。风对结构物的作用特点如下：

① 作用于建筑物上的风有平均风和脉动风振动两种，在一般工程结构中都要考虑。

② 建筑物的外形直接影响风对建筑物的作用。风导致的结构物背后的旋涡将引起结构物的横向风振动，在建筑、烟囱等一些主体结构物特别是圆形截面结构物中，这种振动是不可忽视的。

③ 如风力在建筑物上的分布很不均匀，则导致立面区域和角区产生较大的风力。

④ 周围环境也会影响风对建筑物的作用，处于建筑群中的建筑物有时会出现更为不利的风作用。

⑤ 风力作用持续时间较长，往往可达几十分钟甚至几个小时。

风对结构的作用，会产生以下影响：

① 过大的风力使结构物或结构构件不稳定；

② 风力可导致结构物和结构构件出现过大的变形和挠度；

③ 造成结构开裂或留下较大的残余变形；

④ 反复的风振动作用可造成结构或结构构件的疲劳破坏；

⑤ 结构物在风运动中，不稳定气动弹性作用可产生更为剧烈的气动力。

⑥ 较大的动态运动将使建筑物内的人员产生不舒适感。

（2）高层建筑和高耸结构的抗风设计要求

高层建筑和高耸结构高度高、而横截面相对较小，使得水平方向刚度较弱，风力作用会引起其较大的结构反应，其抗风设计应满足强度、刚度以及人员舒适度的要求。

首先，为了保证高层建筑结构的安全，使其高耸结构不会发生破坏、开裂、残余变形过大和坍塌等现象必须进行满足强度要求的结构抗风设计。

其次，为了避免风力作用造成高层建筑和高耸结构厢墙开裂、非结构构件以及建筑装饰的损坏，结构的抗风设计还应满足刚度设计的要求。

再次，为了避免风力作用引起高层建筑和高耸结构内人员的不舒适，结构的抗风设计还应满足舒适度的设计要求。

除此之外，还应合理设计高层建筑和高耸结构外墙、女儿墙、玻璃及其他装饰构件，以防止相关的局部损坏。

9.5.4　防风减灾对策

防止风灾害，可采取如下对策：

① 在风灾频繁发生的地区建立预报、预警体制，制定应急预案，在接到气象预报后，应该立刻启动相应的应急预案，采取紧急的防灾措施来减小风的灾害。

② 在沿海地区建造防风护岸植被，在北方大陆内地建造防风固沙林，起到减弱风力、减小其破坏性的作用。

③ 城市应对风灾害影响区域进行辨识和分类，并进行合理区划与编制，进而建立有效的应对策略，如制定风灾应急救援预案、人员的疏散与避风规划等。

④ 针对地区风压分布、地面粗糙度划分、大跨结构的风振、高层建筑风效应等问题进行风荷或特性研究，进而推动对相应风力规律的认识及建筑或结构的合理设计。

⑤ 要加强工程结构的抗风设计，提高工程结构的抗风能力。

9.6　洪灾及城市防洪

9.6.1　洪灾概述及影响因素

所谓洪水就是指江河水量迅猛增加或水位急剧上涨而超过河滩地面溢流的现象。包括河流洪水、溃坝洪水、注川洪水、冰凌洪水、融雪洪水以及雨雪混合洪水等。洪峰、洪量、峰现时间是洪水的三要素，这三个要素越大，则洪水就越大。洪灾则是由河道的径流量远超过其泄洪能力，导致洪水泛滥，漫溢两岸或堤坝决口而引起的灾害；水灾是指一般因河流泛滥淹没附近的地所引起的灾害；而涝灾是指因过量降雨而形成地下形凹积水或土地过湿从而使作物生长不良而导致减产的现象。洪水灾害可对农业、工业造成严重破坏并导致人们生命财产损失，是威胁人类生存的十大自然灾害之一。

洪水灾害受自然和社会两个方面因素的影响。所谓的自然因素有：瞬息万变的天气系统、分布不均匀的暴雨时间和地域、热带风暴和台风的影响以及地形地貌的变化等；而社会因素主要有：人类对森林的破坏、围湖造田等人为因素加剧了水土流失，降低了蓄洪固积的能力，使得洪峰流量的增大，最终泛滥成灾。

9.6.2　洪灾的破坏作用

洪水灾害是世界上最为严重的自然灾害之一，洪水往往分布在人口稠密、农业垦殖度高、江河湖泊集中、降雨充沛的地方，如北半球暖温带、亚热带。洪水灾害带来的损失不容忽视，它不仅会造成人员伤亡，还能给国民经济造成巨大的损失。如农业损失、城乡居民家庭财产损失、铁路、公路、输电线路等运输设施破坏损失、工矿企事业财产损失及水利设施破坏损失，如图 9-8 所示。

我国是世界上洪水灾害发生最频繁的地区之一，大约 3/4 的国土面积存在着不同类型和不同程度的洪水灾害，全国 40% 的人口，35% 的耕地，60% 以上的工农业产值，以及 600 多座城市，主要公路、铁路、许多油田与工矿企业都受到了洪水灾害的威胁。

9.6.3　洪灾的分类及特点

(1) 洪灾的分类

按形成机理和环境的不同，可将洪灾分为：溃决型洪灾、山洪型洪水、城市洪水、漫溢型

图 9 - 8　洪灾

洪水、海啸型洪水及风暴潮型洪水。按成因和地理位置不同，还可将洪水分为：河流洪水、湖泊洪水和风暴潮洪水等。而河流洪水依照其形成原因的不同，又可分为以下几种类型：

表 9 - 5　河流洪水分类

类型	特点
暴雨洪水	较大强度的降雨形成的，峰高量大，持续时间长，灾害波及范围广。是最常见且威胁最大的洪水
山洪	山区溪沟中发生的暴涨暴落的洪水。这种洪水如形成固体径流，则称为泥石流
溃坝洪水	大坝或其他挡水建筑物发生瞬时溃决，水体突然涌出的现象。范围不太大，破坏力很大
冰凌洪水	因冰凌阻塞和河道内蓄冰、蓄水量的突然释放，而引起的显著涨水现象
融雪洪水	主要发生在高纬度积雪地区或高山积雪地区

（2）我国洪涝灾害特点

① 我国洪涝灾害分布不仅范围广而且不均衡。

② 我国洪水的随季节变化呈现明显的规律性。

③ 发生频率高，并且存在一定的周期性。

④ 具有较强的突发性。

⑤ 表现形式多样化，如山洪、泥石流、水库垮坝以及人为坝堤决口等因素造成的洪水也时有发生。

⑥ 灾害一旦发生损失相当惨重：据我国不完全统计，平均每年有高达 62% 的地区遭受洪涝灾害，经济损失高达 100 亿元。

9.6.4　防洪减灾措施

防洪措施包含工程措施和非工程措施两大类。所谓防洪工程措施是指为控制和抗御洪水来减免洪灾损失所修建的各类工程措施，其中主要包括堤坝、河道整治、分洪工程、水库等，如筑堤防洪与防汛抢险、疏通与整治河道、分洪、滞洪与蓄洪、水库工程和水土保持等也可以归纳其中。

而非工程防洪措施则是通过法令、行政管理、政策、经济手段或直接利用除蓄泄防洪工程外的其他技术手段，来减免洪灾损失的措施。其基本内容有：

① 对防洪设施的管理。不仅要对工程进行管理，同时还要管好河道和天然湖泊。

② 为洪水经常泛滥地区的生活生产设施建设提供相应的指导。

③ 为分蓄洪区或一般洪泛区提供特殊管理。

④ 超标准洪水的紧急应急措施方案的制定，各类洪水标志的设立，应急组织的建立，必要的设备和物资的储备以及撤退方式、路线、次序和安置计划的确定。

⑤ 为了更有效地进行洪水调度以及能够及时采取应变计划、居民的应急撤离计划和对策，应当建立洪水预报警报系统。

⑥ 救灾基金和救灾组织以及临时维持社会秩序的群众组织的建立等等。

⑦ 实行防洪保险。

通过多年的实践证实，只有将工程措施与非工程措施进行有机结合，才能有效降低洪灾的危害范围，并大幅度减少洪灾损失和人员伤亡。

9.7　城市防雷工程概述

我国处于亚热带和温带地区，雷电灾害非常频繁，仅 2006 年，全国就发生雷电灾害 19 982 起，直接经济损失超过 6 亿元。其中，雷击伤亡事故 759 起，导致 1 357 人伤亡，因雷击造成的火灾或爆炸事故 234 起，直接经济损失百万元以上的雷电灾害 44 起。而在世界范围内，则每年有 4 000 多人惨遭雷击，在雷电发生频率为平均水平的平坦地形上，每座 100 m 高的建筑物每年平均会被雷电击中一次，而每座 400 m 高的建筑物（如广播或者电视塔），每年则会被击中 20 次，通常每次会产生 6 亿伏的高压。因为大气层位置偏低的缘故，我国东莞、深圳、惠州一带的雷电灾害已达到世界之最。目前，雷电灾害是仅次于暴雨洪涝与气象地质灾害的一大气象灾害，对我国的社会和人民生命财产构成了严重威胁。

9.7.1　雷电的基本知识

所谓雷电就是由大气运动过程中的剧烈摩擦生电以及云层切割磁力线的作用而产生的现象。雷云与大地凸出物相互接近达到一定距离时，由于它们带有不同的电荷，其间的电场极大，就将发生激烈的放电，并发出强烈的闪光。空气由于受热急剧膨胀，随之发出爆炸的轰鸣声，这就是常见的闪电与雷鸣。

雷电的主要特点表现为以下几点：

① 能够产生较大的冲击电流，雷击时电流一般高达几万至几十万安培。

② 发生时间短。

③ 雷电具有较大的电流变化梯度，可达 10 kA/us。

④ 具有较高冲击电压，由于强大的电流产生的交变磁场，可使其感应电压高达上亿伏。雷电可分为直击雷、感应雷以及球形雷三种类型，其中，直击雷和感应雷比较常见，而球形雷则比较少见。

直击雷是带电云层与建筑物、其他物体、大地或防雷装置间发生的迅猛放电现象，并由此伴随而产生的电效应、热效应或机械力等一系列的破坏作用，如图 9-9 所示。

图 9-9 直击雷

图 9-10 感应雷

感应雷是雷击时，由于雷击目标旁边的导电体(如金属物等)感应，而产生出高达几万到几十万伏的静电电压(感应电压)，该电压往往会造成一些接地不良的导体放电而引起电火花，造成火灾、爆炸、危及人身安全或对供电系统造成破坏。如图 9-10 所示。

而球形雷是在强雷暴时出现的外观呈球状的一种奇异闪电现象，呈现的是一些殷红色、灰红色、紫色或蓝色的"火球"，直径一般为 10～20 cm，可在空气中独立而缓慢地移动，如图 9-11 所示。

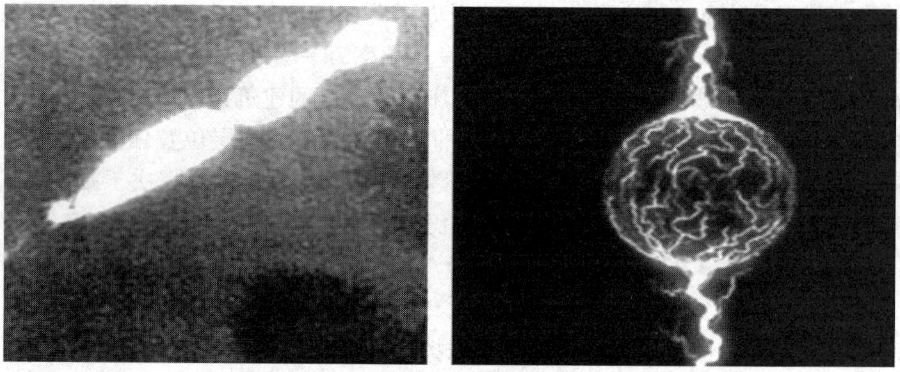

图 9-11 球形雷

9.7.2 雷电的危害

联合国"联合国国际减灾十年"公布，雷灾是最严重的自然灾害之一。近 30 年来，雷电灾害造成的经济损失和人员伤亡事故也日益严重，具有频次多、范围广、危害严重以及社会影响大等特点。据不完全统计，在 1997—2006 年的 10 年间，就发生了 200 多起直接经济损失高达百万元以上的雷电灾害事故，全国每年因雷击造成人员伤亡上千人。另外，雷电目前也已成为困扰高速列车正常运行的一大心病，例如，雷电等天气原因是导致 2011 年的"7·23"温州动车追尾事故的一个重要外部因素，而 2008 年 8 月，由上海站始发的 D458 次动车组，在无锡附近，也因为突然被雷击中而无法行驶。

雷电的灾害性主要表现为：雷电能够产生具有极大的破坏性的雷击，其破坏作用主要是以其热效应、反击电压、机械效应、雷电感应等方式产生，极易造成人员伤亡、爆炸、火灾、建筑物和电力通讯中断、各种设施损毁等。

①雷电的热效应。当有强大的雷电电流通过物体时会产生很大的热量，并且热量在短促的时间内不易散发出来。

②雷电的机械效应。当房屋、电杆、树木被雷电直接击中时，当雷电电流经过木质纤维时，就会产生高热，并将其炸裂破坏。

③雷的电磁场效应。当在雷电电流通过周围时，将形成很大的电磁场，而使附近的导线或金属结构带有很高的感应电压，这将会产生极其严重的破坏作用。

9.7.3 城市防雷工程

随着城市新建高层建筑物不断增加，雷电灾害的发生频率也在不断加剧。高层建筑物内计算机、通讯等抗扰能力较差的现代化设备越为普及以及易燃易爆场所的迅速增加等等在客观上导致了雷电灾害的频发。为此，我们应当把防雷工作的重点放在城市和建筑物防雷上。所谓的"防雷"并不是预防雷电的发生，而是找出一条能够阻抗雷电对大地释放的合理路径。全方位防护，层层把关，综合治理，把防雷作为一项系统工程是现代防雷技术的原则。

9.7.4 建筑物防雷电装置和设置方式

建筑物防雷可分为常规和非常规两种方式。

常规方式包括防直击雷电、防感应雷电和综合性防雷三种方式。防直击雷电装置由接闪器(如避雷针、避雷带、避雷线和避雷网等)、引下线、接地体三个部分组成。防感应雷电装置主要就是避雷器。综合性防雷电则是将多种避雷装置同时应用于同一保护对象。

非常规防雷装置主要包括：激光素引雷、水柱引雷、火箭引雷、排雷器、放射性避雷针等。

9.7.5 城市和建筑工地防雷措施

所有的防雷措施及方法就是合理实现雷电流流入大地的通道，如搭接、引导、分流、接地和屏蔽等等。对建筑物、构筑物的防雷遵循一定的基本原则，目前已采取按其防雷类别进行了分类保护：

①雷电重点保护，对雷电发生率高的部位实施重点保护。设置避雷针，把整个建筑物置于其保护范围之内。另外，通过大量观测经验和模拟实验表明，建(构)筑物往往是在屋角和屋脊两端雷命中率比较高，接下来就是屋顶四周屋檐和屋脊，如果是平屋顶，那么就是屋顶四周的女儿墙，如果无女儿墙的则是屋顶四周。因此，可根据上述规律而采用相应的重点保护方式，并对采用合理的建筑造型。

②一般根据使用性质不同，工业、民用建(构)筑物分类采取防雷措施，《建筑防雷设计规范》对一般工业建(构)筑物分为三类，而将民用建(构)筑物分为两类。

③特殊建、构筑物的防雷措施。

高层建、构筑物的防雷措施：高层建筑应从距地面30 m开始，沿高度每隔10m，20m在其外部装设旁侧接闪装置，目的是为避免雷电击落在建筑物顶部以下部位而造成下部结构的损坏，同时也用来应对侧击雷。由于高层建筑的楼顶安装的设备较多，像通风机、天线杆、电梯机房或飞机警告灯等。因此，建议在这些设备处安装隔开的接闪装置，按要求把这些接闪装置连接到柱子或墙壁的钢筋上去，或者尽可能多装一些引下线。

电视接收天线的避雷措施：这种避雷措施主要是将电缆的金属与天线做良好的电气连接，同时还要有良好的接地措施。金属外皮与接地装置应当在电缆引至地面接收机之前进行再次连接，这样就能保证雷击时有较好的均衡电位。从而将大大减少雷击造成的损失。

建筑工地的防雷保护措施：由于建筑工地存在一些容易发生雷击的设备，如起重机、卷扬帆、脚手架等，并且工地上木材堆积又多，一旦遭受雷击，将严重威胁到施工人员的生命安全，同时也容易导致火灾的发生，因而对建筑工地特别是高层建筑施工工地采取适当防雷措施是非常必要的。

思考题

1. 土木工程中需要考虑哪些防灾减灾问题？
2. 比较崩塌、滑坡和泥石流在形成条件上的异同点。
3. 火灾的发生需要什么条件？建筑防火主要包括哪几个方面？
4. 地震可分为哪几种类型，各有什么特点？
5. 简述高层建筑在抗火、抗震、抗风及防洪、防雷等方面的防灾减灾特点及措施。

第10章　工程管理

10.1　相关概念

10.1.1　项目的概念

随着社会的发展,"项目"一词在现代社会中被广泛地应用,比如说:一所学校、一座桥梁、一条铁路等建设领域的活动属于项目;成立一个希望工程,举办一场奥运会,开发一种新型软件,进行一场市场问卷调查,策划一场商业演出,进行一次银行贷款等等,这些在我们生活中可以遇到的事情也都称为项目。那么,"项目"到底应该怎么定义呢?下面引用几个典型的定义:

国际项目管理协会(International Project Management Association, IPMA)给出的定义是:项目是一个特殊的将被完成的有限任务,它是在一定时间内,满足一系列特定目标的多项相关工作总称。

世界银行对项目的解释是:在规定的期限内为完成某项开发目标(或是一组目标)而规划的投资、政策以及执行机构和其他有关活动的综合体。

美国项目管理协会(Project Management Institute, PMI)在项目管理知识体系(PMBOK:Project Management Body of Knowledge)中定义:项目是一种被承办的旨在创造某种独特产品或服务的临时性努力。

所谓项目就是指围绕某个明确的目标,在限定的时间、成本、资源等条件下进行的一次性活动。项目是一系列任务的有机结合,它侧重于过程,而不是过程终结后所形成的成果。例如建设一座桥梁,桥梁的建设过程可以视为项目,但是最终形成的整个桥梁本身不能称之为项目。

一般来说,项目具有明确的目标和独特的性质,通常有以下一些基本特征:

①目标明确性。项目的结果可以是一种期望的产品,也可以是期望得到的某种特定的服务。例如,扩建一条公路,是为了改善当地的交通状况。

②寿命周期性。项目具有明确的开始点和结束点,任何项目都表现为启动、成长、成熟和终止四个阶段。

③一次性。项目在此之前从来没有发生过,而且将来也不会在同样的条件下再发生。

④依赖性。项目由组织、资源、目标等若干不同的要素构成,要素间相互作用与制约的关系决定了项目的依赖性。

⑤不确定性。多数项目在进行过程中,常常会有许多突发的情况,这些不确定性将影响项目目标的成功实现。

⑥复杂性。一项工作必须有多个任务才能成为项目,有的任务又必须在前面的任务完成之后才能进行,如果各项任务之间不能协调地开展,就不能达到整个项目的目标,这也使得

项目具有复杂性。

10.1.2　工程项目的概念

工程项目，是最为常见的，也是最重要的项目类型。简单地说，工程项目是以工程为载体的特殊项目，即在有限的投资、时间和质量约束下，以形成固定资产为目标的一次性任务。工程项目是集投资行为与建设行为为一体的项目，以建筑物或构筑物为代表的房屋建筑工程和以公路、铁路、桥梁等为代表的土木工程一般称为建设工程项目。

工程项目除了具有上一节提到的一般项目的特征之外，还具有下述特征：

①具有特定目标性。即质量、安全、环境保护、工期、投资等目标。不同的项目对这些目标的要求不一样。

②具有强约束性。工程项目是在限定资源条件、一定的空间、时间范围下进行的项目，有明确的空间、时间要求。

③具有单件性。每个工程项目都必须在固定的地方进行，所以不可能有两个工程项目是完全一样的。例如，修建两座大桥，它们的建筑造型和结构形式完全一样，但是所处的地理条件不一样，那么后期的施工技术也会不一样。

④具有整体性。工程项目是由独立的多种要素组成，各要素之间有机相连，要求它们在工程项目管理过程中都具有逻辑上的统一性、配合性与均衡性。

10.1.3　工程项目管理的概念

伴随着工程项目的实践，产生了工程项目管理，然而工程项目管理的内涵是什么？

英国建造学会《项目管理实施规则》定义工程项目管理："为一个建设项目进行从概念到完成的全方位的计划、控制和协调，以满足委托人的要求，使项目在所要求的质量标准的基础上，在规定的时间之内，在批准的费用预算内完成。"

我国有关学者定义："工程项目管理就是为了使工程项目在一定的约束条件下取得成功，对项目的所有活动实施决策与计划、组织与指挥、控制与协调等一系列工作的总称。"

基于以上观点，本书认为：工程项目管理是指以工程实体为对象的系统管理方法，即在预期质量、确保安全、规定的时限、批准的预算、可承载的环境下进行的全过程、全方位的规划、组织、控制与协调。

工程项目管理与一般的企业管理是不相同的，其主要特点如下：

①具有一次性的特点。工程项目的单件性决定了工程项目管理的一次性特点。

②任务的复杂性。工程项目由多个阶段和部分有机组合而成，其中任何一个阶段或部分出问题，就会影响到整个工程项目目标的实现，增加工程项目管理的复杂性。

③具有创造性。工程项目管理必须从实际出发，因地制宜地处理和解决工程项目实际问题，将前人总结的建设知识和经验，创造性地运用于工程管理实践。

④协调工作量大。工程项目管理需要消耗大量资源，有众多单位和人员参与建设，这都需要协调。

10.1.4　工程项目管理与项目管理的区别

1. 项目管理的概念

工程项目管理是项目管理的核心部分。ISO10006《项目管理质量管理指南》定义："项目管理包括在项目连续过程中对项目的各方面进行策划、组织、监测和控制等活动，以达到项目目标。"美国项目管理学会(PMI)标准《项目管理知识体系指南》定义："项目管理是把项目管理知识、技能、工具和技术应用到项目活动中，以达到项目目标。"英国项目管理协会(APM：Association for Project Management)在第五版 AMPBOK(Association for Project Management Body of Knowledge)中定义："项目管理就是项目的定义、计划、监督、控制和移交等过程，以达到预定的利益。"中国项目管理知识体系(C-PMBOK)定义："项目管理是通过相关干系人的合作，把各种资源应用于项目，以实现项目的目标，使项目干系人得到不同程度的满足。"美国项目管理专家 Harold Kerzher 博士给出定义："项目管理是为了限期实现一次性特定目标对有限资源进行计划、组织、指导、控制的系统管理方法。"

综上所述，"项目管理"一词有两种不同的解释：一是指一种管理活动，即一种有意识地按照项目的特点和规律，对项目进行组织管理的活动；二是指一种管理学科，即以项目管理活动为研究对象的一门学科，它是探求项目活动科学组织管理的理论与方法。就其本质而言，二者是统一的。当今"项目管理"已是一种新的管理方式、一门新的管理科学的代名词。

基于这些观点，本书定义：项目管理是以项目为对象，通过项目经理和项目组织的努力，运用系统理论和方法对项目及其资源进行计划、组织、协调、控制，旨在实现项目的特定目标的管理方法体系。

2. 工程项目管理和项目管理的区别

尽管工程项目管理是项目管理的核心，但是工程项目管理和项目管理是有一定差别的，分别为以下几点：

(1)管理的对象不同

工程项目管理的对象是指一个具有明确范围和功能的工程实体。项目管理的对象是一项可交付的成果，它可能是工程实体，也可能是抽象的，可以用功能、范围、技术指标等描述。例如，企业革新项目的管理就属于项目管理，这里的成果是状态的改进，不存在工程实体，所以不属于工程项目管理。

(2)管理的具体目标范围不同

工程项目管理主要是满足工程项目的五大目标，即质量、工期、投资、安全、环保目标。项目管理也具有特定的目标，但不局限于这五大目标，项目管理的主要任务一般包括项目计划、项目组织、质量管理、费用控制和进度控制等。

(3)管理的范围和具体方式不同

工程项目管理是通过一定的组织形式，运用系统工程的观点、理论和方法对工程建设项目生命周期内的所有工作，包括项目建议书、可行性研究、项目决策、设计、设备询价、施工、签证、验收等系统运动过程进行计划、组织、指挥、协调和控制，以达到保证工程质量、缩短工期、提高投资效益等目的。项目管理是管理学科的一支分支，旨在项目活动中运用专门的知识、技能、工具和方法，使项目能够在有限资源限定条件下，实现或超过设定的需求和期望。

10.1.5 工程项目管理的利益相关方

工程项目利益相关者是在工程项目管理过程中，直接或间接参与管理的组织。不同的利益相关者，对工程项目有不同的期望，享有不同的利益，在工程项目管理中扮演不同的角色，有不同的管理目的和利益追求。

1. 直接利益相关者

（1）业主方

业主方是受投资人或权利人（如政府）的委托，在工程项目决策阶段、设计阶段、实施阶段、生产或运营阶段对建设项目进行策划、可行性研究和对建设过程进行专业化的管理。对于工程项目来说，往往又被称为建设方、甲方或者开发方。业主的目标是实现工程全寿命期整体的综合效益，它不仅代表和反映投资者的利益和期望，而且要反映工程项目任务承担者的利益，更应注重工程项目相关者各方面利益的平衡。

（2）设计方

在工程项目批准立项后，经过设计招标或委托，设计方进入项目。它的任务是按照工程项目的设计任务书完成项目的设计工作，并参与主要材料和设备的选型，在施工过程中提供技术服务。设计方的工作联系着工程项目的决策和施工两个阶段，既是决策方案的体现，又是编制施工方案的依据。因此，设计单位不但责任重大、工作复杂、工作时间长，而且必须科学地进行设计项目管理。

（3）施工方

施工方是工程项目产品的生产者和经营者。一般工程项目设计完成后，施工单位（承包商）通过投标取得工程承包资格，组织投入人力、物力、财力进行工程施工，实现合同和设计文件确定的功能、质量、工期、费用、资源消耗等目标，交付使用，并承担工程保修义务。它主要在工程项目生命周期中的实施阶段发挥重要作用。

（4）分包方

分包方包括设计分包方和施工分包方，从总承包方（简称总包方）已经接到的任务中获得任务。双方成交后建立分包合同关系。分包方不直接与建设单位建立关系，而直接与总包方建立关系，在工程质量、进度、造价、安全等方面对总包方负责，服从总包方的监督和管理。

（5）供货方

供货方包括建筑材料、构配件、设备、其他工程用品等供应商。他们为工程项目提供生产要素，是工程项目的重要利益相关者。一般在设计阶段的后期，根据业主和设计方对主要材料和设备的选型要求，通过投标或商务谈判取得主要材料或设备供应权，按照供货合同要求在实施阶段提供工程项目所需的价廉物美的材料和设备。

（6）监理方和咨询方

它们与业主通过投标或委托签订合同，可能承担工程项目的策划任务，或可行性研究，或设计阶段的项目管理，或施工阶段的项目管理；也可能承担上述两个阶段以上的任务，甚至全生命周期的项目管理服务。它们在工程项目的实施过程中以业主的身份管理项目，代表和反映业主的利益和期望，协调承包商、设计单位和供应单位并对其进行管理，追求业主全寿命期整体的综合效益。

2.间接利益相关方

（1）政府部门

政府部门虽然与工程项目管理组织没有合同关系，但是由于其特殊地位和行政管理权力，履行监督参建各方严格按照中央政府及地方政府制定的法律、法规以及质量标准、安全规范进行工程建设。对于大型基础设施项目及公益事业项目，政府往往还是该工程项目的投资人，除履行其上述的监督职能外，还必须完成业主的工程项目管理工作，并按照国民经济发展计划确定项目建设规模、建设标准、开工时间等，完成其对国民经济的宏观调控。

（2）金融机构

金融机构是指银行或其他金融机构，它们可以提供工程项目所需的资金支持，还可以为工程项目管理提供金融服务。工程项目管理组织贷款要与银行签订贷款合同，故应按合同处理两者之间的关系，按金融运行法则和财会制度办事。

（3）工程项目所在地的周边组织

工程项目实施过程对所在地的原居民、周边的社区组织等会产生一定的影响。所以，工程项目所在地的周边组织要求保护环境，保护景观和文物，要求就业、拆迁安置或赔偿，有时还包括对工程项目特殊的使用要求。

（4）社会公众

社会公众对工程项目产品既有功能要求，又有质量要求。随着社会生产力的发展和生活水平的提高，消费观念和要求也会发生新的变化，社会公众对工程项目的策划、决策、设计、施工乃至保修，都会提出越来越高的要求。

10.2 工程项目管理的起源与发展

10.2.1 古代工程项目管理实践

工程项目管理伴随着工程项目而产生，它的历史也源远流长。尽管古代并没有对工程项目管理过程和方法进行明确的记载。但我们仍然可以在一些书籍的片段中挖掘到工程项目管理实践成功的案例，这些对现代工程项目管理理论的形成也有一定的意义。

都江堰大型水利枢纽工程是中国古代工程项目管理的杰出实践之一。当时李冰父子充分利用当地西北高、东南低的地理条件和特殊的水脉、水势，就地取用卵石、竹木而兴建，无坝引水，自流灌溉，保证了防洪、灌溉、水运和社会用水综合效益的充分发挥，做到收效大、费用省，维护简便。该项工程包括"鱼嘴"分水工程、"飞沙堰"分洪排沙工程和"宝瓶口"引水工程三项主要工程。这三个子项目之间互相依赖、互相调节、互相制约，没有"鱼嘴"工程、岷江上游带来的沙石就不能排到外江；没有"宝瓶口"工程特殊构造的束水作用和"离堆"的顶托，江水就形不成回旋流，泥沙就越不过"飞沙堰"；而没有"飞沙堰"工程，"宝瓶口"就会被大量沙石填塞，岷江水就无法通过这个"龙头"流向下游平原。都江堰水利工程项目至今仍然发挥着巨大的作用。

中国古代还有另外一个壮观的建筑，它的管理思想也很值得现代工程项目管理借鉴，这就是万里长城。万里长城的建造始于公元前 7 世纪。据 2012 年国家文物局发布数据，历代万里长城总长为 21 196.18 km。在当时生产力发展水平如此低下的时期，想要建造出这么浩大的工程，需要严密的管理系统。那时并没有今天这样的先进工具、技术和管理方法，但实施者构思出自己的项目管理方法。例如，管理者不仅对城墙的长、宽、高的土石方总量进行了精确的计算，而且连需要的人工、材料、派来的人口往返道路里程和需要的口粮都有准确的计量，对如何合理安排时间、利用资源进行了具体的计算；此外还制定了严格的质量验收标准，比如，城墙修建时的土，必须经过筛选，在烈日下曝晒或用火烤干，保证不再发芽之后才使用，修建之后还必须经过箭射检验，箭头不能入墙才算合格等。

宋皇宫的修建是我国古代工程管理的另一个成功案例。在宋真宗祥符年间，皇城开封失火，雄伟的宫殿被全部烧毁。于是，皇帝派大臣丁渭主持皇宫修复工程。建设过程中遇到一些问题：修建过程中的烧制砖头需要的泥土和其他石材、木材等建筑材料应该如何运输到施工地点？建筑完成的废材和垃圾应该如何处理？丁渭针对这些问题，做出了巧妙的计划和组织：首先在皇宫前的大街上开河引水，通过人工运河运输建筑材料，节省了大量的人力、物力等；同时利用开河挖出的泥土烧砖，这样也解决了建筑材料来源的问题；工程建成后把碎砖废土等建筑垃圾填入河中，修复大街。最终使烧砖、运输建筑材料与处理废物等三项繁重的工作任务都最佳地得到解决，在为宋皇宫修复工程项目节约了时间和经费的同时，使得工地秩序井然。

此外还有许多其他的古代建筑也体现了丰富而朴素的工程项目管理思想。例如，明代的南京城墙建设，利用在城墙砖上刻生产者的名字，以便于质量控制和责任管理；清代时期出现了专门负责工程估算和编制预算的部门——算房，也就是投资管理的前身。

虽然当时没有工程项目管理的概念，但工程项目建设者的管理理念、思维方式和方法都呈现出朴素的工程项目管理思想。

10.2.2 现代工程项目管理的产生与发展

我国现代工程项目管理理论的产生源于云南鲁布革水电站工程。该工程原由水电部14工程局施工，开工两三年后，由于政府没钱，为了使用世界银行贷款，引水隧洞工程从14局的"铁饭碗"中拿出来，进行了国际招标。8个国家的承包商展开了竞争，引水隧洞工程标底为14 958万元。日本大成公司提出：完工之后设备无偿赠与中国（经过几年施工，设备差不多就该坏了，运回去的路费又得多少钱），还提出免费培训中国技术人员和转让一些新技术的建议。最后日本大成公司以8 463万元（比标底低43%左右）的标价中标，1984年7月31日鲁布革工程管理局向日本大成公司正式发布了开工命令。

这样，在鲁布革工地上就有两种管理体制并存：一种是以鲁布革工程管理局为业主代表及外国的监理咨询机构日本大成公司为承包方的合同制管理体制；一种是以鲁布革管理局为甲方，以14局为乙方的投资包干管理体制，开始了中国工程项目管理体制的改革。

中标后，日本大成公司迅速派来了20多名管理人员，从14局雇用了500名工人，开始项目施工，取得巨大成绩。日本大成公司创造奇迹的原因有三：①先进的管理：机构精简，高效，严格遵守"现场第一"的观念，施工现场都停着吉普车，供工人办公使用，以提高工作效率，同时奖罚分明；②先进的施工技术；③精明的索赔。

在鲁布革水电站建设过程中初步形成了以业主负责制、建设监理制、招标承包制为主要内容的建设管理体制的框架，水电建设业主（项目法人）、监理、施工企业和设计咨询各方关系的大格局得以确立，一项制度创新的历史使命初步完成。

此后，我国许多大中型的工程相继进行了工程项目管理体制、方法和技术的创新，为我国现代工程项目管理理论的构建奠定了基础。比较有代表性的有青藏铁路、三峡工程、奥运工程等等，这些都是我国现代工程项目管理实践的成功典范。

青藏铁路自西宁至拉萨全长 1 956 km，海拔在 4 000 m 以上的路段有 960 km，总投资330 亿元，包括西宁至格尔木和格尔木至拉萨两段，是世界铁路建设史上最具挑战性的工程项目。青藏铁路建设面临"多年冻土、高寒缺氧、生态脆弱"三大世界性工程难题。这三大难题不仅对工程技术是严峻的挑战，对建设管理也是前所未有的考验。青藏铁路建设在建设方针及建设目标、项目法人负责制、全线施工组织安排、队伍管理(特别是劳务工管理)、"三位一体"建设管理模式(包括全面质量管理、环境保护管理、职业健康安全管理)、五大目标控制体系等方面形成了工程管理特色，确保了"建设世界一流高原铁路"宏伟目标的实现。

三峡水利枢纽工程，是世界上规模最大的水电站，也是中国有史以来建设最大型的工程项目之一。它的建设工期长达 17 年，动态总投资超过 2 000 亿元。三峡水利枢纽工程建设单位在引进西方发达国家先进管理理念、方法的基础上，还结合三峡工程建设的实际情况，开发出了在国际工程项目管理领域处于领先水平、具有自主知识产权的"三峡工程管理信息系统(TGPMS)"和"电厂运行管理信息系统(EPMS)"。

北京奥运工程建设一方面成为展示中国科技成果的窗口，另一方面也是现代项目群管理的成功典范。北京奥运工程主要包括 12 个新建场馆、11 个改扩建场馆、8 个临时场馆和 10余项重要配套项目。作为北京奥运会最重要的标志性建筑——"鸟巢"，总投资 27 亿元人民币，建筑面积 28.5 万 m^2。"鸟巢"最具特点也是最复杂的一个地方是肩部弯扭构件的设计，这种大胆而巧妙的设计在世界建筑史上还没有先例。最终，在设计单位、施工单位和国内钢厂的通力合作下，经过反复研究、试验，终于成功地轧出了符合施工要求、完全由我国自主研发的 Q460 高强度钢材，这不仅为"鸟巢"建设赢得了时间，同时也填补了我国该项技术领域的空白。

从这些例子可以看出，大型工程项目结构的复杂性或面临环境的复杂性，一方面要进行技术创新，另一方面也要求进行工程项目管理的创新。

2. 现代工程项目管理的发展

现代工程项目管理是指运用科学的现代管理方法及手段，按照工程项目内在客观规律的要求对其实施的有效管理。

20 世纪 50 年代初，美国"北极星潜艇计划"和美国杜邦公司开始利用计算机进行管理，开发了安排工程进度的"网络计划技术"方法，用于难以控制、不确定性因素多而复杂的工程项目管理中。20 世纪 60 年代，华罗庚教授将网络计划技术引入国内，将它称为"统筹法"，并在纺织、冶金、建筑工程项目等领域中推广。20 世纪 70 年代，人们对工程项目管理过程和各个管理职能进行全面系统的研究。在工程项目的质量管理方面提出并普及了全面质量管理(TQM)或全面质量控制(TQC)，依据 TQC(TQM)原理建立起来 CA(计划—执行—检查—处理)循环模式。20 世纪 80 年代以来，随着科学技术和生产力的发展，现代工程项目管理的指导思想、方法、内容及手段等不断更新，权威机构和学者专家也加深了对工程项目管理的研究，随之提出了很多不同的观点：例如，以同济大学乐云教授为首的学者提出"复杂项目管理"、重庆大学任宏教授提出"巨项目管理"、美国项目管理协会提出的"项目组合管理"等，这些观点也在指导不同工程项目的实践。

10.3　工程项目建设程序

10.3.1　工程项目的寿命期

工程项目寿命期是指一个工程项目从开始到结束所经历的全部时间或者过程。一般可以分为 4 个阶段,如图 10 - 1 所示。

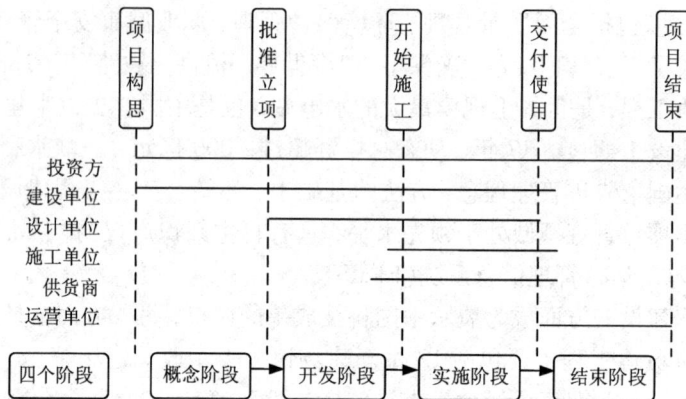

图 10 - 1　工程项目寿命期

1. 概念阶段

也称作定义和前期策划阶段,从工程项目构思到批准立项为止。这个阶段的任务,首先提出工程项目构思,然后确定工程项目建设要达到的预期总体目标,从而进行工程项目的定义和总体方案的策划,接着提出项目建议书,根据项目建议书进行可行性研究。最后,依据可行性研究报告中对工程项目的总体评价结果,决定是否实行。

2. 开发阶段

也称为计划与设计阶段,从工程项目的批准立项到施工前。在这一阶段首先要为已经做出决策并且要实施的工程项目编制出各种各样的项目计划书,在开展这些工程项目计划工作的同时还需要开展必要的工程项目设计工作,全面设计和界定整个工程项目及各阶段所需开展的工作和产出物,如施工设计图等。

3. 实施阶段

也称为施工阶段,从工程项目施工准备开始到竣工验收止。该阶段的任务主要包括施工准备、施工、安装调试等等,同时为了保持实施过程与计划相一致,要对其进行现场管理,管理工作可以分为采购管理、合同管理、资源管理、工期管理、费用管理、质量管理、安全管理和环境管理等。

4. 结束阶段

工程项目实施阶段的结束并不意味着整个工程项目工作的结束,项目还需要经过一个完工与交付的工作阶段才能够真正结束整个项目。这个阶段主要是在范围的确认、项目审计、质量验收之后,将完工的建筑物交付给运营单位,直至项目的业主(用户)最终接受工程项目的整个工作结果和项目最终的交付物。然后，进入项目的生产运营阶段，直到项目报废，一个工程项目才能够算作最终完成或结束。

10.3.2 工程项目建设程序

建设程序是指建设工程项目从构思、决策、设计、施工、竣工验收到交付使用等整个建设过程中，各项工作必须严格遵循的先后顺序和相互关系。建设程序是工程项目技术经济规律的要求和工程建设过程客观规律的反映，亦是工程项目科学和顺利进行的重要保证。

自建国以来，我国工程项目建设程序也在逐步地完善，不同书对工程项目建设程序描述有所不同，但大致可以划分为下面四个阶段：

①工程建设前期阶段：包括机会研究，编制项目建议书，进行可行性研究，组织项目评估。

②工程建设准备阶段：包括办理报建备案手续，委托相关单位进行规划、设计，申请土地开发使用权，组织拆迁、安置，工程发包与承包。

③工程建设实施阶段：包括工程项目施工准备管理和工程项目组织施工管理。

④工程竣工验收备案与保修阶段：包括工程竣工验收、备案及工程保修。

10.4 工程项目管理类型和内容

10.4.1 工程项目管理的类型

每个工程项目建设都有其特定的建设意图和使用功能要求。按照不同分类标准，工程项目管理有不同的类型。

1. 按照工程项目的阶段划分

按照工程项目的阶段划分，分为前期管理、设计管理、施工管理和设施管理。

(1)前期管理

前期管理主要是指在工程项目的前期规划和可行性研究阶段进行的管理。在这个阶段，业主委托咨询工程师做工程项目定义和决策、可行性研究。具体工作包括：对工程项目的建设条件的分析；对工程建设可能存在的问题及对生态环境的影响等的分析；工程进度及资金筹措的安排；提出工程项目建议书，编制可行性研究报告。

(2)设计管理

设计管理是指由业主依据国家规范和有关的技术标准，对建设工程设计活动的全过程实施监督和管理。设计管理主要包括工程建设地址的选择、工程项目实施计划、工程主体结构设计、工程项目建设管理系统规划等等，以保证工程设计质量、进度和有效地控制工程造价，避免在施工阶段出现不必要的设计变更，影响工程项目的质量、进度和费用。

(3)施工管理

在施工阶段对工程项目的管理包括自行组织项目管理组织机构、委托其他项目管理公司管理等模式，主要对工程施工阶段的质量、安全、环境保护、工期、投资等目标的管理，其内容包括施工准备管理和施工过程管理。

(4)设施管理

设施管理就是指使用阶段或者运营阶段进行的管理。设施管理涉及范畴广，包括物业资产管理和物业运行管理两个方面。物业资产管理主要是指财务管理（如财务与预算管理、公司不动产管理等）、空间管理（如室内空间规划及管理等）、用户管理（如保安、通讯及行政服务等）。物业运行管理主要是指维修管理（如新的建筑及修复、保养及运作等）和现代化管理（如能源管理、支援服务、高技术运用及质量管理等）。

2.按照工程项目不同参建方的工作性质和组织特征划分

按照工程项目不同参建方的工作性质和组织特征分，有业主方的工程项目管理、设计方的工程项目管理、施工方的工程项目管理、供货方的工程项目管理、建设项目总承包方的工程项目管理等。

(1)业主方的工程项目管理

业主以工程项目所有者的身份，主要承担工程的建设管理任务，居于工程项目组织最高层。业主方的工程项目管理是全过程的，它存在于工程项目进行的各个阶段。在前期策划阶段，业主委托咨询工程师做项目规划和可行性研究；在工程设计阶段，委托设计单位对工程项目进行规划设计，并且对一些环节进行审核或者控制；在招投标阶段，主要进行合同策划、实施招标、组织评标、确定中标单位、分析合同风险等工作；在施工阶段，主要是进行目标控制和合同管理，最后的工程项目竣工和后评估也属于业主管理的范围。

(2)设计方的工程项目管理

设计方的工程项目管理是工程项目全过程管理的一个阶段，是指设计单位承揽到工程项目的设计任务后，根据设计合同所界定的工作目标及责任义务，对工程项目设计阶段的工作所进行的自我管理。设计方的工程项目管理主要包括：设计投标或方案竞赛、签订设计合同、设计计划的编制与实施、设计工作总结、竣工验收等。因此，设计方的工程项目管理不仅仅局限于工程设计阶段，而且延伸到施工阶段和竣工验收阶段。

(3)施工方的工程项目管理

施工方的工程项目管理是指施工单位通过工程施工投标取得工程施工承包合同，并以施工合同所界定的工程范围，组织工程项目管理。从一般意义上说，施工方的工程项目管理工作主要在施工阶段进行，但它也涉及设计准备阶段、设计阶段、动用前准备阶段和保修期。在工程实践中，设计阶段和施工阶段往往是交叉的，因此施工方的工程项目管理工作也涉及设计阶段。

(4)供货方的项目管理

从工程项目系统的角度看，物资供应工作也是工程项目管理的一个子系统。供货方的工程项目管理主要服务于工程项目的整体利益和供货方本身的利益。供货方的工程项目管理工作主要是在施工阶段进行，但它也涉及设计准备阶段、设计阶段、动用前准备阶段和保修期。

(5)建设项目总承包方的工程项目管理

在设计施工总承包的情况下，业主在工程项目决策之后，通过招标择优选定总承包单位，全面负责工程项目的实施过程。总承包方的工程项目管理是贯穿于工程项目实施全过程的全面管理，既包括设计阶段，也包括施工安装阶段。其性质和目的是全面履行工程总承包合同，以实现企业承建工程的经营方针和目标，取得预期的经营效益而进行的工程项目自主管理。

10.4.2　工程项目管理的任务

尽管工程项目的类型众多，特点各异，但工程项目管理的主要任务就是对建设前期、勘察设计、施工至竣工验收等全过程的一系列活动进行规划、协调、监督、控制和总结评价，通过合同管理，组织协调，目标控制，风险管理，信息管理等措施，全面实现质量、进度、投资、安全、环境保护五大目标。

10.4.3　工程项目管理的内容

1. 建设管理模式

工程项目管理涉及工程项目建设全过程管理。针对不同工程项目，可以把工程项目建设不同阶段的工作内容进行发包，其不同组合也就产生了多种建设管理模式。如图 10 - 2 所示。

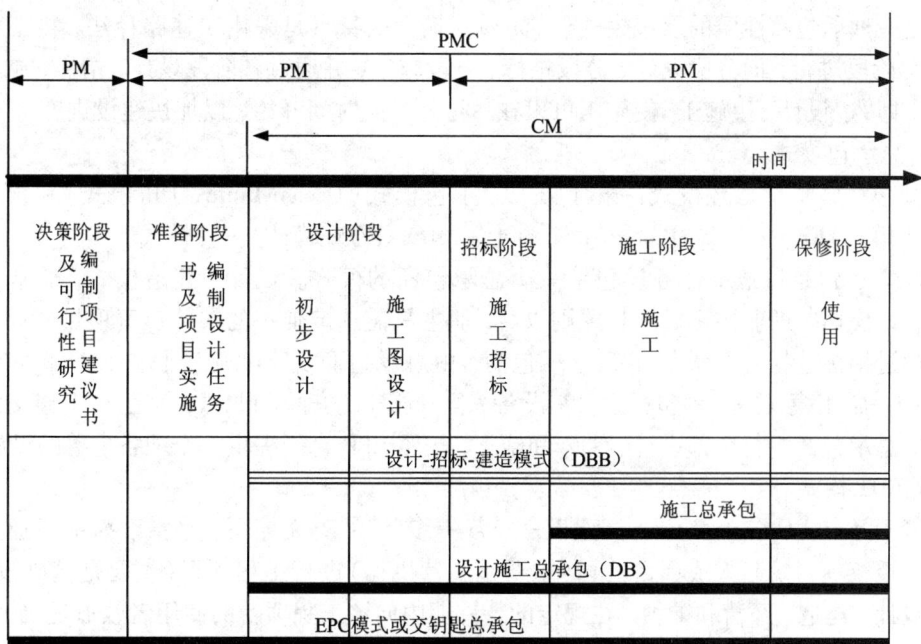

图 10 - 2　工程项目建设管理模式图

（1）设计—招标—建造模式（DBB 模式）

设计—招标—建造模式（Design-Bid-Build，DBB）又称传统模式，是由业主委托建筑师或咨询工程师进行前期的各项有关工作，待项目评估立项后再进行设计，在设计阶段进行施工招标文件准备，随后通过招标选择承包商。业主和承包商订立施工合同，有关工程部位的分包和设备、材料的采购一般都由承包商与分包商和供应商单独签订合同并组织实施。这种模式最突出的特点是强调建设项目的实施必须按照设计—招标—建造顺序进行，只有一个阶段结束后，另一个阶段才能开始。

（2）项目管理模式（PM，PMC）

项目管理模式是指从事工程项目管理的企业(以下简称项目管理公司)受业主委托,按照合同约定,代表业主对工程项目的组织实施进行全过程或若干阶段的管理和服务。根据项目管理公司与业主签订的合同性质,项目管理方式可以分为两类:项目管理服务(PM, Project Management)和项目管理承包(PMC, Project Management Construction)。PM 模式是指项目管理公司受业主聘用,根据服务合同为业主进行工程项目可行性研究,协助业主编制工程项目要求和计划,组织工程设计和施工招标,审查设计文件,代表业主对施工过程进行控制和管理的模式。PMC 模式是指项目管理公司按照合同约定,除完成项目管理服务(PM)的全部工作内容外,还可以负责完成合同约定的工程初步设计(基础工程设计)等工作。

(3)建筑工程管理模式(CM 模式)

建筑工程管理模式(Construction Management, CM)是指业主雇用有施工经验的 CM 单位参与到工程项目的实施过程中来。CM 模式一般又可分为两种形式:代理型 CM 模式和非代理型(风险型)CM 模式。CM 单位一般是在项目设计阶段开始介入工程项目,以便为设计人员提供施工方面的建议且随后负责管理施工过程,其工作重点是施工生产系统的组织与管理,它是一种承包商性质的承包模式。CM 模式最大的特点是采用快速路径法,将工程项目的建设分阶段进行,即分段设计、分段招标、分段施工,并通过各阶段设计、招标、施工的充分搭接,即"边设计,边施工"使施工可以在尽可能早的时间开始,以加快建设进度。

(4)总承包模式

主要包括施工总承包模式,设计施工总承包模式(Design-Build, DB 模式)和设计—采购—施工模式(Engineering, Procurement and Construct, EPC 模式)三种模式。

施工总承包是将施工任务发包给一个总承包商的模式。设计—建造模式,通常的做法是,在咨询公司帮助业主确定项目原则以后,业主只需选定唯一的实体负责项目的设计与施工,即通过招标选择一个设计施工总承包商,由总承包商负责实施项目的设计和施工。设计—采购—施工模式是一种包括设计、设备采购、施工、安装和调试,直至竣工移交的总承包模式,总承包商进行全部设计、采购和施工,按照 EPC 合同提供一个配备完善的设施。

(5)BOT 模式

BOT 即 Build-Operate-Transfer(建设—经营—移交)的英文缩写,是指政府部门通过特许权协议,授权项目发起人或项目公司(主要是私营机构)进行工程项目(主要是基础设施)的融资、设计、建造、经营和维护,在规定的特许期内向该工程项目的使用者收取适当的费用,由此回收该工程项目的投资、经营、维护等成本,并获得合理的回报。特许期满后,项目公司将工程项目免费移交给政府,转由政府指定部门经营和管理。BOT 模式在我国政府投资项目建设管理中运用比较广泛,由这种模式演变的各种模式(如 BT, BOOT, BOOST 等)目前也广泛应用于我国政府投资项目的建设管理中。

2.组织管理

工程项目管理的组织形式包括很多种,下面为最常用的四种:

直线式组织结构中的各种职能均按直线排列,如图 10-3 所示,任何一个下级只接受唯一上级的指令。

职能制组织形式加强了项目管理目标控制的职能分工,充分发挥了职能机构的专业管理作用,如图 10-4 所示。

直线职能形组织结构,吸收了直线制和职能制组织结构的优点,是在项目各级领导部门

项目经理

作业队1 作业队2 作业队3

班组1 班组2 班组1 班组2 班组1 班组2

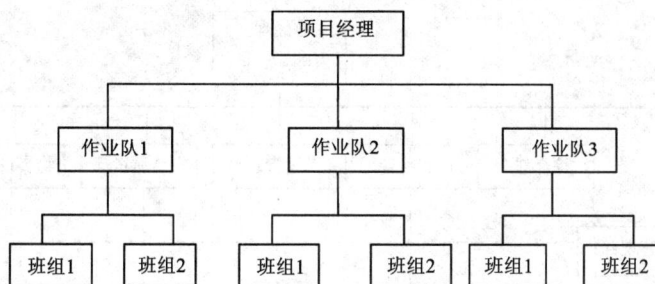

图 10 – 3 直线式组织结构

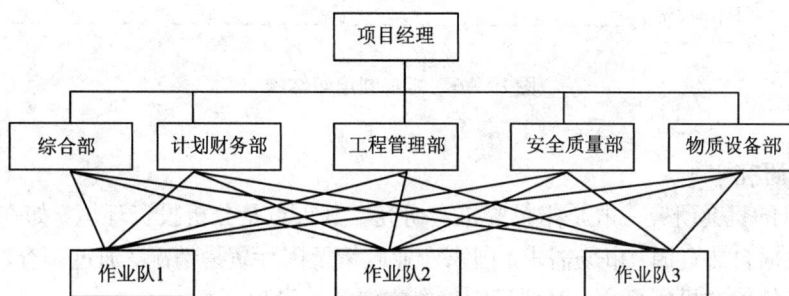

项目经理

综合部 计划财务部 工程管理部 安全质量部 物质设备部

作业队1 作业队2 作业队3

图 10 – 4 职能制组织结构

下设置相应的职能部门，分别从事各项专门业务工作，实行统一指挥与职能部门参谋、指导相结合，如图 10 – 5 所示。

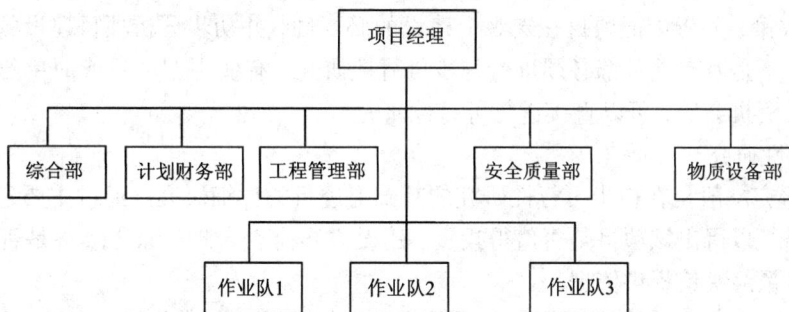

项目经理

综合部 计划财务部 工程管理部 安全质量部 物质设备部

作业队1 作业队2 作业队3

图 10 – 5 直线职能型组织结构

矩阵制组织结构是将组织内的工作部门按纵横两个管理系列组成，一个是职能部门系列，另一个是为完成项目而组建的项目管理部门系列，纵横两个系列交叉，即构成矩阵组织结构，如图 10 – 6 所示。

3. 前期决策分析与评价

工程项目的决策分析与评价一般包括四项内容：

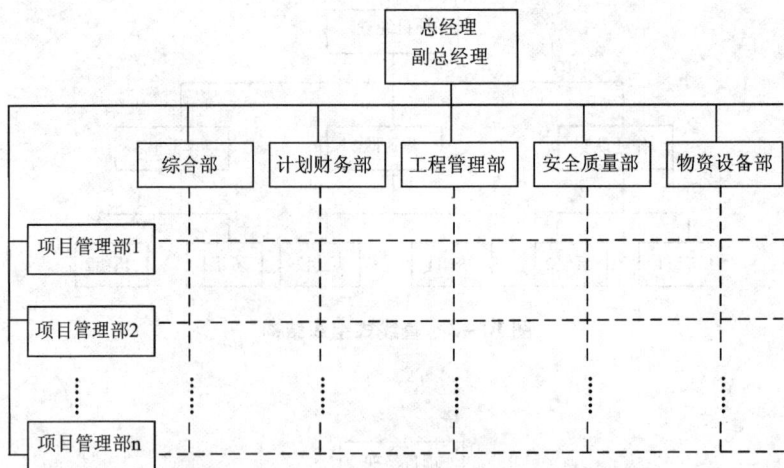

图 10 – 6　矩阵制组织结构

（1）机会研究

工程项目的机会研究一般是指投资机会研究。其重点是分析投资环境，如在一定的地区和部门内，根据自然资源、市场需求、国家产业政策及国际贸易情况，通过调查、预测和分析研究，寻求有价值的投资机会，对项目的投资方向提出设想。

（2）项目建议书

又称初步可行性研究，也称预可行性研究。它是在投资机会研究的基础上，对项目方案进行初步的技术、经济分析和社会、环境评价，判断项目是否有生命力，是否值得投入更多的人力和资金进行可行性研究。项目建议书是初步可行性研究的成果。

项目建议书的重点，主要是根据国民经济和社会发展长期规划、行业规划和地区规划以及国家产业政策，分析论证项目在宏观上建设的必要性，并初步分析项目建设的可能性。需要指出的是，不是所有项目都必须进行初步可行性研究，有些小型项目或简单的技术改造项目，在选定投资机会后，可以直接进行可行性研究。

（3）可行性研究

可行性研究一般是在初步可行性研究的基础上进行的详细研究。通过主要建设方案和条件的分析比选，以得出该项目是否值得投资，建设方案是否合理，综合效益是否可行的研究结论，为项目最终决策提供依据。

可行性研究及其报告的主要内容：项目建设的必要性，市场分析，项目建设方案研究，投资估算，融资方案，财务分析，经济分析，经济影响分析，资源利用分析，土地利用及移民搬迁安置方案分析，社会评价，不确定性分析，风险分析，结论与建议。工程项目可行性研究的内容，因项目的性质和行业特点有所不同。

对于企业投资建设实行政府核准制的项目，应编制项目申请报告。项目申请报告是对政府关注的项目外部影响的有关问题进行论证说明，报请政府投资主管部门核准（行政许可）。在政府投资主管部门核准之前，企业需要根据规划、环保、国土资源等部门的要求，进行相关分析论证，得到各有关部门的许可。

（4）项目评估

在可行性研究报告和设计任务书编制完成之后，项目的管理部门未做出决策之前，应由国家各级计划决策部门组织或委托有资格的工程咨询机构、贷款银行对可行性研究报告或设计任务书的可靠性、真实性进行评估。

4. 设计管理

工程项目设计管理包括设计准备阶段管理和设计阶段管理。

（1）设计准备阶段的管理

设计准备阶段即从立项后到设计开始前的工作阶段。设计准备阶段管理的一般工作任务就是在分析和论证可行性研究中的目标后，编制初步规划或方案。

（2）设计阶段的管理

设计过程是项目实施阶段的重要环节。设计过程的不同阶段中，项目管理的任务是不一样的。按照工程建设的进度和深度的不同，可以将设计过程分为三个阶段或两个阶段。三个阶段是指：初步设计阶段、技术设计阶段和施工图设计阶段；两个设计阶段是指初步设计阶段和施工图设计阶段。一般的工程项目只需要进行初步设计和施工图设计。

5. 工程招投标和合同管理

（1）工程招投标

工程招投标是依据和运用商品经济的共有规律——价值规律和商品竞争规律来管理社会化生产的一种经济管理方式。目前，大多数工程项目的主要任务都是通过招标投标的方式来委托和承接的。招标投标是双方相互选择的过程，也是承包商之间互相竞争的过程。

招标是指招标人将拟建项目的工作内容，以招标文件的形式，告知有兴趣承担该任务的有关单位，要求它们按照规定的条件给出自己的投标报价以及完成该工作的计划，然后招标人通过评审、比较，选出可信赖单位，以合同的形式委托其完成工程。

投标是指投标人应招标人特定或不特定的邀请，按照招标文件规定的要求，在规定的时间和地点主动向招标人递交投标文件并以中标为目的的行为。

开标是指投标人提交投标文件截止时，招标人（招标代理机构）依据招标文件和招标公告规定的日期、时间和地点，在所有投标人和监理机构代表出席的情况下，当众开启投标文件，公开宣布投标人名称、投标价格、优惠或是否提交了保证金等过程。

评标是指开标会议结束后，由依法组建的评标委员会根据招标文件规定的评标标准和评标办法，通过对投标文件的分析比较和评审，向招标人提出书面评标报告并推荐中标候选人。

定标是指招标人根据招标委员会的评标报告，在推荐的中标候选人中选定最后核定中标人的过程。招标人也可以授权评标委员会直接确定中标人。

签订合同是指在定标之后，即从发出中标通知书之日起 30 天之内签订书面合同，合同条款应按照招标文件和中标人的投标文件来制定。

（2）合同管理

我国《合同法》规定，工程项目合同是一种承包人进行工程建设，发包人支付价款的合同。合同管理是工程项目管理的重要手段，是保证业主及其他参建单位的实际工作满足合同要求的全过程。工程项目合同的签订包括五个环节：合同谈判，合同签订，合同担保，合同审批和合同履行。合同管理的重点内容包括合同的订立管理、变更管理和索赔管理。

6. 目标管理

工程项目管理的最终目的是全面的实现质量、安全、环境保护、进度、投资五大目标，所以目标管理在工程项目管理过程中尤为重要。

(1)质量管理

工程质量管理是指为确保工程项目质量而进行的计划、组织、控制等的一系列活动。有效的工程项目质量管理应该根据工程项目各自的特点，依靠系统的质量管理原理、方法及过程而展开。

(2)安全管理

工程安全管理是指在工程项目实施过程中，运用科学的管理理论、方法，通过法规、技术、组织等手段，消除和减少不安全因素，使生产环境达到最佳安全状态。

(3)环境管理

环境管理贯穿在整个工程建设过程中。首先需要在研究确定厂址方案和技术方案时，调查研究环境条件，识别和分析拟建项目影响环境的因素，提出环境保护方案。然后在项目实施过程中，要加以措施减少对周边环境的破坏。在项目结束后，要对环境影响进行后评价。

(4)进度管理

工程进度管理是指编制工程项目总进度计划、实施计划、检查实施效果、进行进度协调和采取控制措施等的总称。

(5)投资管理

工程投资管理是指在投资决策阶段、设计阶段、发包阶段和实施阶段，把工程项目投资的发生控制在批准的投资限额以内。

7. 资源管理

工程项目的资源管理是指对工程项目所需各种资源所进行的计划、组织、指挥、协调和控制等系统活动。

(1)人力资源管理

工程项目的人力资源管理是指对工程项目开发建设过程中所需的人力资源进行规划、选聘和合理配置，并定期对他们的工作业绩进行评价和激励，以提高他们对工程项目开发建设的敬业精神、积极性和创造性，最终保证工程项目目标的实现。

(2)物资设备管理

工程项目物资管理就是对工程项目施工过程中所需要的各种材料、半成品、构配件的采购、加工、包装、运输、储存、发放、验收和使用所进行的一系列组织和管理工作。

工程项目设备管理是根据工程项目施工方案的需要，合理采购、租赁相应的机械设备，投入生产领域使用、磨损、补偿、直至报废退出生产领域为止的全过程管理。

(3)信息管理

工程项目中的信息是指随着建设的进行而产生的各种指令、计划、图纸、报表、资料、报告、情报和文件等。工程项目信息管理是根据工程项目信息的特点和不同层次管理者对信息的需要，有计划、有目的地组织信息沟通，及时、准确地获得所需要的信息。

(4)技术创新管理

工程项目的技术创新管理是指对工程项目中各种技术创新活动和技术创新工作的各种要素进行科学管理的总称。

8. 要素管理

（1）风险管理

工程项目的风险管理是通过风险辨别、风险衡量和风险评价，并以此为基础合理地使用多种方法、技术和手段对工程项目活动涉及的风险实行有效的控制。

（2）协调管理

工程项目协调管理是指广泛采用各种协调工具和手段，通过协商、谈判、约定、协议、沟通、交互等协调方式，对工程项目内外各有关部门和活动进行调节和协商，使之紧密配合、步调一致，最终实现组织的特定目标和项目、环境、社会、经济可持续发展的一种管理体系。

（3）文化管理

项目文化是指工程项目实施过程中该项目特有的思想观念、行为方式、工作水平、成员素质和价值观念，是以企业理念为内在要求、以工程项目团队建设为重点对象的阵地文化。文化管理就是对工程项目文化过程进行的管理。有效地进行文化管理，能为施工企业直接带来良好经济效益和社会效益。

10.5 建设法规

建设法规是指国家权力机关或其授权的行政机关制定的，旨在调整国家及其有关机构、企事业单位、社会团体、公民之间在建设活动中或建设行政管理活动中发生的各种社会关系的法律、法规的总称。

10.5.1 产生的背景和作用

1. 产生的背景

20 世纪 50 年代，我国建设立法基本是空白，为了适应经济建设和发展的需要，国务院及相关行政主管部门制定颁布了许多有关建设程序、设计、施工管理等方面的规定。改革开放以来，建设部组织了建设法规体系的研究、论证工作，并于 1991 年制定出《建设法律体系规划方案》，使我国建设立法工作走上了系统化、科学化的健康发展之路。随后，根据具体问题和各地不同情况，建设行政主管部门和各省人大及人民政府还可制定颁行相应的建设规章及法规，从而形成一个完整的建设法规体系。目前，我国制定颁布的建筑相关法律共 200 多部，与其相关的文件高达 230 多部。2011 年 4 月 22 日，《全国人民代表大会常务委员会关于修改〈中华人民共和国建筑法〉的决定》在中华人民共和国第十一届全国人民代表大会常务委员会第二十次会议上正式通过，新《建筑法》的实施也意味着我国建设法律体系正在逐步完善。

2. 建设法规产生的作用

在国民经济中，工程建设是一个很重要的生产部门，建设法规和建筑活动的关系日益密切，它详细规定了哪些是必须所为的建设行为，哪些是禁止所为的建设行为；它保护符合法律规定的一切建设行为；它同时对那些违法建设行为做出适当的处罚。所以，建设法规在建筑质量、工程管理上起到了举足轻重的作用，推动了社会主义各项事业的健康有序发展。

10.5.2 建设法规体系

建设法规体系，是指把已经制定和需要制定的建设法律、行政法规和部门规章衔接起来，形成一个相互联系、相互补充、相互协调的完整统一的框架结构。

根据《中华人民共和国立法法》有关立法权限的规定，我国的建设法规体系由下面几个层次组成，如图10-7所示。

1. 建设法律

指由全国人民代表大会及其常委会制定颁布的属于国务院建设行政主管部门主管业务范围的各项法律，它们是建设法规体系的核心和基础。如《中华人民共和国城市规划法》、《中华人民共和国建筑法》、《中华人民共和国招投标法》等。

2. 建设行政法规

指由国务院制定颁布的属于建设行政主管部门主管业务范围的各项法规。行政法规的名称常以"条例"、"办法"、"规定"、"规章"等名称出现。例如：《中华人民共和国注册建筑师条例》、《城市房地产开发经营管理条例》、《建设工程安全生产管理条例》等。

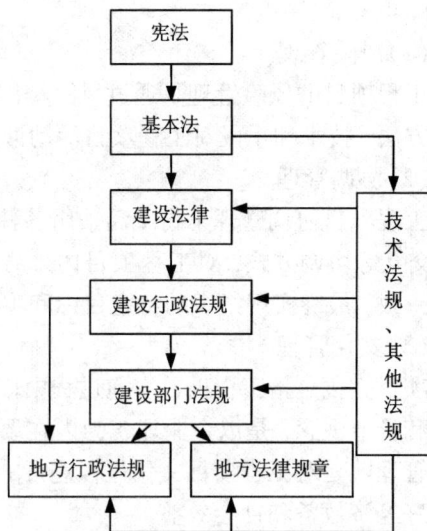

图 10-7　建设法规体系

3. 建设部门规章

指由国务院建设行政主管部门或其与国务院其他相关部门联合制定颁布的法规，如《建筑工程施工发包与承包计价管理办法》、《建设工程勘察质量管理办法》、《建筑施工企业安全生产许可证管理规定》等。

4. 地方性建设法规

指由省、自治区、直辖市人民代表大会及其常委会制定颁布的或经其批准颁布的由下级人大或常委会制定的建设方面的法规。地方性建设法规是只能用在本区域有效的建设方面的法规。例如，《安徽省城乡规划条例》、《重庆市招投标条例》等。

5. 地方建设规章

指由省、自治区、直辖市人民政府制定颁布的或经其批准的由其所辖城市人民政府制定的建设方面的规章。例如：《湖南省蒸压加气混凝土砌块建筑技术规章》、《安徽省城市建设工程规划核实暂行办法》等。

6. 技术法规

技术法规是国家制定或认可的，在全国范围内有效的规程、规范、标准、定额、方法等技术文件，包括设计规范、施工规范、验收规范、建设定额、工程建设标准、建筑材料检测标准等。例如，《房屋建筑和市政基础设施工程施工图设计文件审查管理办法》、《TB10101—2009铁路工程测量规范》等。

除此之外，还有其他与建筑活动关系密切的相关法律、行政法规和部门规章，虽不属于建设法规体系，但其有些规定对调整相关的建设活动有着十分重要的作用。例如：《中华人民共和国标准化法》、《中华人民共和国标环境保护法》等。

10.6 工程监理

建设工程监理是指具有相应资质的监理单位受工程项目建设单位的委托,依据国家有关工程建设的法律、法规,经建设主管部门批准的工程项目建设文件,建设工程委托监理合同及其他建设工程合同,对工程建设实施的专业化监督管理。

10.6.1 产生的背景及作用

1.产生的背景

我国建设工程监理制度起步较晚。1982 年开工建设的鲁布革水电站引水工程首次实施建设监理制,并且取得了较好的效果。1988 年 7 月,住房和城乡建设部颁发了《关于开展建设监理工作的通知》。1995 年 12 月,住房和城乡建设部在北京召开了全国第六次建设监理工作会议,总结几年来建设监理工作的成绩和经验,出台了《建设工程监理规定》和《建设工程监理合同示范文本》,进一步完善了我国建设工程监理制度。1997 年的《中华人民共和国建筑法》以法律形式做出规定,国家推行建设工程监理制度。2001 年 5 月颁布《建设工程监理规范》(GB50319—2000),使建设工程监理工作有法可依,标志建设工程监理工作进入全面推行的新阶段。从此,建设监理制作为一项建设工程领域的重要制度在我国生根、发育。

2.建设监理的作用

在工程建设领域实行工程监理是我国工程项目管理体制的一项重大改革。在许多工程管理实践中已经证明,在工程建设领域实行工程监理制,对提高工程质量、保证建设工期、控制投资以及增进效益等都发挥了重要作用,是我国建设管理体制改革的必然选择。同时,实行工程监理也是坚持对外开放、加强国际交流合作,发展我国对外承包工程和劳务合作的需要,对促进我国的工程建设水平的提高具有重要作用。

10.6.2 建设工程监理的任务

工程监理的任务是监理工程师利用业主授予的权力,从组织、技术、合同和经济的角度采取措施,对工程项目实施全面监理,并严格地进行合同管理,高效有序地进行信息管理,以使工程建设五大目标最合理地实现,有组织协调工程建设参与各方的能力,简称之"五大目标控制、两项管理、一项协调"。

1."五大目标控制"

①质量目标控制:监理单位应按照合同要求对影响工程质量的各个因素从原材料、施工工艺到成品都要进行监理。

②安全目标控制:监理单位安全目标控制包括工程建筑物本身的安全(即工程建筑物的质量是否达到了合同的要求)和施工过程中人员的安全。

③环境保护目标控制:监理单位对工程项目施工过程中的环境保护措施和为项目生产运营过程中的环保污染防治措施落实情况进行过程监理,以满足环境影响评价文件及批复的要求,符合竣工环保验收的条件。

④进度目标控制:监理单位按照进度计划对其进行监理,当出现导致工程延误时,监理工程师应及时要求承包人采取措施并调整计划,增加施工机械或人力,以保证在竣工期限内

完成工程。

⑤投资目标控制：在工程项目的投资决策阶段、设计阶段、施工阶段以及竣工阶段，监理工程师应该把工程项目投资控制在批准的投资限额内，尽可能合理地减少工程量清单中所列费用以外的附加支出，以保证工程项目投资管理目标的实现。

2."两项管理"

①合同管理：监理工程师应依照合同的约定，对工程质量、安全、环保、进度、投资实施管理，并及时按工作程序处理各种问题。

②信息管理：在工程建设过程中，监理工程师必须准确、及时、完整地收集各类信息并在此基础上去伪存真，抓住主要矛盾。

3."一项协调"

监理单位处于工程建设过程中实施监督和管理的核心地位，具有组织协调工程建设参与各方的能力，这也是监理工程师必须完成的任务。

10.6.3 建设工程监理的工作内容

①建设前期阶段的业务内容：进行建设项目的可行性研究；参与设计任务书的编制。

②设计阶段的业务内容：提出设计要求、编制设计招标申请报告，组织评选设计方案，协助业主选择工程设计方案和勘察设计单位；协助业主签订勘察设计合同，并监督合同的履行；核查工程设计和概预算，验收工程设计文件；协助业主进行生产设备招标与订货。

③招标阶段的业务内容：编制工程施工招标文件和施工招标申请报告；核查工程施工图设计、工程预算和标底；组织投标、开标和评标，向业主提出决标意见；协助业主与承包单位签订承包合同。

④施工阶段的业务内容：协助业主与承包单位编写开工申请报告；查看建设场地，办理向承包单位的移交；确认总承包单位选择的分包单位。制定施工总体规划，审查承包单位的施工组织设计和施工技术方案，下达单位工程施工开工令；审查承包单位提交的材料和设备清单及其所列的规格和质量，检查安全防护设施；督促、检查承包单位严格执行工程承包合同和工程技术标准；进行工程设计变更管理；督促整理合同文件和技术档案资料；组织设计单位和施工单位进行工程竣工初步验收，提出竣工验收报告，核查工程结算。

⑤保修阶段的业务内容：在规定的保修期内，负责检查工程质量状况，组织鉴定质量问题责任，督促责任单位修理。

10.6.4 建设工程监理的基本方法

1.目标规划

目标规划是对工程项目的目标进行研究确定、分解综合、计划安排、制定措施等项工作的集合。首先要准确地确定五大目标或对已经确定的目标进行论证，然后按照目标控制的需要将目标进行分解，以便实施控制。最终把工程项目实施的过程、目标和活动编制成计划，用动态的计划系统来协调和规范工程项目的实施，为实现预期目标构筑一座桥梁，使项目协调有序地达到预期目标。目标规划还要对计划目标的实现进行风险分析和管理，制定各项目标的综合控制措施，力保项目目标的实现。

2. 动态控制

动态控制是在完成工程项目的过程中，通过过程、目标和活动的跟踪，全面、及时、准确地掌握工程建设信息，将实际目标值和工程建设状况与计划目标状况进行对比，如果偏离了计划和标准的要求，就采取措施加以纠正，以便达到计划总目标的实现。这是一个不断循环的过程，直到工程项目建成交付使用。

3. 组织协调

组织协调就是把监理组织作为一个整体来研究和处理，对所有的活动及力量进行连接、联合、调和的工作。在工程建设监理过程中，监理工程师要不断进行组织协调，它是实现工程项目目标不可缺少的方法和手段。组织协调包括下面两个部分：①项目监理组织内部人与人、机构与机构之间的协调；②项目监理组织与外部环境组织之间的协调。

4. 信息管理

信息管理是指在实施监理的过程中，监理工程师对规划、决策、执行、检查等需要的信息进行收集、整理、处理、存储、传递、应用等工作。信息是控制的基础，没有信息监理工程师就不能实施目标控制。监理工程师在开展监理工作时要不断地预测或发现问题，信息应及时、准确、全面，要不断地进行规划、决策、执行和检查。监理工程师可以建立和采用项目管理信息系统来对工程项目进行信息管理。

5. 合同管理

在工程项目的建设过程中，合同管理产生的经济效益往往大于技术优化所产生的经济效益。监理单位在监理过程中的合同管理主要是根据监理合同的要求对工程建设合同的签订、履行、变更和解除进行监督、检查，对合同双方争议进行调解和处理，以保证合同的全面履行。合同管理应着重于合同分析，合同履行的监督、检查，合同的变更、索赔管理，建立合同目录、编码和档案，从而保证合同依法签订和全面履行。

思考题

1. 试述工程管理与工程技术的关系。
2. 试分析工程管理包括的范畴及其核心任务。
3. 请查询和分析现代工程项目管理成功案例，揭示影响工程项目管理成功的关键要素。

参考文献

[1] 罗福午.土木工程(专业)概论(第三版)[M].武汉:武汉理工大学出版社,2008
[2]《中国大百科全书》
[3] 马建立林.土力学(第三版).北京:中国铁道出版社,2011
[4] 李亮,魏丽敏.基础工程.长沙:中南大学出版社,2005
[5] 冷伍明.基础工程可靠度分析与设计理论.长沙:中南大学出版社,2000
[6] 郑颖人,陈祖煜,王恭先,凌天清.边坡与滑坡工程治理.北京:人民交通出版社,2007
[7] 龚晓南.21世纪岩土工程发展展望.岩土工程学报,22(2),2000
[8] 伍法权.我国岩土与工程研究的现状与展望——第三届全国岩土与工程大会学术总结.工程地质学报,17(4),2009
[9] 严作人,陈雨人,姚祖康,主编.道路工程.北京:人民交通出版社,2005
[10] 徐家钰,陈家驹编著.道路工程(第2版).上海:同济大学出版社,2004
[11] 叶志明主编.土木工程概论(第3版).北京:高等教育出版社,2009
[12] 项海帆,潘洪萱,张圣城,范立础.中国桥梁史纲.上海:同济大学出版社,2009
[13] 茅以升.通往现代化之桥.北京:科学出版社,2011
[14] 唐寰澄.中国科学技术史(桥梁卷).北京:科学出版社,2000
[15] 许宏儒,张泰昌,吕海瑛,茅玉麟.茅以升桥话(第二版).成都:西南交通大学出版社,2006
[16] 戴公连,宋旭明.漫画桥梁.北京:中国铁道出版社,2009
[17] 裴伯永,盛兴旺,乔建东等主编.桥梁工程.北京:中国铁道出版社,2000
[18] 李亚东.桥梁工程概论.成都:西南交通大学出版社,2006
[19] 彭立敏,刘小兵编.隧道工程.长沙:中南大学出版社,2009
[20] 朱永全,宋香玉主编.隧道工程.北京:中国铁道出版社,2005
[21] 刘维宁主编.铁路隧道.北京:中国铁道出版社,2011
[22] 贺少辉.地下工程.北京:北京交通大学出版社,2008
[23] 彭立敏,刘小兵编.地下铁道.北京:中国铁道出版社,2006
[24] 中国铁路隧道史编纂委员会.中国铁路隧道史.北京:中国铁道出版社,2004
[25] 童林旭,祝文君.城市地下空间资源评估与开发利用规划.中国建筑工业出版社,2009
[26] 牛凤瑞,潘家华,刘治彦.中国城市发展30年(1978—2008).北京:中国社会科学文献出版社,2009
[27] 孟春玲,张媛.土木工程概论(第3版).北京:高等教育出版社,2006
[28] 张树平.建筑防火设计.中国建筑工业出版社,2001
[29] 江见鲸,徐志胜.防灾减灾工程学.北京:机械工业出版社,2005
[30] 王茹.土木工程防灾减灾学.中国建材工业出版社,2008
[31] 陈长坤,路长,姚斌.燃烧学.北京:机械工业出版社,2013
[32] 丁士昭.工程项目管理[M].北京:中国建筑工业出版社,2006
[33] 何俊伟.工程项目管理[M].武汉:华中科技大学出版社,2008
[34] 于茜薇.工程项目管理[M].成都:四川大学出版社,2004
[35] 任宏,晏永刚.建设工程管理概论[M].武汉:武汉理工大学出版社,2008
[36] 成虎,陈群.工程项目管理(第三版)[M].北京:中国建筑工业出版社,2009

[37] 张飞涟. 国际工程项目管理与国际建筑市场[M]. 北京：中国铁道出版社，2004

[38] 田金信. 建设项目管理[M]. 北京：高等教育出版社，2009

[39] 周建国. 工程项目管理基础[M]. 北京：人民交通出版社，2007

[40] 张飞涟. 现代管理学[M]. 长沙：中南大学出版社，2002

[41] 全国注册咨询工程师(投资)资格考试参考教材编写委员会. 项目决策分析和评价[M]. 北京：中国计划出版社，2008

[42] 任宏. 巨项目管理[M]. 北京：科学出版社，2012

[43] 乐云. 大型复杂群体项目实行综合管理的探索与实践[J]. 工程质量，2011，29(3)

[44] 伍洋. 项目组合管理的过程研究[D]. 天津：天津大学，2006 – 01

[45] 罗福平. 土木工程(专业)概论(第三版)[M]. 武泽：武汉理工大学出版社，2008

[46] 陈秀方. 轨道工程[M]. 北京：中国建筑工业出版社，2005

[47] 郝瀛. 铁道工程[M]. 北京：中国铁道出版社，2000

[48] 邓德华. 土木工程材料[M]. 北京：中国铁道出版社，2010

图书在版编目(CIP)数据

土木工程导论／余志武，周朝阳主编. —长沙：中南大学出版社，2013.6(2023.12 重印)

ISBN 978-7-5487-0900-8

Ⅰ．①土… Ⅱ．①余… ②周… Ⅲ．①土木工程－高等学校－教材 Ⅳ．①TU

中国版本图书馆 CIP 数据核字(2013)第 113959 号

土木工程导论
TUMU GONGCHENG DAOLUN

余志武　周朝阳　主编

□责任编辑	刘　辉		
□责任印制	唐　曦		
□出版发行	中南大学出版社		
	社址：长沙市麓山南路		邮编：410083
	发行科电话：0731-88876770		传真：0731-88710482
□印　　装	长沙印通印刷有限公司		

□开　　本	787 mm×1092 mm 1/16	□印张 13.5	□字数 329 千字
□版　　次	2013 年 6 月第 1 版	□印次 2023 年 12 月第 4 次印刷
□书　　号	ISBN 978-7-5487-0900-8		
□定　　价	40.00 元		

图书出现印装问题，请与经销商调换